物联网工程技术及其应用系列规划教材

物联网概论

主　编　王　平
副主编　魏　旻　王　恒　谢昊飞
　　　　付　蔚　李　勇　王　浩

内 容 简 介

本书结合工业物联网与网络化控制教育部重点实验室 10 年的科研成果积累，从物联网基本概念入手，通过相关概念的辨析，重点突出了物联网的系统性与体系架构，强调了具体技术的实用性与解决方案的系统性，并通过实际案例详细讲解了物联网技术在电力、交通、家居和医疗等行业的应用。

本书分 4 篇(第一篇为概述，第二篇为物联网感知层，第三篇为物联网传输层，第四篇为物联网应用层)共 13 章内容，在介绍了物联网的相关知识的同时，既引入了实验室参加制定国际标准的最新成果，也融入了应用系统研发的相关案例；既体现了前沿技术研究成果，也与产业需求紧密结合；既可以作为物联网工程相关专业的本科生、研究生的教学用书，也可作为广大科技工作者和工程技术人员从事物联网研究与开发的参考资料。

图书在版编目(CIP)数据

物联网概论/王平主编. —北京：北京大学出版社，2014.1
(物联网工程技术及其应用系列规划教材)
ISBN 978-7-301-23473-0

Ⅰ. ①物… Ⅱ. ①王… Ⅲ. ①互联网络—应用—高等学校—教材②智能技术—应用—高等学校—教材 Ⅳ. ①TP393.4②TP18

中国版本图书馆 CIP 数据核字(2013)第 273596 号

书　　　名：	物联网概论
著作责任者：	王　平　主编
策 划 编 辑：	程志强
责 任 编 辑：	程志强
标 准 书 号：	ISBN 978-7-301-23473-0/TN・0104
出 版 发 行：	北京大学出版社
地　　　址：	北京市海淀区成府路 205 号　100871
网　　　址：	http://www.pup.cn　新浪官方微博：@北京大学出版社
电 子 信 箱：	pup_6@163.com
电　　　话：	邮购部 62752015　发行部 62750672　编辑部 62750667　出版部 62754962
印　　刷　者：	北京飞达印刷有限责任公司
经　销　者：	新华书店

787 毫米×1092 毫米　16 开本　18.25 印张　420 千字
2014 年 1 月第 1 版　2015 年 3 月第 2 次印刷

定　　价：38.00 元

未经许可，不得以任何方式复制或抄袭本书之部分或全部内容。
版权所有，侵权必究
举报电话：010-62752024　电子信箱：fd@pup.pku.edu.cn

前 言

物联网技术及产业是信息产业领域未来竞争的制高点和产业升级的核心驱动力,也是衡量一个国家综合国力的重要标志。本书作者所在的工业物联网与网络化控制教育部重点实验室与重庆市物联网工程技术研究中心牵头承担了包括"基于 IPv6 的无线传感器网的网络协议研发及验证(2012ZX03005002)"和"面向工业无线网络协议 WIA-PA 的网络设备研发及应用——专用芯片研发(2013ZX03005005)"等国家科技重大专项项目,共计承担了 15 项国家级物联网课题,突破了系列物联网关键技术问题,与台湾达盛电子股份有限公司联合推出全球首款工业物联网核心芯片,核心技术初步形成了专利保护群,参与甚至主导了 10 余项物联网相关国际标准的制定,主要成果得到了国际上的广泛认可。特别是与全球领先的网络解决方案供应商——思科公司(CISCO)共建了"重庆邮电大学-思科公司绿色科技联合研发中心",联合研发基于 WSN、3G/LTE 与 IPv6 这 3 种技术的高可适性多用途物联网技术标准与产品架构,共同推进 IETF 标准的制定。

物联网形态多样、技术复杂、牵涉面广。

全书共分 4 篇,除第一篇为概述外,其他 3 篇根据物联网的网络架构,分别介绍了感知层、传输层和应用层。

第 1 章探讨了物联网的发展历程、定义、主要特点、相关概念辨析与演进路径,并介绍了物联网的应用前景。第 2 章探讨了物联网体系架构、技术体系、知识体系、产业体系与标准体系。体系架构包括物联网网络架构、功能架构、应用架构和形态结构等内容。第 3 章探讨了物联网感知层常用的自动识别技术,包括条形码、RFID 等数据采集技术和机器视觉、生物识别等特征提取技术。第 4 章探讨了物联网感知层常用的传感器技术,包括电阻式、电容式、电感式、光电效应式等典型传感器的原理、特性与分类。第 5 章探讨了作为物联网感知层核心技术的传感器网络,包括无线传感器网络的体系结构、设备的技术架构、协议规范与协议架构、IEEE 802.15.4 无线个域网技术、ZigBee 技术和 6LoWPAN 技术。第 6 章介绍了物联网传输层常用的因特网技术,包括因特网的协议及体系结构。第 7 章介绍了物联网传输层常用的移动通信网,包括移动通信网发展史、3G 通信及其演进技术、移动互联网等。第 8 章介绍了物联网传输层的宽带无线接入网,包括无线局域网、无线城域网等内容。第 9 章介绍了物联网数据融合的基本原理、数据融合模型以及数据管理系统结构等。第 10 章介绍了云计算体系结构及其关键技术、云计算与物联网结合方式等。第 11 章探讨了物联网中间件系统总体架构、中间件设计方法以及典型的物联网中间件开发案例。第 12 章以智能电网为物联网应用案例,探讨了智能电网体系架构、智能电网一体化管理平台和电力物联网典型案例。第 13 章以智能城市为物联网应用案例,探讨了智能城市体系架构以及智能交通、智能化住宅小区、智能家居系统、智能医疗等智能城市的主要内容。

  本书由王平统稿，魏旻参与了第一篇的编写，王恒、李勇参与了第二篇的编写，谢昊飞参与了第三篇的编写，付蔚、王浩参与了第四篇的编写。

  物联网的内涵将有一个非常长期的演进过程。本书汇集了产业界与学术界对物联网技术的最新认识与实践。如果本书能对期望了解物联网的读者带来一些收获和启示，就是对所有编写人员的最大奖励。书中难免存在不足之处，请读者批评指正并提出宝贵意见。

作　者

2013 年 10 月于重庆邮电大学

目　　录

第一篇　概述 1

第1章　绪论 1
1.1　物联网的发展历程 2
1.2　物联网的定义 4
1.3　物联网的主要特点与相关概念辨析 5
  1.3.1　物联网的主要特点 5
  1.3.2　物联网相关概念辨析 5
1.4　物联网的应用前景 8
1.5　物联网的演进路径 9

第2章　物联网体系架构与技术体系 12
2.1　物联网总体架构 13
  2.1.1　物联网网络架构 13
  2.1.2　物联网功能架构 14
  2.1.3　物联网应用架构 16
2.2　物联网的形态结构 17
  2.2.1　开放式物联网形态结构 17
  2.2.2　闭环式物联网形态结构 18
  2.2.3　融合式物联网形态结构 20
2.3　物联网的技术体系 22
2.4　物联网的知识体系 25
2.5　物联网的产业体系 27
2.6　物联网的标准体系 29

第二篇　物联网感知层 31

第3章　自动识别技术 31
3.1　自动识别技术概述 32
  3.1.1　自动识别技术的基本概念 32
  3.1.2　自动识别技术的种类 32
3.2　条形码技术 34
  3.2.1　条形码概述 34
  3.2.2　条形码的分类和编码方法 35
  3.2.3　条形码的生成方法 41
  3.2.4　条形码识读原理与技术 42

3.3　射频识别技术 45
  3.3.1　射频识别技术概述 45
  3.3.2　射频识别系统的组成 46
  3.3.3　射频识别系统的主要技术 47
  3.3.4　射频识别系统的分类 49
  3.3.5　射频识别技术标准 50
  3.3.6　EPC规范 50
3.4　机器视觉识别技术 57
  3.4.1　机器视觉识别概述 57
  3.4.2　机器视觉系统的典型结构 58
3.5　生物识别技术 61
  3.5.1　生物识别技术概述 61
  3.5.2　指纹识别 65
  3.5.3　声纹识别 66
  3.5.4　人脸识别 68
  3.5.5　手掌静脉识别 71

第4章　传感器技术 73
4.1　传感器的特性与分类 74
  4.1.1　传感器的静态特性 74
  4.1.2　传感器的动态特性 76
  4.1.3　传感器的分类 77
  4.1.4　传感器的标定与校准 78
4.2　电阻式传感器 78
  4.2.1　电阻应变式传感器 78
  4.2.2　压阻式传感器 79
  4.2.3　热电阻及热敏电阻传感器 80
  4.2.4　气敏电阻传感器 81
  4.2.5　湿敏电阻传感器 83
  4.2.6　光敏电阻传感器 84
4.3　电容式传感器 85
  4.3.1　电容式传感器的基本原理及性能特点 85
  4.3.2　变面积式电容传感器 85
  4.3.3　变间隙式电容传感器 87

  4.3.4　capaNCDT610 电容式位移传
    感器 87
 4.4　电感式传感器 88
  4.4.1　自感式电感传感器 88
  4.4.2　电涡流式传感器 91
 4.5　光电式传感器 94
  4.5.1　光电效应传感器 94
  4.5.2　电荷耦合器件 99
  4.5.3　光纤传感器 101
  4.5.4　红外热释电探测器 102
 4.6　MEMS 传感器 104
  4.6.1　MEMS 传感器的特点 104
  4.6.2　典型 MEMS 传感器 105

第 5 章　传感器网络 107
 5.1　传感器网络的发展 108
 5.2　无线传感器网络的体系结构 108
  5.2.1　传感器网络结构 108
  5.2.2　传感器网络设备技术架构 110
 5.3　无线传感器网络协议规范 114
  5.3.1　无线传感器网络标准协议 114
  5.3.2　无线传感器网络协议架构 115
 5.4　IEEE 802.15.4 无线个域网技术 118
  5.4.1　IEEE 802.15 系列标准 118
  5.4.2　IEEE 802.15.4 协议簇 121
  5.4.3　IEEE 802.15.4 协议栈结构 ... 122
  5.4.4　IEEE 802.15.4 物理层协议 ... 123
  5.4.5　IEEE 802.15.4 的 MAC
    协议 126
 5.5　ZigBee 技术 133
  5.5.1　ZigBee 技术的发展 133
  5.5.2　ZigBee 协议体系 135
  5.5.3　ZigBee 网络的构成 139
 5.6　6LoWPAN 技术 143
  5.6.1　6LoWPAN 技术的发展 143
  5.6.2　6LoWPAN 标准协议栈
    架构 144
  5.6.3　6LoWPAN 网络拓扑和路由
    协议 145
  5.6.4　6LoWPAN 网络层帧格式 146
  5.6.5　IPv6 邻居发现协议 148

第三篇　物联网传输层 152

第 6 章　因特网 152
 6.1　因特网概述 153
 6.2　因特网的组成结构 154
 6.3　因特网的协议及体系结构 156
  6.3.1　网络协议 156
  6.3.2　网络的体系结构 156
  6.3.3　OSI 基本参考模型 157
 6.4　TCP/TP 协议 160
  6.4.1　TCP/IP 协议的分层结构 160
  6.4.2　TCP/IP 协议集 161
  6.4.3　TCP/IP 的数据链路层 161
  6.4.4　TCP/IP 网络层 162
  6.4.5　TCP/IP 的传输层 169
  6.4.6　TCP/IP 的会话层至应用层 ... 171

第 7 章　移动通信网 173
 7.1　移动通信网发展史 174
 7.2　3G 通信及其演进技术 178
  7.2.1　3G 通信技术 178
  7.2.2　3G 通信演进技术 183
 7.3　移动互联网 186
  7.3.1　移动互联网概述 186
  7.3.2　移动互联网的目标 186
  7.3.3　移动互联网的基础协议 187
  7.3.4　移动互联网的扩展协议 188

第 8 章　宽带无线接入网 191
 8.1　宽带无线接入网概述 192
 8.2　无线局域网 192
  8.2.1　IEEE 802.11X 系列无线局域网
    标准 192
  8.2.2　无线局域网的构建 194
 8.3　无线城域网 196
  8.3.1　IEEE 802.16 系列无线城域网
    标准 196

8.3.2　IEEE 802.16 协议体系
　　　　　 结构 198
　　　8.3.3　WiMAX 组网实例 198

第四篇　物联网应用层 200

第 9 章　物联网数据融合及管理 200
9.1　数据融合概述 201
　　9.1.1　数据融合的发展 201
　　9.1.2　数据融合的定义 202
9.2　数据融合的基本原理 202
　　9.2.1　数据融合的体系结构 202
　　9.2.2　数据融合技术的理论方法 204
9.3　物联网中的数据融合技术 206
　　9.3.1　物联网数据融合的作用 206
　　9.3.2　传感网数据融合的
　　　　　 基本原理 207
　　9.3.3　基于信息抽象层次的数据
　　　　　 融合模型 208
　　9.3.4　多传感器算法 209
9.4　物联网数据管理技术 210
　　9.4.1　物联网数据管理系统的
　　　　　 特点 210
　　9.4.2　传感网数据管理系统结构 211

第 10 章　云计算 212
10.1　云计算概述 213
10.2　云计算系统及其关键技术 215
　　10.2.1　云计算体系结构 215
　　10.2.2　云计算关键技术 216
　　10.2.3　云计算技术层次 216
10.3　云计算与物联网结合方式 217

第 11 章　物联网的中间件 221
11.1　物联网中间件简介 222
11.2　物联网中间件系统总体架构 223
11.3　物联网中间件设计方法 225
11.4　物联网典型中间件 226

　　　11.4.1　传感网网关中间件 226
　　　11.4.2　传感网节点中间件 227
　　　11.4.3　传感网安全中间件 229

第 12 章　物联网应用案例——
　　　　　智能电网 231
12.1　智能电网概述 232
12.2　智能电网体系架构 234
12.3　智能电网一体化管理平台 235
　　12.3.1　智能电网一体化管理平台
　　　　　　网络架构 235
　　12.3.2　智能电网一体化管理平台
　　　　　　功能架构 237
12.4　电力物联网典型案例 238
　　12.4.1　基于物联网的智能用电服务
　　　　　　系统 238
　　12.4.2　基于物联网的输变配电现
　　　　　　场作业管理系统 243
　　12.4.3　基于物联网的输电线路在线
　　　　　　监测系统 247

第 13 章　物联网应用案例——
　　　　　智慧城市 250
13.1　智慧城市概述 251
13.2　智慧城市体系架构 254
13.3　智能交通 257
　　13.3.1　智能交通概述 257
　　13.3.2　智能交通系统平台架构 258
　　13.3.3　城市智能交通管理系统 259
　　13.3.4　车联网 260
13.4　智能化住宅小区 261
　　13.4.1　智能化住宅小区概述 261
　　13.4.2　综合安防系统 263
　　13.4.3　物业管理与服务系统 267
　　13.4.4　楼宇设备监控系统 270
　　13.4.5　智能家居系统 271
　　13.4.6　智能医疗 275

第一篇 概 述

第 1 章
绪 论

"现在全世界有两个人讲物联网最多,一个是美国总统奥巴马,一个是中国前总理温家宝。这反映出各国领导想利用这个新的产业占领世界信息领域制高点的意愿。"——中国科学院姚建铨院士。什么是物联网?物联网是如何发展的?物联网、传感网、泛在网等网络之间有什么关联与区别?物联网如何支撑泛在社会的发展?物联网与 CPS 是什么关系?这些问题都可以在本章找到答案。

教学目标

了解物联网的概念及特点;
掌握物联网、传感网、泛在网等网络之间的关联与区别;
了解物联网的发展历程;
理解物联网是如何支撑泛在社会的。

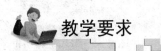

教学要求

知识要点	能力要求
物联网的发展历程	(1) 掌握物联网产生的原因 (2) 了解物联网的发展现状与趋势
物联网的定义	(1) 了解各种物联网定义的出发点 (2) 掌握物联网定义的技术特点
物联网的主要特点	(1) 了解物联网的产业特征 (2) 掌握物联网的技术特点

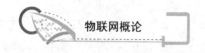

续表

知识要点	能力要求
相关概念辨析	(1) 了解"E社会"与"U社会"的概念 (2) 掌握物联网、传感网、泛在网等网络之间的关联与区别 (3) 理解广义物联网、泛在网和CPS的关系
物联网的应用	(1) 了解物联网在军事、民用及工商业领域的应用 (2) 理解物联网的4个ANY
物联网的演进	了解电信网主导和传感网主导两种物联网演进模式

 推荐阅读资料

1. 物联网梦想. 中国计算机报. 2011-5-6: http://www.gkong.com
2. 国务院关于推进物联网有序健康发展的指导意见. 国发〔2013〕7号
3. 《物联网白皮书(2011)》. 工业和信息化部电信研究院发布. 2011-6-6
4. 欧洲、美国、日韩及中国物联网发展战略. 通信产业网. 2010-11-17: http://www.ccidcom.com

1.1 物联网的发展历程

1990年施乐公司发明的网络可乐贩售机——Networked Coke Machine拉开了人类追梦物联网的序幕。在利用传感技术、通过网络操控设备的过程中，人们渐渐发现了物联网的价值。伴随着互联网的兴起和感知技术的发展，人们对物联网的想象也开始插上翅膀。物联网的发展历程如图1-1所示。

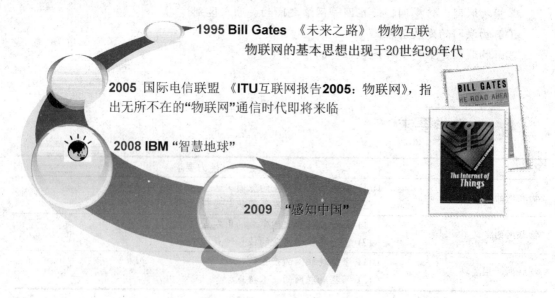

图1-1 物联网发展历程示意图

物联网的实践最早可以追溯到 1990 年施乐公司的网络可乐贩售机——Networked Coke Machine。

1995 年 Bill Gates《未来之路》提出了物物互联的概念。

1998 年 MIT Auto-ID 中心的 Kevin Ashton 将 RFID 技术与传感器技术用于日常物品中，基于互联网、RFID 技术、EPC 标准，在计算机互联网的基础上，利用射频识别技术、无线数据通信技术等，构造了一个实现全球物品信息实时共享的实物互联网 "Internet of Things"（简称物联网）。

1999 年在美国召开的移动计算和网络国际会议 MIT Auto-ID 中心的 Ashton 教授首先提出物联网(Internet of Things)这个概念，会议认为"传感网是下一个世纪人类面临的又一个发展机遇"。

2003 年美国《技术评论》提出传感网络技术将是未来改变人们生活的十大技术之首。

2005 年在突尼斯举行的信息社会世界峰会(WSIS)上，国际电信联盟(ITU)发布《ITU 互联网报告 2005：物联网》，引用了"物联网"的概念。报告指出，无所不在的"物联网"通信时代即将来临，世界上所有的物体，从轮胎到牙刷、从房屋到纸巾都可以通过因特网主动进行信息交换，射频识别技术(RFID)、传感器技术、纳米技术、智能嵌入技术将得到更加广泛的应用。为此，国际电信联盟专门成立了"泛在网络社会(Ubiquitous Network Society)国际专家工作组"，提供了一个在国际上讨论物联网的常设咨询机构。

2008 年美国国家情报委员会(NIC)发表的《2025 对美国利益潜在影响的关键技术》报告中将物联网列为 6 种关键技术之一。IBM 总裁兼首席执行官彭明盛(Samuel J. Palmisano)首次提出了"智慧的地球"的概念。IBM 认为 IT 产业下一阶段的任务是把新一代 IT 技术充分运用在各行各业之中，具体地说，就是将感应器嵌入和装备到电网、铁路、桥梁、隧道、公路、建筑、供水系统、大坝、油气管道等各种物体中，并且被普遍连接，形成物联网。

2009 年年初，奥巴马就任美国总统后，将智能电网和物联网并列为振兴经济、确立竞争优势的关键战略，并明确了"智慧地球"的核心和内涵是更透彻的感知、更全面的互联互通、更深入的智能化，三者结合起来就是物联网。

2009 年 8 月，针对美国将"智慧地球"上升为国家战略，特别是 IBM 的所谓"智慧地球，赢在中国"，温家宝总理在无锡视察时指出："应快速建立中国的传感网中心，或者叫'感知中国'中心。"温家宝总理在题为《让科技引领中国可持续发展》的讲话中进一步指出，我们要着力突破传感网、物联网的关键技术，及早部署后 IP 时代相关技术研发，使信息网络产业成为推动产业升级、迈向信息社会的"发动机"。随后，物联网被正式列为国家五大战略性新兴产业之一写入"政府工作报告"，物联网在中国受到了全社会极大的关注，其受关注程度是美国、欧盟以及其他各国不可比拟的。

全球普遍认为，物联网技术被称为是信息产业的第三次革命性创新，物联网技术及产业是信息产业领域未来竞争的制高点和产业升级的核心驱动力，也是衡量一个国家综合国力的重要标志。物联网能否掀起如当年互联网革命一样的科技和经济浪潮，不仅为美国关注，更为世界所关注。

1.2 物联网的定义

1999 年 MIT 提出的物联网的定义很简单：把所有物品通过射频识别等信息传感设备与互联网连接起来，实现智能化识别和管理。这里包含两个重要的观点：一是物联网要以互联网为基础发展起来；二是 RFID 是实现物品与物品连接的主要手段。

虽然目前国内外对物联网还没有一个统一的标准定义，随着各种感知技术、现代网络技术、人工智能和自动化技术的发展，物联网的内涵也在不断地完善，具有代表性的定义如下。

定义 1：由具有标识、虚拟个体的物体/对象所组成的网络，这些标识和个体运行在智能空间，使用智慧的接口与用户、社会和环境的上下文进行连接和通信。——2008 年 5 月，欧洲智能系统集成技术平台(EPoSS) *Internet of Things in 2002*。

定义 2：物联网是未来互联网的整合部分，它是以标准、互通的通信协议为基础，具有自我配置能力的全球性动态网络设施。在这个网络中，所有实质和虚拟的物品都有特定的编码和物理特性，通过智能界面无缝连接，实现信息共享。——2009 年 9 月，欧盟第七框架 RFID 和互联网项目组报告。

定义 3：指通过信息传感设备，按照约定的协议，把任何物品与互联网连接起来，进行信息交换和通信，以实现智能化识别、定位、跟踪、监控和管理的一种网络。它是在互联网基础上延伸和扩展的网络。——2010 年 3 月，我国政府工作报告所附的注释中物联网的定义。

定义 4：物联网是通信网和互联网的拓展应用和网络延伸，它利用感知技术与智能装置对物理世界进行感知识别，通过网络传输互联，进行计算、处理和知识挖掘，实现人与物、物与物信息交互和无缝连接，达到对物理世界实时控制、精确管理和科学决策目的。——工业和信息化部电信研究院发布的《物联网白皮书(2011)》。

定义 5：物联网实现人与人、人与物、物与物之间任意的通信，使联网的每一个物件均可寻址、联网的每一个物件均可通信、联网的每一个物件均可控制。——2010 年，邬贺铨院士。

我们认为邬贺铨院士对物联网的定义简单明确、易于理解，准确提出了物联网可寻址、可通信、可控制的技术特点。

事实上，物联网是现代信息技术发展到一定阶段后出现的一种聚合性应用与技术提升，将各种感知技术、现代网络技术和人工智能与自动化技术聚合与集成应用，使人与物智慧对话，创造一个智慧的世界。而我国的物联网概念整合了美国 CPS(Cyber-Physical Systems)、欧盟 IoT(Internet of Things)和日本 U-Japan 等概念。物联网技术被称为是信息产业的第三次革命性创新。

1.3 物联网的主要特点与相关概念辨析

1.3.1 物联网的主要特点

从技术的角度看,物联网的本质概括起来主要体现在 3 个方面:一是互联网特征,即对需要联网的物件一定要有能够实现互联互通的互联网络;二是识别与通信特征,即纳入物联网的"物"一定要具备自动识别与物物通信(M2M)的功能;三是智能化特征,即网络系统应具有自动化、自我反馈与智能控制的特点。

从产业的角度看,物联网具备以下特征。

(1) 感知识别普适化:无所不在的感知和识别将传统上分离的物理世界和信息世界高度融合。

(2) 异构设备互联化:各种异构设备利用通信模块和协议自组成网,异构网络通过"网关"互通互联。

(3) 联网终端规模化:物联网时代每一件物品均具有通信功能成为网络终端,5~10 年内联网终端规模有望突破百亿。

(4) 管理调控智能化:物联网高效可靠组织大规模数据,运筹学、机器学习、数据挖掘、专家系统等决策手段将广泛应用于各行各业。

(5) 应用服务链条化:以工业生产为例,物联网技术覆盖从原材料引进、生产调度、节能减排、仓储物流到产品销售、售后服务等各个环节。

(6) 经济发展跨越化:物联网技术有望成为从劳动密集型向知识密集型,从资源浪费型向环境友好型国民经济发展过程中的重要动力。

1.3.2 物联网相关概念辨析

本质上看,物联网是现代信息技术发展到一定阶段后出现的一种聚合性应用与技术提升,将各种感知技术、现代网络技术和人工智能与自动化技术聚合与集成应用,使人与物智慧对话,创造一个智慧的世界。因此,物联网概念本身就是一个动态发展的过程(图 1-2),传感器网络是从"E 社会"向"U 社会"发展的重要基础设施和前提条件。

1. "E 社会"与"U 社会"

1) "E 社会"的概念

自从 Internet 出现以后,特别是电子商务和电子金融出现以后,个人、家庭、社区、企业、银行、行政机关、教育机构等人类社会的各个组成部分以遍布全球的网络为基础,超越时间与空间的限制,打破国家、地区以及文化不同的障碍,实现了彼此之间的互联互通、平等、安全、准确地进行信息交流,使传统的社会转型为电子的社会,即"E 社会"(Electronic Society)。在"E 社会"中,能够实现任何人和任何人在任何时候、任何地点的通信与联系,即"三 A 通信"(Anyone, Anytime, Anywhere)。

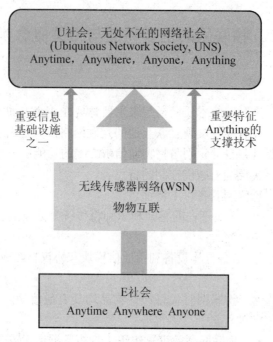

图 1-2　物联网概念的动态发展过程

2) "U 社会"的概念

1998 年美国马克魏瑟博士(Mark Weiser)首先提出"泛在运算"(Ubiquitous Computing)的概念。2004 年，日本、韩国等将此概念进一步拓展转化为"U 社会"，即"泛在社会"(Ubiquitous Society)的理念。两国政府还以此为基础，制订了庞大的投资项目，建设"泛在日本"(U-Japan)和"泛在韩国"(U-Korea)。"U 社会"里，要实现"四 A 通信"(Anyone，Anytime，Anywhere，Anything)，即能够实现任何人和任何人、任何人和任何东西(对象)在任何时候和任何地点的通信与联系。

与"E 社会"中三 A 通信相比，在"U 社会"里，多了一个"A"(Anything)，即把社会中所有的东西(对象)变为通信的对象(即传感网或狭义上的物联网)。因此，首先要标识社会中所有的东西(对象)，并且要正确地识别它们，把它们都纳入人们的通信范围，纳入人们的视野，成为人们随时随地可视的东西。同时，它们的位置和移动都能为人们所跟踪。

2. 几种典型网络概念

互联网(Internet)是指将两台计算机或者是两台以上的计算机终端、客户端、服务器端按照一定的通信协议(TCP/IP 协议)组成的国际计算机网络，人们可以与远在千里之外的朋友相互发送邮件、共同娱乐，甚至共同完成一项工作。互联网连接虚拟信息空间，特征是信息挖掘与共享。

传感网是指大量多种类型传感节点组成的网络，对动态信息进行分布式协同感知与处理，形成综合信息网络系统，是人类的远程神经末梢。传感网连接现实物理世界，特征是信息自动获取与协同处理。

移动网是指可以使移动用户之间进行通信的网络,目标是实现人人互联,主要涉及网络中人与人的信息交互。

物联网是指人与物、物与物之间进行信息通信的网络,目标是实现物物、人人互联,主要涉及物理信息的交互。物联网获取物理世界信息的手段除了传感网外,还包括 RFID、二维码等方式。但传感网是物联网主动感知物理世界的方式,也是获取物理世界信息最主要、最核心的方式。

物联网的概念分为广义和狭义两个方面。从广义来讲,物联网是一个未来发展的愿景,能够实现人在任何时间、任何地点、使用任何网络与任何人与物的信息交换,即"泛在网络";从狭义来讲,物联网是物品之间通过传感器连接起来的局域网,即传感网。传感网不论接入互联网与否,都属于物联网的范畴,这个网络可以不接入互联网,但如果需要也可以随时接入互联网。

"泛在网"即广泛存在的网络,它以无所不在、无所不包、无所不能为基本特征,以实现在任何时间、任何地点、任何人、任何物都能顺畅地通信为目标。从泛在的内涵来看,首先关注的是人与人、人与物、物与物的和谐交互,各种感知设备与网络只是实现手段,泛在网的最终形态既包括互联网、移动网,也包括物联网。物联网在概念的指向更强调了人与物、物与物的信息交互,物联网的最终形态既包括部分互联网、部分移动网,也包括传感网以及 RFID、二维码等信息标识网络。几种典型网络之间的关系如图 1-3 所示。

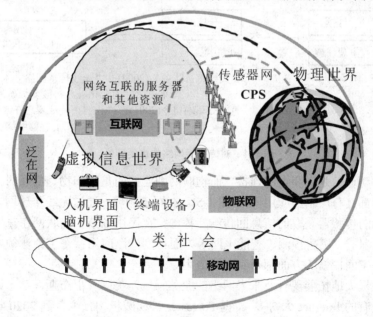

图 1-3 几种典型网络之间的关系

而信息物理系统(Cyber Physical System,CPS)是在环境感知的基础上,深度融合计算、通信和控制能力的可控可信可扩展的网络化物理设备系统,它通过计算进程和物理进程相互影响的反馈循环实现深度融合和实时交互来增加或扩展新的功能,以安全、可靠、高效和实时的方式检测或者控制一个物理实体,使物理系统具有计算、通信、精确控制、远程合作和自治等能力。信息物理系统是物联网的本质含义，它表示的是虚拟世界与物理世界的一种映射和对应关系。但 CPS 更强调循环反馈，要求系统能够在感知物理世界之后通过通信与计算再对物理世界起到反馈控制作用。

事实上，广义的物联网、泛在网和 CPS 在概念上并没有多大区别，本书经常会不加区别地应用这 3 个概念。

1.4 物联网的应用前景

美国《技术评论》认为无线传感器网络将是未来改变人们生活方式的十大技术之首，美国《经济周刊》认为传感网是全球未来四大高技术产业之一，美国《每日防务》认为无线传感器网络技术将会在战场上带来革命性的变化，并将改变战争的样式(图 1-4)。

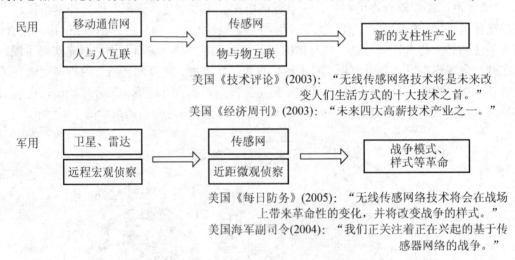

图 1-4 对传感器网络的重要评价

如果说移动通信是人和人的连接，而物联网则连接的是物和物。物联网在军事、民用及工商业领域都具有广阔的应用前景(图 1-5)。在军事领域，通过无线传感网，可将隐蔽地分布在战场上的传感器获取的信息回传给指挥部；在民用领域，物联网在家居智能化、环境监测、医疗保健、灾害预测、智能电网等方面得到广泛应用；在工商业领域，物联网在工业自动化、空间探索等方面都得到广泛应用。

物联网将极大地拓展现有及未来网络的业务领域，美国《福布斯》杂志评论"未来的传感网将比现有的 Internet 大得多"。据 Forrester 等权威机构预测，到 2020 年物物互联业务与现有人人互联业务之比将达到 30∶1，下一个万亿级的通信业务将是物物互联。

物联网的广泛应用将推动物品识别、传感和执行、网络通信、数据存储和处理、智能物体等技术形成庞大的产业群。初步预测，未来 10 年我国物联网重点应用领域的投资将达 4 万亿元，产出达 8 万亿元，创造就业岗位 2 500 万个。改革开放以来，中国经济的快速增长为物联网产业发展提供了坚实的物质基础。再加上良好的产业环境、趋于成熟的技术条件和广阔的市场空间，物联网在中国蓬勃兴起正面临着前所未有的历史机遇。

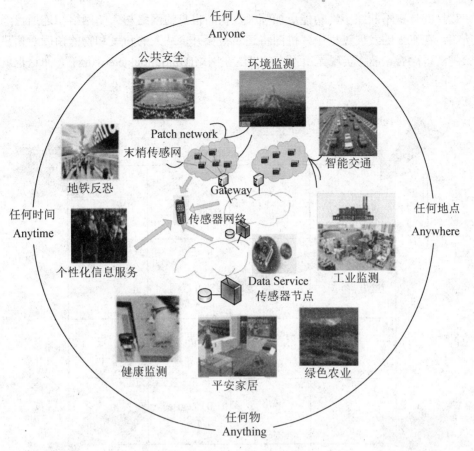

图 1-5 物联网的应用前景示意图

1.5 物联网的演进路径

物联网的演进路径分为通信网主导和传感网主导两种模式，发展的初期阶段传感网络是主导，但是当传感网技术成熟后，应当以通信网为主导，实现信息的可控可管、安全高效。

从烽火台到电报电话，再到互联网和移动互联网，人们对信息的渴求成为推动信息化发展的原动力，而一次又一次的技术飞跃帮助人们不断获取新的知识和信息。物联网的演进路径如图 1-6 所示，它是随着现代信息技术的突破而得到迅速的发展。人类的现代信息化是从电报开始，逐步探究更便捷、更大容量的信息传递，随着拼图一张张地被翻开，人与人之间通信的未知领域不断缩小，今天已经发展到了"移动互联网"的阶段。

在人们不断探索人与人的现代通信技术的同时，拼图又被从物与物通信的角度悄悄地翻开。为更好地服务于信息的传递，最初，一部分物体被打上条形码，这大大提高了物品识别的效率，随着近场通信(Near Field Communication)技术(如 RFID、蓝牙、ZigBee 等各种技术)的发展，RFID、二维码等各种现代识别技术逐步得到推广应用，在摩尔定律的推动下，芯片的体积不断缩小，功能更加强大，物品自身的网络与人的网络相连通已经成为大势所趋。在未来的发展过程中，拼图将逐步被揭开，从人的角度和物的角度对信息通信的探索将实现融合，最终实现无所不在的"泛在网络(Ubiquitous Network)"，而这也就是终极意义上的物联网。

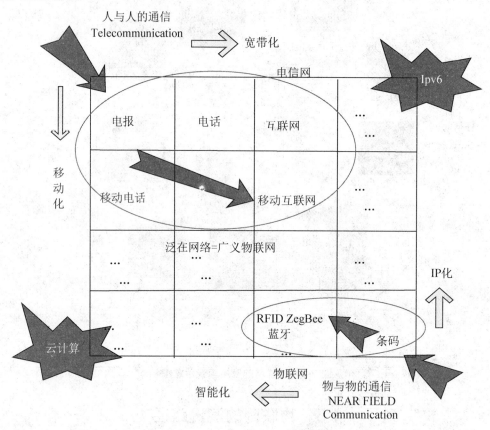

图1-6 现代信息技术演进示意图

如图1-6所示，我们把人类信息通信网分成实现人与人之间信息交互的电信网(Telecommunication network)和实现物与物之间信息交互的传感网(Sensing network)或者说近场通信网(Near field communication network)两个角度，这两个角度的发展是并行推进的。但是显然，电信网的发展要早，并且成熟于传感网，经过上百年无数人的研究发明、推广应用，电信网已经建立了一整套科学的、可控可管的信息通信网络体系，安全高效地服务于人类的信息通信。

通信网的发展主要有两大方向：一是移动化，人们为了追求信息通信的自由，逐步用移动电话替代固定电话，实现位置上的自由通信；二是宽带化，通信从电路交换转变为分组交换为主，从电报电话到互联网，逐步实现宽带化的通信，实现传输容量上的自由通信。

传感网的发展也有两大趋势：一是智能化，物品要更加的智能，能够自主地实现信息交换才能体现物联网的真正意义，而这将需要对海量数据的处理能力，随着"云计算"技术的不断发展成熟，这一难题将得到解决；二是IP化，未来的物联网将给所有的物品都设定一个标识,实现"IP 到末梢",这样我们才能随时随地地了解物品的信息,在这方面"可以给每一粒沙子都设定一个 IP 地址"的 IPv6 将担负起这项重担,并在全球进行推广。

由此,产生了物联网演进的两种模式,即电信网主导模式和传感网主导模式。电信网主导模式就是由传统的电信运营商主导,推动物联网的发展。目前,以中国移动为代表的电信运营商已经发出强烈的呼声;以传感网为主导的模式是以传感网产业为主导,逐步实现与电信网络的融合。在目前情况下,由于传感器的研发瓶颈制约了物联网的发展,应当大力加强传感网络的发展。但是从战略角度看,针对未来会出现的信息安全和信息隐私的保护问题,应当选择电信网主导的模式,因为通信产业具有强大的技术基础、产业基础和人力资源基础,能实现海量信息的计算分析,保证网络信息的可控可管,最终保证在信息安全和人们的隐私权不被侵犯的前提下实现泛在网络的通信。

第 2 章
物联网体系架构与技术体系

物联网的架构通常认为有 3 个层次,然而不同产业或行业从自身利益的角度也提出了各自的物联网架构。什么是国际公认的物联网架构?物联网的形态结构有哪些?物联网的技术体系与知识体系如何构成?物联网的产业体系与标准体系怎样构建?这些问题都可以在本章找到答案。

教学目标

了解物联网网络架构、功能架构和应用架构;
掌握物联网的 3 种典型形态结构;
了解物联网的技术体系与知识体系;
理解物联网的产业体系与标准体系。

教学要求

知识要点	能力要求
物联网总体架构	(1) 掌握物联网的网络架构 (2) 了解物联网的功能架构 (3) 理解物联网的应用架构
物联网的形态结构	(1) 掌握开放式物联网形态结构 (2) 理解闭环式物联网形态结构 (3) 了解融合式物联网形态结构
物联网的技术体系	(1) 掌握物联网技术体系的组成结构 (2) 了解物联网技术体系组成部分的主要内容
物联网的知识体系	(1) 了解物联网系统对应的信息技术知识领域 (2) 理解物联网的知识结构架构
物联网的产业体系	(1) 理解物联网的核心产业、支撑产业和关联产业 (2) 了解物联网的产业的发展趋势
物联网的标准体系	了解物联网的标准体系的构成

第 2 章 物联网体系架构与技术体系

推荐阅读资料

1. 《物联网白皮书(2011)》. 工业和信息化部电信研究院发布. 2011-6-6
2. 从电信运营商角度看物联网的总体架构和发展. 电信科学. 2010-5-24. http://www.cww.net.cn
3. 物联网的由来与发展趋势. 吕廷杰. 信息通信技术. 2010, 4(2)
4. 中华人民共和国国家标准. 信息技术传感器网络第 1 部分：参考架构和通用技术要求(报批稿)
5. 物联网技术框架与标准体系. 中国计算机报. 2010-3-18

2.1 物联网总体架构

2.1.1 物联网网络架构

物联网网络架构如图 2-1 所示，由感知层、网络层和应用层组成。感知层实现对物理世界的智能感知识别、信息采集处理和自动控制，并通过通信模块将物理实体连接到网络层和应用层。网络层主要实现信息的传递、路由和控制，包括延伸网、接入网和核心网，网络层可依托公众电信网和互联网，也可以依托行业专用通信网络。应用层包括应用支持子层和各种物联网应用。应用支持子层为物联网应用提供信息处理、计算等通用基础服务设施、能力及资源调用接口，以此为基础实现物联网在众多领域的各种应用。

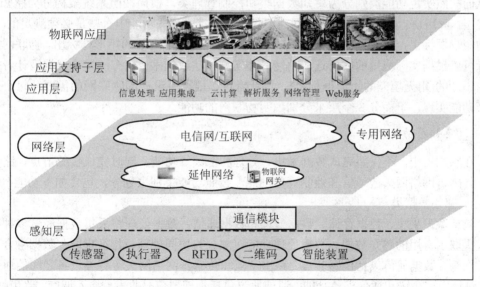

图 2-1 物联网总体架构示意图

如果拿人来比喻物联网的话(图 2-2)，感知层就像皮肤和五官，用来识别物体、采集信息；传送层则是神经系统，将信息传递到大脑；大脑将神经系统传来的信息进行存储和处理，使人能从事各种复杂的事情，这就是各种不同的应用。

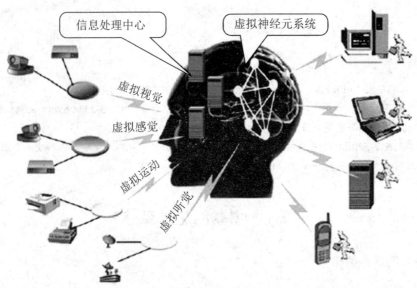

图 2-2 用人对物联网架构的比喻

2.1.2 物联网功能架构

图 2-3 作为物联网功能设计的参考架构从系统的角度来描绘物联网具有的功能及分类,从感知层、网络层和应用层分析系统应该具备的能力。由图 2-3 可见,物联网功能架构纵向按照实现功能类别分为感知数据类和控制管理类,横向按照系统架构分为感知层、网络层、应用层。内部方框为物联网需要包含的功能,这些功能中有些是必须满足的(用填充的矩形框标出),其中一些功能的进一步细分功能用矩形内部的矩形框标出,物联网的设计者可以根据实际应用的需要选取功能具体实施方法或技术;也有一些是根据设计者需要可选添加的(用无填充的矩形框标出)。设计者可以根据所设计的物联网的需要从每个层中选择功能实现,下面分 3 个层来分别说明物联网的功能。

1. 感知层功能

在感知层中,不仅要完成数据采集、处理和汇聚等功能,同时完成传感节点、路由节点和传感器网络网关的通信和控制管理功能,按照功能类别来划分,包含如下功能。

1) 感知数据类

包括数据采集、数据存储、数据处理和数据通信,数据处理将采集数据经过多种处理方式提取出有用的感知数据。数据处理功能可细分为协同处理、特征提取、数据融合、数据汇聚等。数据通信包括传感节点、路由节点和传感器网络网关等各类设备之间的通信功能,包括通信协议和通信支撑功能。通信协议包括物理层信号收发、接入调度、路由技术、拓扑控制、应用服务。通信支撑功能包括时间同步和节点定位等。

2) 控制管理类

包括设备管理、安全管理、网络管理、服务管理,反馈控制实现对设备的控制,该项为可选。

第 2 章 物联网体系架构与技术体系

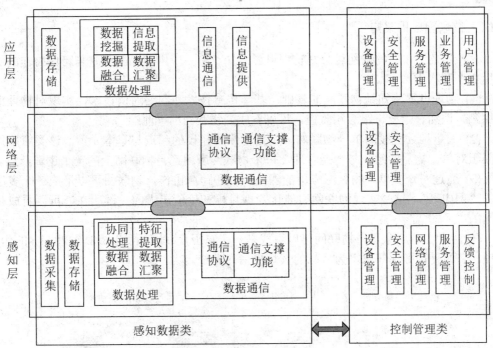

图 2-3 物联网功能架构

2. 网络层功能

在网络层中，完成感知数据到应用服务系统的传输，不需要对感知数据处理，包含如下功能。

1) 感知数据类

数据通信体现网络层的核心功能，目标是保证数据无损、高效地传输。它包含该层的通信协议和通信支撑功能。

2) 控制管理类

主要指现有网络对物联网网关等设备接入和设备认证、设备离开等管理，包括设备管理和安全管理，这项功能实现需要配合应用层的设备管理和安全管理功能。

3. 应用层功能

应用层的功能是利用感知数据为用户提供服务，包含如下功能。

1) 感知数据类

对感知数据进行最后的数据处理，使其满足用户应用，可包含数据存储、数据处理、信息通信、信息提供。数据处理可包含数据挖掘、信息提取、数据融合、数据汇聚等。

2) 控制管理类

对用户及网络各类资源配置、使用进行管理。可包括服务管理、安全管理、设备管理、用户管理和业务管理。其中，用户管理和业务管理为可选项。

2.1.3 物联网应用架构

从应用的角度,物联网可分成物理世界感知、单一应用和深度互联与跨域协作的综合应用 3 个层次(图 2-4)。

(1) 物理世界感知是物联网的基础,基于传感技术和网络通信技术,实现对物理世界的探测、识别、定位、跟踪和监控,可以看成是物联网的"前端"。

(2) 大量独立建设的单一物联网应用是物联网建设的起点与基本元素,该类应用往往局限于对单一物品的感应与智能管理,每个物联网应用都是物联网上的一个逻辑节点。

(3) 通过对众多单一物联网应用的深度互联和跨域协作,物联网可以形成一个多层嵌套的"网中网",这是实现物联网智能化管理目标和价值追求的关键所在,可以看成是物联网的"后端"。

(4) 从"后端"来看,物联网可以看成是一个基于互联网的,以提高物理世界的运行、管理、资源使用效率等水平为目标的大规模信息系统。

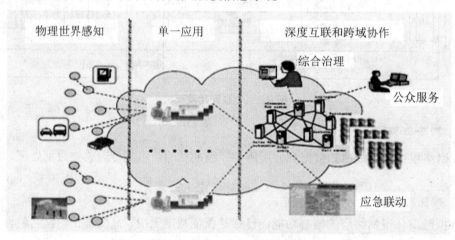

图 2-4 从应用的角度看物联网

由于物联网"前端"在对物理世界感应方面具有高度并发的特性,并将产生大量引发"后端"深度互联和跨域协作需求的事件,从而使得上述大规模信息系统表现出以下性质。

(1) 不可预见性。对物理世界的感知具有实时性,会产生大量不可预见的事件,从而需要应对大量即时协同的需求。

(2) 涌现智能。对诸多单一物联网应用的集成能够提升对物理世界综合管理的水平,物联网"后端"是产生放大效应的源泉。

(3) 多维度动态变化。对物理世界的感知往往具有多个维度,并且是不断动态变化的,从而要求物联网"后端"具有更高的适应能力。

(4) 大数据量、实效性。物联网中涉及的传感信息具有大数据量、实效性等特征,对物联网后端信息处理带来诸多新的挑战。

物联网除了获取、承载和处理超海量的感知信息这个显著特征外,另一个显著特征就是具有决策和控制功能,能够影响物体周围的环境或控制事件的进程。也就是通过对物理世界的感知,对感知信息的传输和处理,到对事件的判断和决策,再回到控制执行器进行执行动作，从而对事件产生作用来影响事件的进程，形成从物理世界到信息空间再到物理世界的循环过程。

物联网形成人、机、物的协调环境系统，包含从感知、传输、处理和控制的循环过程。物联网由亿万种物体、设备和人参与形成或与物理环境共存，这些对象之间存在极其复杂的关系(或称为关系链)。一个事件往往受到多种因素影响，这些因素本身也是动态变化的。如移动车辆在移动过程中所处局部环境具有高度动态性，因为车况、路况、周围车辆、无线接入网络等一直在变化。多种因素均会影响车辆间产生碰撞，造成交通事件，通过智能的感知、通信和控制人们可以避免车辆碰撞。

2.2 物联网的形态结构

从应用的角度分析，物联网具有3种典型的形态结构。

2.2.1 开放式物联网形态结构

图 2-5 是开放式物联网形态结构示意图，传感设备的感知信息包括物理环境的信息和物理环境对系统的反馈信息，对这些信息智能处理后进行发布，为人们提供相关的信息服务(如：PM2.5 空气质量信息发布)，或人们根据这些信息去影响物理世界的行为(如：智能交通中的道路诱导系统)。由于物理环境、感知目标存在混杂性以及其状态、行为存在不确定性等，使感知的信息设备存在一定的误差，需要通过智能信息处理来消除这种不确定性及其带来的误差。开放式物联网结构对通信的实时性要求不高，一般来说通信实时性只要达到秒级就能满足应用要求。

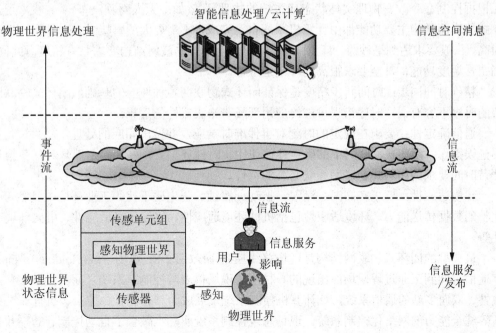

图 2-5 开环式物联网结构

最典型的开环式物联网结构是操作指导控制系统(图 2-6),检测元件测得的模拟信号经过 A/D 转换器转换成数字信号,通过网络或数据通道传给主控计算机,主控计算机根据一定的算法对生产过程的大量参数进行巡回检测、处理、分析、记录以及参数的超限报警等处理,通过对大量参数的统计和实时分析,预测生产过程的各种趋势或者计算出可供操作人员选择的最优操作条件及操作方案。操作人员则根据计算机输出的信息去改变调节器的给定值或直接操作执行机构。

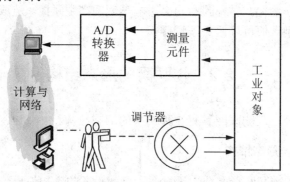

图 2-6 操作指导控制系统示意图

2.2.2 闭环式物联网形态结构

闭环式物联网结构如图 2-7 所示,传感设备的感知信息包括物理环境的信息和物理环境对系统的反馈信息,控制单元根据这些信息结合控制与决策算法生成控制命令,执行单元根据控制命令改变物理实体状态或系统的物理环境(如:无人驾驶汽车)。一般来说,闭环式物联网结构主要功能都由计算机系统自动完成,不需要人的直接参与,且实时性要求很高,一般要求达到毫秒级,甚至微秒级。对此闭环式物联网结构要求具有精度时间同步、确定性调度功能,甚至要求很高的环境适应性。

精确时间同步:时间同步精度是保证闭环式物联网各种性能的基础,闭环式物联网系统的时序不容有误,时序错误可能给应用现场带来灾难性的后果。

通信确定性:要求在规定的时刻对事件准时响应,并做出相应的处理,不丢失信息、不延误操作。闭环式物联网中的确定性往往比实时性还重要,保证确定性是对任务执行有严苛时间要求的闭环式物联网系统必备的特性。

环境适应性:要求在高温、潮湿、振动、腐蚀、强电磁干扰等工业环境中具备可靠、完整的数据传送能力。环境适应性包括机械环境适应性、气候环境适应性、电磁环境适应性等。

最典型的闭环式物联网结构是现场总线控制系统(图 2-8),现场总线(Fieldbus)是随着数字通信延伸到工业过程现场而出现的一种用于现场仪表与控制室系统之间的全数字化、开放性、双向多站的通信系统,使计算机控制系统发展成为具有测量、控制、执行和过程诊断等综合能力的网络化控制系统。现场总线控制系统实际上融合了自动控制、智能仪表、计算机网络和开放系统互联(OSI)等技术的精粹。

第 2 章 物联网体系架构与技术体系

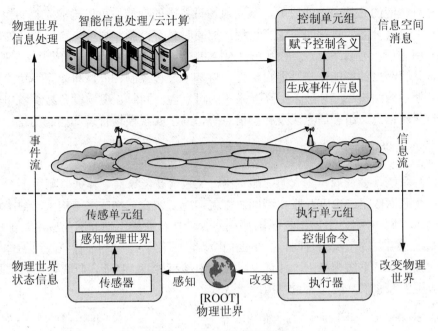

图 2-7 闭环式物联网结构

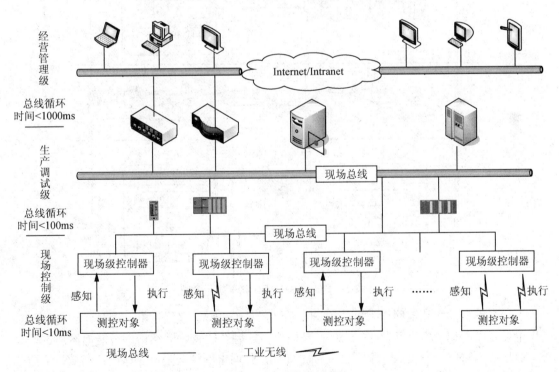

图 2-8 现场总线控制系统

现场总线等控制网络的出现使控制系统的体系结构发生了根本性改变，形成了在功能上管理集中、控制分散，在结构上横向分散、纵向分级的体系结构。把基本控制功能下放

19

到现场具有智能的芯片或功能块中,不同现场设备中的功能块可以构成完整的控制回路,使控制功能彻底分散,直接面对生产过程,把同时具有控制、测量与通信功能的功能块及功能块应用进程作为网络节点,采用开放的控制网络协议进行互连,形成现场层控制网络。现场设备具有高度的智能化与功能自治性,将基本过程控制、报警和计算等功能分布在现场完成,使系统结构高度分散,提高了系统的可靠性。同时,现场设备易于增加非控制信息,如自诊断信息、组态信息以及补偿信息等,易于实现现场管理和控制的统一。

2.2.3 融合式物联网形态结构

物联网系统既涉及规模庞大的智能电网,又包含智能家居、体征监测等小型系统。对众多单一物联网应用的深度互联和跨域协作就构成了融合式物联网结构(图2-9),它是一个多层嵌套的"网中网"。目前世界各国都在结合具体行业推广物联网的应用,形成全球的物联网系统还需要非常长的时间。提出面向全球物联网、适应各种行业应用的体系结构,与下一代互联网体系结构相比,具有更巨大的困难和挑战。目前,研究人员通常是从具体行业或应用去探索物联网的体系结构。

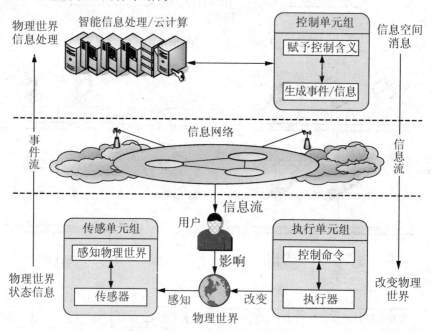

图 2-9 融合式物联网结构形态示意图

一个完整的智能电网作为电能输送和消耗的核心载体,包括发电、输电、变电、配电、用电以及电网调度六大环节(图2-10),是最典型的融合式物联网结构。智能电网通过信息与通信技术对电力应用的各个方面进行了优化,强调电网的坚强可靠、经济高效、清洁环保、透明开放、友好互动,其技术集成达到新的高度。

第 2 章 物联网体系架构与技术体系

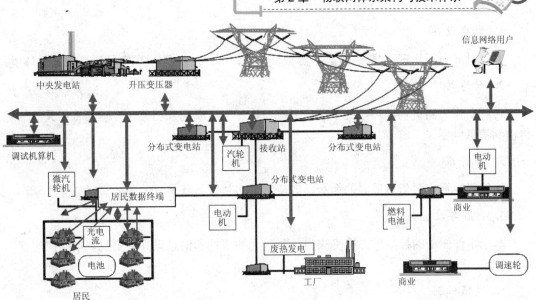

图 2-10 智能电网信息交互架构示意图

图 2-11 是 Tan.Y 等人提出的一种 CPS 体系结构原型，表示了物理世界、信息空间和人的感知的互动关系，给出了感知事件流、控制信息流的流程。对比图 2-9 和图 2-11 可以发现，物联网与物理信息融合系统两个概念目前越来越趋向一致，都是集成计算、通信与控制于一体的下一代智能系统。

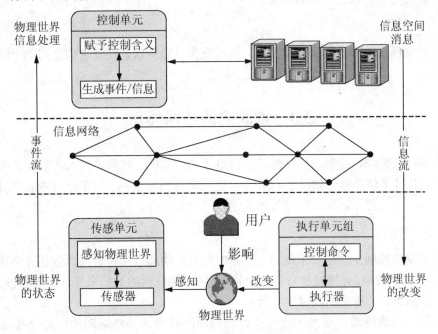

图 2-11 CPS 体系结构原型

CPS 体系结构原型的几个组件描述如下。

1. 物理世界

物理世界包括物理实体(诸如医疗器械、车辆、飞机、发电站)和实体所处的物理环境。

2. 传感器

传感器作为测量物理环境的手段,直接与物理环境或现象相关。传感器将相关的信息传输到信息世界。

3. 执行器

执行器根据来自信息世界的命令,改变物理实体设备状态。

4. 控制单元

基于事件驱动的控制单元接受来自传感单元的事件和信息世界的信息,根据控制规则进行处理。

5. 通信机制

事件/信息是通信机制的抽象元素。事件既可以是传感器表示的"原始数据",也可以是执行器表示的"操作"。通过控制单元对事件的处理,信息可以抽象地表述物理世界。

6. 数据服务器

数据服务器为事件的产生提供分布式的记录方式,事件可以通过传输网络自动转换为数据服务器的记录,以便于以后检索。

7. 传输网络

传输网络包括传感设备、控制设备、执行设备、服务器,以及它们之间的无线或有线通信设备。

2.3 物联网的技术体系

物联网涉及感知、控制、网络通信、微电子、计算机、软件、嵌入式系统、微机电等技术领域,其技术体系框架如图 2-12 所示,它包括感知层技术、网络层技术、应用层技术和公共技术。由此可见,物联网涵盖的关键技术也非常多。

1. 感知层

数据采集与控制主要用于采集物理世界中发生的物理事件和数据,包括各类物理量、标识、音频、视频数据,并通过执行器改变物理世界。物联网的数据采集涉及传感器、RFID、多媒体信息采集、二维码和实时定位等技术。

感知层的自组网通信技术主要包括针对局部区域内各类终端间的信息交互而采用的调制、编码、纠错等通信技术;实现各终端在局部区域内的信息交互而采用的媒体多址接入技术;实现各个终端在局部区域内信息交互所需的组网、路由、拓扑管理、传输控制、流控制等技术。

第 2 章 物联网体系架构与技术体系

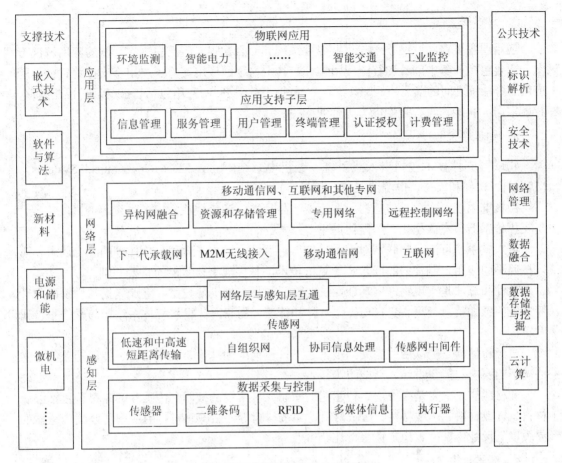

图 2-12 物联网的技术体系框架

感知层信息处理技术主要指在局部区域内各终端完成信息采集后所采用的模式识别、数据融合、数据压缩等技术，以提高信息的精度、降低信息冗余度，实现原始级、特征级、决策级等信息的网络化处理。

感知层节点级中间件技术主要指为实现传感网业务服务的本地或远端发布，而需在节点级实现的中间件技术，包括代码管理、服务管理、状态管理、设备管理、时间同步、定位等。

2. 网络层

网络层主要用于实现感知层各类信息进行广域范围内的应用和服务所需的基础承载网络，包括移动通信网、互联网、卫星网、广电网、行业专网，以及形成的融合网络等。根据应用需求，可作为透传的网络层，也可升级满足未来不同内容传输的要求。经过十余年的快速发展，移动通信、互联网等技术已比较成熟，在物联网的早期阶段基本能够满足物联网中数据传输的需要。

3. 应用层

应用层主要将物联网技术与行业专业系统相结合,实现广泛的物物互联的应用解决方案。主要包括业务中间件和行业应用领域。其中物联网应用支持子层用于支撑跨行业、跨应用、跨系统之间的信息协同、共享,互通的功能。物联网应用包括智能交通、智能医疗、智能家居、智能物流、智能电力等行业应用。

4. 支撑技术

物联网支撑技术包括嵌入式系统、微机电系统(Micro Electro Mechanical Systems,MEMS)、软件和算法、电源和储能、新材料技术等。

微机电系统可实现对传感器、执行器、处理器、通信模块、电源系统等的高度集成,是支持传感器节点微型化、智能化的重要技术。

嵌入式系统可满足物联网对设备功能、可靠性、成本、体积、功耗等的综合要求,可以按照不同应用定制裁剪的嵌入式计算机技术,是实现物体智能的重要基础。

软件和算法是实现物联网功能、决定物联网行为的主要技术,重点包括各种物联网计算系统的感知信息处理、交互与优化软件和算法、物联网计算系统体系结构与软件平台研发等。

电源和储能是物联网关键支撑技术之一,包括电池技术、能量储存、能量捕获、恶劣情况下的发电、能量循环、新能源等技术。

新材料技术主要是指应用于传感器的敏感元件实现的技术。传感器敏感材料包括湿敏材料、气敏材料、热敏材料、压敏材料、光敏材料等。新敏感材料的应用可以使传感器的灵敏度、尺寸、精度、稳定性等特性获得改善。

5. 公共技术

公共技术不属于物联网技术的某个特定层面,而是与物联网技术架构的三层都有关系,主要包括架构技术、标识和解析、安全和隐私、网络管理技术等。

物联网架构技术目前处于概念发展阶段。物联网需具有统一的架构、清晰的分层,支持不同系统的互操作性,适应不同类型的物理网络,适应物联网的业务特性。

标识和解析技术是对物理实体、通信实体和应用实体赋予的或其本身固有的一个或一组属性,并能实现正确解析的技术。物联网标识和解析技术涉及不同的标识体系、不同体系的互操作、全球解析或区域解析、标识管理等。

安全和隐私技术包括安全体系架构、网络安全技术、"智能物体"的广泛部署对社会生活带来的安全威胁、隐私保护技术、安全管理机制和保证措施等。

网络管理技术重点包括管理需求、管理模型、管理功能、管理协议等。为实现对物联网广泛部署的"智能物体"的管理,需要进行网络功能和适用性分析,开发适合的管理协议。

物联网需要对传感数据的动态汇聚、分解、合并等处理和服务,在数字/虚拟空间内创建物理世界所对应的动态视图,即需要对海量数据提供存储、查询、分析、挖掘、理解以及基于感知数据决策和行为的基础服务。

云计算将大量计算资源、存储资源和软件资源链接在一起，形成巨大规模的共享虚拟IT资源池，为远程终端用户提供"召之即来，挥之即去"、"大小规模随意变化"、"能力无边界"的各种信息技术服务。物联网产生、分析和管理的数据将是海量的，原始数据若要具备各种实际意义，需要可扩展的巨量计算资源予以支持。而云计算能够提供弹性、无限可扩展、价格低廉的计算和存储服务，满足物联网需求，两者结合将是未来发展趋势。可以说，物联网是业务需求构建方，云计算是业务需求计算能力提供方。

2.4 物联网的知识体系

科技界普遍认为，信息技术由四大部分组成，即信息获取、信息传输、信息处理与信息应用或信息利用，这四部分实际上组成了如图 2-13 所示的一个完整信息链。检测技术的重点是在信息的获得，通信技术的重点是在信息的传输，计算机技术的重点是在信息的处理，自动化技术的重点则在信息的应用。

图 2-13　信息技术的 4 个组成部分及完整信息链示意图

从上述分析可知，物联网系统包含信息获取、传输、处理与应用的全部过程(图 2-14)。也就是说，物联网系统涉及信息技术的全部内容。

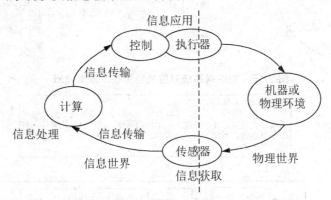

图 2-14　从网络化测控系统的角度看物联网系统的组成元素

虽然图 2-14 表示的是从网络化测控系统的角度看物联网系统的组成元素，但实际上它深刻地反映了物联网与信息技术学科各知识领域之间的关系与联系。通过分析，物联网系统的每一部分恰好对应着信息技术学科的一个知识领域，如图 2-15 所示，并可以演变为图 2-16 所示的知识结构框架图。

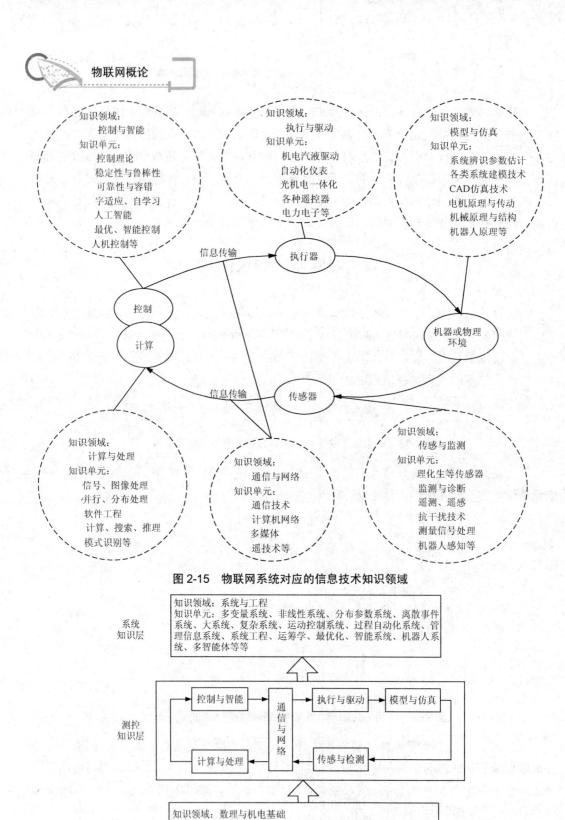

图 2-15 物联网系统对应的信息技术知识领域

图 2-16 物联网的知识结构架构

2.5 物联网的产业体系

物联网相关产业是指实现物联网功能所必需的相关产业集合,从产业结构上主要包括服务业和制造业两大范畴,如图 2-17 所示。

图 2-17 物联网的产业体系示意图

物联网制造业以感知端设备制造业为主,又可细分为传感器产业、RFID 产业以及智能仪器仪表产业。感知端设备的高智能化与嵌入式系统息息相关,设备的高精密化离不开集成电路、嵌入式系统、微纳器件、新材料、微能源等基础产业支撑。部分计算机设备、网络通信设备也是物联网制造业的组成部分。物联网服务业主要包括物联网网络服务业、物联网应用基础设施服务业、物联网软件开发与应用集成服务业以及物联网应用服务业四大类,其中物联网网络服务又可细分为机器对机器通信服务、行业专网通信服务以及其他网络通信服务,物联网应用基础设施服务主要包括云计算服务、存储服务等,物联网软件开发与集成服务又可细分为基础软件服务、中间件服务、应用软件服务、智能信息处理服务以及系统集成服务,物联网应用服务又可分为行业服务、公共服务和支持性服务。

对物联网产业发展的认识需要进一步澄清。物联网产业绝大部分属于信息产业,但也涉及其他产业,如智能电表等。物联网产业的发展不是对已有信息产业的重新统计划分,而是通过应用带动形成新市场、新业态,整体上可分3种情形,一是因物联网应用对已有产业的提升,主要体现在产品的升级换代。如传感器、RFID、仪器仪表发展已数十年,由于物联网应用使之向智能化、网络化升级,从而实现产品功能、应用范围和市场规模的巨大扩展,传感器产业与RFID产业成为物联网感知终端制造业的核心。二是因物联网应用对已有产业的横向市场拓展,主要体现在领域延伸和量的扩张。如服务器、软件、嵌入式系统、云计算等由于物联网应用扩展了新的市场需求,形成了新的增长点。仪器仪表产业、嵌入式系统产业、云计算产业、软件与集成服务业,不但与物联网相关,也是其他产业的重要组成部分,物联网成为这些产业发展新的风向标。三是由于物联网应用创造和衍生出的独特市场和服务,如传感器网络设备、M2M通信设备及服务、物联网应用服务等均是物联网发展后才形成的新兴业态,为物联网所独有。物联网产业当前浮现的只是其初级形态,市场尚未大规模启动。

同时,物联网产业也可按关键程度划分为物联网核心产业、物联网支撑产业和物联网关联产业。具体内容如下。

(1) 物联网核心产业:重点发展与物联网产业链紧密关联的硬件、软件、系统集成及运营服务四大核心领域。着力打造传感器与传感节点、RFID设备、物联网芯片、操作系统、数据库软件、中间件、应用软件、系统集成、网络与内容服务、智能控制系统及设备等产业。

(2) 物联网支撑产业:支持发展微纳器件、集成电路、网络与通信设备、微能源、新材料、计算机及软件等相关支撑产业。

(3) 物联网关联产业:着重发挥物联网带动效应,利用物联网大规模产业化和应用对传统产业的重大变革,重点推进带动效应明显的现代装备制造业、现代农业、现代服务业、现代物流业等产业的发展。

未来,全球物联网产业总的发展趋势是规模化、协同化和智能化。同时以物联网应用带动物联网产业将是全球各国的主要发展方向。

(1) 规模化发展:随着世界各国对物联网技术、标准和应用的不断推进,物联网在各行业领域中的规模将逐步扩大,尤其是一些政府推动的国家性项目,如美国智能电网、日本I-Japan、韩国物联网先导应用工程等,将吸引大批有实力的企业进入物联网领域,大大推动物联网应用进程,为扩大物联网产业规模产生巨大作用。

(2) 协同化发展:随着产业和标准的不断完善,物联网将朝着协同化方向发展,形成不同物体间、不同企业间、不同行业乃至不同地区或国家间物联网信息的互联互通互操作,应用模式从闭环走向融合,最终形成可服务于不同行业和领域的全球化物联网应用体系。

(3) 智能化发展:物联网将从目前简单的物体识别和信息采集,走向真正意义上的物联网,实时感知、网络交互和应用平台可控可用,实现信息在真实世界和虚拟空间之间的智能化流动。

物联网仍处于起步阶段,物联网产业支撑力度不足,行业需求需要引导,距离成熟应用还需要多年的培育和扶持,发展还需要各国政府通过政策加以引导和扶持。因此,未来几年各国将结合本国优势、优先发展重点行业应用以带动物联网产业。我国确定的重点发展物联网应用的行业领域包括电力、交通、物流等战略性基础设施,以及能够大幅度促进经济发展的重点领域。

2.6 物联网的标准体系

物联网标准是国际物联网技术竞争的制高点。由于物联网涉及不同专业技术领域、不同行业应用部门，物联网的标准既要涵盖面向不同应用的基础公共技术，也要涵盖满足行业特定需求的技术标准；既包括国家标准，也包括行业标准。

物联网标准体系相对庞杂，从物联网总体、感知层、网络层、应用层、共性关键技术标准体系等5个层次可初步构建图2-18所示的标准体系。物联网标准体系涵盖架构标准、应用需求标准、通信协议、标识标准、安全标准、应用标准、数据标准、信息处理标准、公共服务平台类标准，每类标准还可能会涉及技术标准、协议标准、接口标准、设备标准、测试标准、互通标准等方面。

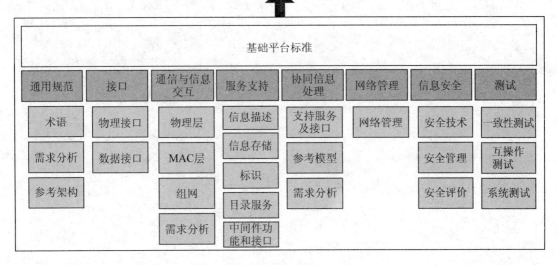

图2-18 物联网的标准体系示意图

根据物联网技术与应用密切相关的特点，按照技术基础标准和应用子集两个层次，我们提出引用现有标准、裁剪现有标准或制定新规范等策略，形成了包括体系架构、组网通信协议、接口、协同处理组件、网络安全、编码标识、骨干网接入与服务等技术基础规范和产品、应用子集类规范的标准体系，以求通过标准体系指导成体系、系统的物联网标准制定工作，同时为今后的物联网产品研发和应用开发中对标准的采用提供重要的支持。

物联网总体性标准：包括物联网导则、物联网总体架构、物联网业务需求等。

感知层标准体系：主要涉及传感器等各类信息获取设备的电气和数据接口、感知数据模型、描述语言和数据结构的通用技术标准、RFID 标签和读写器接口和协议标准、特定行业和应用相关的感知层技术标准等。

网络层标准体系：主要涉及物联网网关、短距离无线通信、自组织网络、简化 IPv6 协议、低功耗路由、增强的机器对机器(Machine to Machine，M2M)无线接入和核心网标准、M2M 模组与平台、网络资源虚拟化标准、异构融合的网络标准等。

应用层标准体系：包括应用层架构、信息智能处理技术，以及行业、公众应用类标准。应用层架构重点是面向对象的服务架构，包括 SOA 体系架构、面向上层业务应用的流程管理、业务流程之间的通信协议、元数据标准以及 SOA 安全架构标准。信息智能处理类技术标准包括云计算、数据存储、数据挖掘、海量智能信息处理和呈现等。云计算技术标准重点包括开放云计算接口、云计算开放式虚拟化架构(资源管理与控制)、云计算互操作、云计算安全架构等。

共性关键技术标准体系：包括标识和解析、服务质量(Quality of Service，QoS)、安全、网络管理技术标准。标识和解析标准体系包括编码、解析、认证、加密、隐私保护、管理，以及多标识互通标准。安全标准重点包括安全体系架构、安全协议、支持多种网络融合的认证和加密技术、用户和应用隐私保护、虚拟化和匿名化、面向服务的自适应安全技术标准。

第二篇 物联网感知层

第3章 自动识别技术

自动识别是物联网感知层的基础技术之一,分为数据采集技术和特征提取技术两大类,目前在各行各业已经得到了广泛应用。典型的自动识别技术及其基本原理是什么?如何构建典型的自动识别系统?自动识别技术的发展趋势是什么?这些问题都可以在本章找到答案。

教学目标

了解自动识别技术的基本概念及分类;
掌握条形码技术的基本原理及系统组成;
掌握射频识别技术的基本原理及系统组成;
理解机器视觉识别技术的基本原理及系统组成;
了解生物识别技术的基本原理及系统组成。

教学要求

知识要点	能力要求
自动识别技术的概念	(1) 掌握自动识别技术的定义 (2) 了解自动识别技术的分类方法
条形码技术	(1) 掌握一维条形码、二维条形码的结构特点及识读原理 (2) 理解 EAN 编码方法 (3) 了解 PDF417 条形码编码方法
射频识别技术	(1) 掌握射频识别的基本原理与系统组成 (2) 了解 EPC 规范与编码方法

续表

知识要点	能力要求
机器视觉系统	(1) 理解机器视觉系统的类别与基本原理 (2) 了解机器视觉系统的典型结构
生物识别技术	(1) 掌握生物识别技术的基本概念 (2) 了解指纹、声纹、人脸及手掌静脉识别的基本原理

推荐阅读资料

1. 自动识别技术导论. 中国物品编码中心、中国自动识别技术协会. 武汉大学出版社. 2007-05-01
2. 生物特征识别技术. 苑玮琦. 科学出版社. 2009-03-01
3. 生物识别技术工作原理. Tracy Wilson. http://science.bowenwang.com.cn/biometrics.htm
4. 一维条形码生成与识别技术. 2009-02-27. http://tech.ddvip.com/2009-02/1235742950109947.html
5. 二维码技术的发展及应用. 王阿承. 2011-05-18. http://wenku.baidu.com/view/057f6304eff9aef8941e064f.html
6. 机器视觉技术的典型应用. 自动识别网 2013-01-25.http://www.cnaidc.com/tech/

3.1 自动识别技术概述

3.1.1 自动识别技术的基本概念

自动识别技术作为一门依赖于信息技术的多学科结合的边缘技术，近几十年在全球范围内得到了迅猛发展，初步形成了一个包括条形码技术、磁条技术、光学字符识别、射频技术、声音识别及视觉识别等集计算机、光、磁、机电、通信技术为一体的高新技术学科。

自动识别技术就是应用一定的识别装置，通过被识别物品和识读装置之间的交互活动，自动地获取被识别物品的相关信息，并提供给后台的计算机处理系统来完成相关后续处理的一种技术。它是信息数据自动识读、自动输入计算机的重要方法和手段，是一种高度自动化的信息或者数据采集技术。

3.1.2 自动识别技术的种类

自动识别系统根据识别对象的特征可以分为两大类，分别是数据采集技术和特征提取技术。这两大类自动识别技术的基本功能都是完成物品的自动识别和数据的自动采集。

数据采集技术的基本特征是需要被识别物体具有特定的识别特征载体(如标签等)，而特征提取技术则根据被识别物体的本身的行为特征(包括静态的、动态的和属性的特征)来完成数据的自动采集。

1. 条形码技术

条形码技术是最早的也是最著名和最成功的自动识别技术。所谓条形码，是由一组按特定规则排列的条、空组成的图形符号,可表示一定的信息内容。识读器根据条、空对光的反射率不同,利用光电转换器件,获取条形码所示信息,并自动转换成计算机数据格式,传输给计算机信息系统。

2. 生物识别技术

生物识别指的是利用可以测量的人体生物学或行为学特征来核实个人的身份。这些技术包括指纹识别、视网膜和虹膜扫描、手掌几何学、声音识别、面部识别等。对于任何需要确认个人真实身份的场合,生物识别技术都具有巨大的潜在应用市场。生物识别技术包括面部识别、签名识别、声音识别和指纹识别系统。

3. 磁条(卡)技术

磁卡是一种磁记录介质卡片。它由高强度、耐高温的塑料或纸质涂覆塑料制成,能防潮、耐磨且有一定的柔韧性,携带方便、使用较为稳定可靠。通常,磁卡的一面印刷有说明提示性信息,如插卡方向;另一面则有磁层或磁条,具有 2~3 个磁道以记录有关信息数据。

4. IC 卡技术

IC(Integrated Circuit)卡的外观是一块塑料或 PVC 材料,通常还印有各种图案、文字和号码,称为"卡基",在"卡基"的固定位置上嵌装一种特定的 IC 芯片就成为人们通常所说的 IC 卡。根据嵌装的芯片不同就产生了各种类型的 IC 卡。IC 卡芯片具有写入数据和存储数据的能力,IC 卡存储器中的内容根据需要可以有条件地供外部读取,完成供内部信息处理和判定之用。

5. 射频识别(RFID)

射频识别(Radio Frequency Identification,RFID)技术,也称为电子标签、无线射频识别,是 20 世纪 80 年代开始出现的一种自动识别技术。RFID 可以通过无线电信号识别特定目标并获取相关的数据信息,即无须在识别系统与特定目标之间建立机械或光学接触,利用射频信号通过空间耦合(交变磁场或电磁场)实现无接触信息传递,并通过所传递的信息达到识别目的的技术。

射频识别技术最突出的特点是:不需要人工干预,可以非接触识读(识读距离可以从 10cm 至几十 m);可识别高速运动物体;抗恶劣环境能力强,一般污垢覆盖在标签上不影响标签信息的识读;保密性强;可同时识别多个对象或高速运动的物体等。

6. 机器视觉识别

机器视觉识别是用机器代替人眼来进行测量和判断,即通过机器视觉产品(即图像摄取装置,分 CMOS 和 CCD 两种)将被摄取目标转换成图像信号,传送给专用的图像处理系统,根据像素分布和亮度、颜色等信息,转变成数字信号;图像处理系统对这些信号进行各种运算来抽取目标的特征,自动识别限定的标志、字符、编码结构或可作为确切识断的基础呈现在图像内的其他特征,甚至根据判别的结果来控制现场的设备动作。

3.2 条形码技术

3.2.1 条形码概述

1. 条形码的概念

条形码(Bar Code)是由一组按一定编码规则排列的条、空符号组成的编码符号,用以表示一定的字符、数字及符号组成的信息。"条"指对光线反射率较低的部分,"空"指对光线反射率较高的部分,这些条和空组成的数据表达一定的信息,并能够用特定的设备识读,转换成与计算机兼容的二进制和十进制信息。

2. 条形码符号的构成

一个条形码图案由数条黑色和白色线条组成,如图 3-1 所示。一个完整的条形码的组成次序为:静区(前,左侧空白区)、起始符、数据符、中间分割符(主要用于 EAN 码)、校验符、终止符、静区(后,右侧空白区)。同时,下侧附有供人识别的字符。

图 3-1 条形码符号的构成

3. 条形码的应用

条形码具有可靠准确、数据输入速度快、经济便宜、灵活实用、自由度大、设备简单等优越性,在当今的自动识别技术中占有重要的地位。目前,条形码技术已被广泛应用于商业、邮政、图书管理、仓储、工业生产过程控制、交通等领域。国际广泛使用的条形码种类有 EAN、UPC 码(商品条形码,用于在世界范围内唯一标识一种商品,超市中最常见的就是这种条形码)、Code39 码(可表示数字和字母,在管理领域应用最广)、ITF25 码(在物流管理中应用较多)、Codebar 码(多用于医疗、图书领域)、Code93 码、Code128 码等。其中,EAN 码是当今世界上广为使用的商品条形码,已成为电子数据交换(EDI)的基础;

Code39 码因其可采用数字与字母共同组成的方式而在各行业内部管理上被广泛使用；在血库、图书馆和照相馆的业务中，Codebar 码也被广泛使用。

二维条形码作为一种新的信息存储和传递技术可把照片、指纹编制于其中，可有效地解决证件的可机读和防伪问题，已广泛应用于护照、身份证、行车证、军人证、健康证、保险卡等防伪领域。同时，二维条形码也在国防、公共安全、交通运输、医疗保健、工业、商业、金融、海关及政府管理等多个领域得到广泛应用。

3.2.2 条形码的分类和编码方法

1. 条形码的分类

条形码的分类方法有很多种，主要依据条形码的编码结构和条形码的性质进行分类。按条形码的长度，可分为定长和非定长条形码；按排列方式，可分为连续型和非连续型条形码；按校验方式，可分为自校验码和非自校验条形码；按照应用，可分为一维条形码和二维条形码；按应用场合，又可分为金属条形码、荧光条形码等。

1) 按码制分类

条形码种类很多，常见的大概有二十多种码制，其中包括：Code39 码(标准 39 码)、Codebar 码(库德巴码)、Code25 码(标准 25 码)、ITF25 码(交叉 25 码)、Matrix25 码(矩阵 25 码)、UPC-A 码、UPC-E 码、EAN-13 码(EAN-13 国际商品条形码)、EAN-8 码(EAN-8 国际商品条形码)、中国邮政码(矩阵 25 码的一种变体)、Code-B 码、MSI 码、Code11 码、Code93 码、ISBN 码、ISSN 码、Code128 码(Code128 码，包括 EAN128 码)、Code39EMS(EMS 专用的 39 码)等一维条形码和 Data Matrix、Maxi Code、Aztec、QR Code、Vericode、PDF417、Ultracode、Code 49 等二维条形码。

2) 按维数分类

按维数条形码可分为一维条形码、二维条形码、多维条形码等。

一维条形码只是在一个方向(一般是水平方向)表达信息，而在垂直方向则不表达任何信息，其一定的高度通常是为了便于阅读器的对准。一维条形码的应用可以提高信息录入的速度，减少差错率，但是一维条形码也存在数据容量较小(30 个字符左右)、只能包含字母和数字、条形码尺寸相对较大(空间利用率较低)、条形码遭到损坏后便不能阅读等一些不足之处。

二维条形码是用某种特定的几何图形按一定规律在平面(二维方向上)分布的黑白相间的图形记录数据符号信息的一种条形码技术。简单地说，在水平和垂直方向的二维空间存储信息的条形码，称为二维条形码(2-dimensional bar code)。二维条形码也有许多不同的编码方法，或称码制。就这些码制的编码原理而言，通常可分为以下 3 种类型。

(1) 线性堆叠式二维码：是在一维条形码编码原理的基础上，将多个一维码在纵向堆叠而产生的。典型的码制如：Code 16K、Code 49、PDF417、Stacked 等。Stacked 码如图 3-2 所示。

(2) 矩阵式二维码：是在一个矩形空间通过黑、白像素在矩阵中的不同分布进行编码。典型的码制如：Aztec、Maxi Code、QR Code、Data Matrix 等。Data Matrix 码如图 3-3 所示。

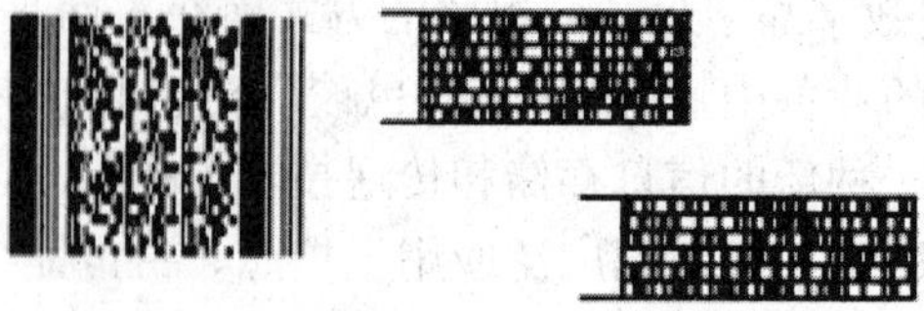

图 3-2 Stacked 码

图 3-3 Data Matrix 码

(3) 邮政码：通过不同长度的条进行编码，主要用于邮件编码，如：Postnet、BPO 4-State。

由于二维条形码在平面的横向和纵向上都能表示信息，所以与一维条形码比较，二维条形码所携带的信息量和信息密度都提高了几倍，二维条形码可表示图像、文字、甚至声音。二维条形码的出现，使条形码技术从简单地标识物品转化为描述物品，它的功能起到了质的变化，条形码技术的应用领域也就扩大了。

2. 条形码的编码方法

一般来说，条形码的编码方法有两种：宽度调节法和模块组合法。

宽度调节法是指条形码中条与空的宽窄设置不同，用宽单元表示二进制的"1"，而用窄单元表示二进制的"0"，宽窄单元之比一般控制在 2~3。

模块组合法是指条形码符号中，条与一空是由标准宽度的模块组成。一个标准宽度的条模块表示二进制的"1"，而一个标准宽度的空模块表示二进制的"0"。商品条形码模块的标准宽度是 0.33mm。

1) EAN 编码方法

一维条形码主要有 EAN 和 UPC 两种，其中 EAN 码是我国主要采取的编码标准。EAN 是欧洲物品条形码(European Article Number Bar Code)的英文缩写，是以消费资料为使用对象的国际统一商品代码。只要用条形码阅读器扫描该条形码，便可以了解该商品的名称、型号、规格、生产厂商、所属国家或地区等丰富信息。

EAN 通用商品条形码是模块组合型条形码，模块是组成条形码的最基本宽度单位，每个模块的宽度为 0.33mm。在条形码符号中，表示数字的每个条形码字符均由两个条和两个空组成，它是多值符号码的一种，即在一个字符中有多种宽度的条和空参与编码。条和空分别由 1~4 个同一宽度的深、浅颜色的模块组成，一个模块的条表示二进制的"1"，一个模块的空表示二进制的"0"，每个条形码字符共有 7 个模块，即一个条形码字符条空宽度之和为单位元素的 7 倍，每个字符含条或空个数各为 2，相邻元素如果相同，则从外观上合并为一个条或空,并规定每个字符在外观上包含的条和空的个数必须各为2个,所以EAN码是一种(7, 2)码。EAN条形码字符包括0~9共10个数字字符,但对应的每个数字字符有3种编码形式,左侧数据符奇排列、左侧数据符偶排列以及右侧数据符偶排列。这样10个数字将有30种编码,数据字符的编码图案也有30种,至于从这30个数据字符中选哪10个字符要视具体情况而定。在这里所谓的奇或偶是指所含二进制"1"的个数为偶数或奇数。

(1) EAN-13码的格式。EAN条形码有两个版本,一个是13位标准条形码(EAN-13条形码),另一个是8位缩短条形码(EAN-8条形码)。EAN-13条形码由代表13位数字码的条形码符号组成,如图3-4所示。

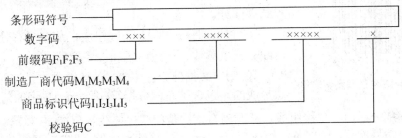

图3-4 EAN-13条形码格式

图3-4的EAN-13条形码格式中前2位($F_1 \sim F_2$,欧盟采用)或前3位($F_1 \sim F_3$,其他国家采用)数字为国家或地区代码,称为前缀码或前缀号。例如:我国为690,日本为49*,澳大利亚为93*等(其中的"*"表示0~9的任意数字)。前缀后面的5位($M_1 \sim M_5$)或4位($M_1 \sim M_4$)数字为商品制造商的代码,是由该国编码管理局审查批准并登记注册的。厂商代码后面的5位($I_1 \sim I_5$)数字为商品代码或商品项目代码,用以表示具体的商品项目,即具有相同包装和价格的同一种商品。最后一位数字为校验码,用以提高数据的可靠性和校验数据输入的正确性,校验码的数值按国际物品编码协会规定的方法计算。

(2) EAN-13条形码的构成。EAN-13条形码的构成如图3-5所示。

左侧空白	起始符	左侧数据符6位数字	中间分隔符	右侧数据符6位数字	校验符1位数字	终止符	右侧空白

图3-5 典型EAN-13条形码的构成

① 左、右侧空白:没有任何印刷符号,通常是空白,位于条形码符号的两侧。用以提示阅读,准备扫描条形码符号,共由18个模块组成(其中左侧空白不得少于9个模块宽度),一般左侧空白11个模块,右侧空白7个模块。

② 起始符:条形码符号的第一位字符是起始符,它特殊的条空结构用于识别条形码符号的开始,由3个模块组成。

③ 左侧数据符:位于中间分隔符左侧,表示一定信息的条形码字符,由42个模块组成。

④ 中间分隔符:位于条形码中间位置的若干条与空,用以区分左、右侧数据符,由5个模块组成。

⑤ 右侧数据符：位于中间分隔符右侧，表示一定信息的条形码字符，由 35 个模块组成。

⑥ 条形码校验符：表示校验码的条形码字符，用以校验条形码符号的正确与否，由 7 个模块组成。

⑦ 终止符：条形码符号的最后一位字符是终止符，它特殊的条空结构用于识别条形码符号的结束，由 3 个模块组成。

一个 EAN-13 条形码图案由数条黑色和白色线条组成，如图 3-6 所示。

图 3-6 条形码图案实例分成 5 个部分，从左至右分别为：起始部分、第一数据部分、中间部分、第二数据部分和结束部分。

① 起始部分：由 11 条线组成，从左至右分别是 8 条白线、一条黑线、一条白线和一条黑线。

图 3-6 EAN-13 条形码图案实例

② 第一数据部分：由 42 条线组成，是按照一定的算法形成的，包含了左侧数据符($d_1 \sim d_6$)数字的信息。

③ 中间部分：由 5 条线组成，从左到右依次是白线、黑线、白线、黑线、白线。

④ 第二数据部分：由 42 条线组成，是按照一定的算法形成的，包含了右侧数据符($d_7 \sim d_{12}$)数字的信息。

⑤ 结尾部分：由 11 条线组成，从左至右分别是一条黑线、一条白线和一条黑线、8 条白线。

(3) EAN-13 的编码规则。EAN-13 的编码是由二进制表示的。它的数据符、起始符、终止符、中间分隔符编码见表 3-1。

表 3-1 EAN-13 编码

字符	二进制表示		
	左侧数据符 奇性字符(A 组)	偶性字符(B 组)	右侧数据符 偶性字符(C 组)
0	0001101	0100111	1110010
1	0011001	0110011	1100110
2	0010011	0011011	1101100
3	0111101	0100001	1000010
4	0100011	0011101	1011100
5	0110001	0111001	1001110
6	0101111	0000101	1010000
7	0111011	0001001	1000100
8	0110111	0001001	1001000
9	0001011	0010111	1110100
起始符 中间分隔符 终止符	101 01010 101		

左侧数据符有奇偶性,它的奇偶排列取决于前置符,所谓前置符是国别识别码的第一位F_1,该位以消影的形式隐含在左侧 6 位字符的奇偶性排列中,这是国际物品编码标准版的突出特点。前置符与左侧 6 位字符的奇偶排列组合方式的对应关系见表 3-2,实际上由表 3-2 这种编码规定可看出,F_1 与这种组合方式是一一对应、固定不变的。例如,中国的国别识别码为 "690",因此它的前置符为 "6",左侧数据符的奇偶排列为 "OEEEOO","E" 表示偶字符,"O" 表示奇字符。

表 3-2 左侧数据符奇偶排列结合方式

前置符	左侧数据符奇、偶排列	前置符	左侧数据符奇、偶排列
0 O	O O O O O O	5 O	E E O O E
1 O	O E O E E	6 O	E E E O O
2 O	O E E O E	7 O	E O E O E
3 O	O E E E O	8 O	E O E O
4 O	E O O E E	9 O	E E O E O

(4) EAN-13 条形码的校验方法。

校验码的主要作用是防止条形码标志因印刷质量低劣或包装运输中引起标志破损而造成扫描设备误读信息。作为确保商品条形码识别正确性的必要手段,条形码用户在标志设计完成后,代码的正确与否直接关系到用户的自身利益。对代码的验证、校验码的计算是标志商品质量检验的重要内容之一,应该谨慎严格,需确定代码无误后才可用于产品包装上。

下面是 EAN-13 条形码的校验码验算方法,步骤如下。

① 以未知校验位为第 1 位,由右至左将各位数据顺序排队(包括校验码)。
② 由第 2 位开始,求出偶数位数据之和,然后将和乘以 3,得积 N_1。
③ 由第 3 位开始,求出奇数位数据之和,得 N_2。
④ 将 N_1 和 N_2 相加得和 N_3。
⑤ 用 N_3 除以 10,求得余数,并以 10 为模,取余数的补码,即得校验位数据值。
⑥ 比较第 1 位的数据值与 C 的大小,若相等,则译码正确,否则进行纠错处理。

例如,设 EAN-13 码中数字码为 6901038100578(其中校验码值为 8),该条形码字符校验过程为:$N_1 = 3 \times (7+0+1+3+1+9) = 63$,$N_2 = 5+0+8+0+0+6 = 19$,$N_3 = N_1 + N_2 = 82$,$N_3$ 除以 10 的余数为 2,故 $C = 10 - 2 = 8$,译码正确。

2) PDF417 条形码编码方法

美国 Symbol 公司于 1991 年最先正式推出一种公开域内的 PDF417 二维条形码,即"便携式数据文件"。PDF417 条形码是一种高密度、高信息含量的便携式数据文件,是实现证件及卡片等大容量、高可靠性信息自动存储、携带,并可用机器自动识读的理想手段。

(1) PDF417 条形码标准和定义。

PDF417 条形码(又称为 417 条形码)由中华人民共和国国家标准 GB/T 17172−1997 文件规定。该标准规定了 417 条形码的相关定义、结构、尺寸及技术要求,定义如下。

① 符号字符 symbol character：条形码符号中，由特定的条、空组合而成的表示信息的基本单位。

② 码字 codeword：符号字符的值。

③ 簇 cluster：构成 417 条形码符号字符集的与码字集对应的相互独立的子集。

④ 全球标记标识符 Global Label Identifier(GLI)：对数据流的一种特定解释的标识。

⑤ 拒读错误或删除错误 rejection error：在确定位置上的符号字符的丢失或不可译码。

⑥ 替代错误或随机错误 substitution error：在随机位置上的符号字符的错误译码。

(2) PDF417 条形码符号描述。

① 符号结构。417 条形码符号是一个多行结构，符号的顶部和底部为空白区，上下空白区之间为多行结构，每行数据符号字符数相同，行与行左右对齐直接衔接。其最小行数为 3，最大行数为 90。图 3-7 为 PDF417 条形码符号的结构示意图。

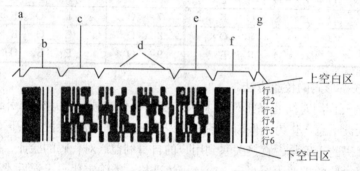

图 3-7　PDF417 条形码符号结构示意图

a 为左空白区。

b 为起始符。

c 为左行指示符号字符。

d 为 1～30 个数据符号字符。

e 为右行指示符号字符。

f 为终止符。

g 为右空白区。

② 符号字符的结构。每一符号字符由 4 个条和 4 个空构成，自左向右从条开始。每一个条或空包含 1～6 个模块。在一个符号字符中，4 个条和 4 个空的总模块数为 17，如图 3-8 所示。

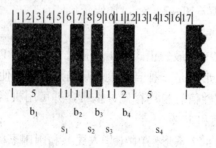

图 3-8　符号字符的结构

③ 符号字符的簇。417条形码符号字符集由3个簇构成，每一簇包括以不同的条、空形式表示的所有929个417条形码的码字。在每一簇中，每一符号字符对应唯一的码字，其范围为0~928。

417条形码使用簇号0、3、6。417条形码符号的每行只使用一个簇中的簇号字符，同一簇每3行重复一次。对于给定的符号字符，其簇号c为：$c = (b_1 - b_2 + b_3 - b_4 + 9) \bmod 9$。

(3) PDF417条形码的特点。

PDF417条形码可表示数字、字母或二进制数据，也可表示汉字。同时，二维条形码可把照片、指纹、视网膜扫描等编码于其中，可有效地解决证件的可机读和防伪问题。一个PDF417条形码最多可容纳1 850个字符或1 108个字节的二进制数据，如果只表示数字则可容纳2 710个数字。PDF417的纠错能力依错误纠正码字数的不同分为0~8共9级，级别越高，纠正码字数越多，纠正能力越强，条形码也越大。当纠正等级为8时，即使条形码污损50%也能被正确读出。PDF417条形码纠错如图3-9所示。我国目前已制定了PDF417码的国家标准。

(a) 条码位图原图

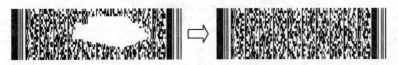

(b) 条码污损纠错译码结果

(c) 条码纠错纠删译码结果

图3-9　PDF417条形码纠错示意图

3.2.3　条形码的生成方法

我们以EAN-13条形码的生成为例说明条形码的生成方法。

(1) 由d_0根据表3-3产生和$d_1 \sim d_6$匹配的字母码，该字母码由6个字母组成，字母限于A和B。

(2) 将$d_1 \sim d_6$和d_0产生的字母码按位进行搭配，来产生一个数字—字母匹配对，并通过查表3-3生成条形码的第一数据部分。

表 3-3 映射表

数　字	字母码	数　字	字母码
0	AAAAAA	5	ABBAAB
1	AABABB	6	ABBBAA
2	AABBAB	7	ABABAB
3	AABBBA	8	ABABBA
4	ABAABB	9	ABBABA

(3) 将 $d_7 \sim d_{12}$ 和 C 进行搭配,并通过查表 3-4 生成条形码的第二数据部分。

表 3-4 数字—字母映射表

数字—字母匹配对	二进制信息	数字—字母匹配对	二进制信息
0A	0001101	0B	0100111
0C	1110010	1A	0011001
1B	0110011	1C	1100110
2A	0010011	2B	0011011
2C	1101100	3A	0111101
3B	0100001	3C	1000010
4A	0100011	4B	0011101
4C	1011100	5A	0110001
5B	0111001	5C	1001110
6A	0101111	6B	0000101
6C	1010000	7A	0111011
7B	0010001	7C	1000100
8A	0110111	8B	0001001
8C	1001000	9A	0001011
9B	0010111	9C	1110100

(4) 按照两部分数据绘制条形码:1 对应黑线,0 对应白线。

例如,假设一个条形码的数据码为:6901038100578。d_0=6,对应的字母码为 ABBBAA,$d_1 \sim d_6$ 和 d_0 产生的字母码按位进行搭配结果为 9A、0B、1B、0B、3A、8A,查表 3-4 得第一部分数据的编码分别为 0001011、0100111、0110011、0100111、0111101、0110111;$d_7 \sim d_{12}$ 和 C 进行搭配结果为 1C、0C、0C、5C、7C、8C,查表 3-4 得第二部分数据的编码分别为 1100110、1110010、1110010、1001110、1000100、1001000。

3.2.4 条形码识读原理与技术

1. 条形码识读原理

为了阅读出条形码所代表的信息,需要一套条形码识别系统,它由条形码扫描器、放大整形电路、译码接口电路和计算机系统等部分组成(图 3-10)。由于不同颜色的物体，其反射的可见光的波长不同，白色物体能反射各种波长的可见光，黑色物体则吸收各种波长的可见光，所以当条形码扫描器(或称条形码阅读器)光源发出的光经光源及凸透镜 1 后，照射到黑白相间的条形码上时，反射光经凸透镜 2 聚焦后，照射到光电转换器上，于是光电转换器接收到与白条和黑条相应的强弱不同的反射光信号，并转换成相应的电信号输出到放大整形电路。白条、黑条的宽度不同，相应的电信号持续时间长短也不同。但是，由光电转换器输出的与条形码的条和空相应的电信号一般仅 10mV 左右，不能直接使用，因而先要将光电转换器输出的电信号送放大器放大。放大后的电信号仍然是一个模拟电信号，为了避免由条形码中的疵点和污点导致错误信号，在放大电路后需加一整形电路，把模拟信号转换成数字信号，以便计算机系统能准确判读。整形电路的脉冲数字信号经译码器译成数字、字符信息，它通过识别起始、终止字符来判别出条形码符号的码制及扫描方向，通过测量脉冲数字电信号 0、1 的数目来判别出条和空的数目，通过测量 0、1 信号持续的时间来判别条和空的宽度。这样便得到了被辨读的条形码符号的条和空的数目及相应的宽度和所用码制，根据码制所对应的编码规则，便可将条形符号换成相应的数字、字符信息，通过接口电路送给计算机系统进行数据处理与管理，便完成了条形码辨读的全过程。

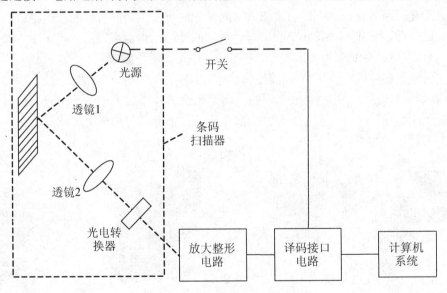

图 3-10　条形码识读原理示意图

2. 条形码阅读器

条形码阅读器又称为条形码扫描器、条形码扫描枪、条形码扫描器、条形码扫描枪及条形码阅读器。普通的条形码阅读器通常采用以下 4 种技术：光笔、CCD、激光、影像型红光。

1) 光笔条形码扫描器

光笔是最先出现的一种手持接触式条形码阅读器，它也是最为经济的一种条形码阅读器(图 3-11)。使用时，操作者需将光笔接触到条形码表面，通过光笔的镜头发出一个很小的光点，当这个光点从左到右划过条形码时，在"空"部分，光线被反射，"条"的部分，光线将被吸收，因此在光笔内部产生一个变化的电压，这个电压通过放大、整形后用于译码。光笔类条形码扫描器不论采用何种工作方式，从使用上都存在一个共同点，即阅读条形码信息时，要求扫描器与待识读的条形码接触或离开一个极短的距离(一般仅 0.2～1mm)。

图 3-11　光笔条形码扫描器

2) 激光条形码扫描器

激光条形码扫描器的基本工作原理为：手持式激光条形码扫描器通过一个激光二极管发出一束光线，照射到一个旋转的棱镜或来回摆动的镜子上，反射后的光线穿过阅读窗照射到条形码表面，光线经过条或空的反射后返回阅读器，由一个镜子进行采集、聚焦，通过光电转换器转换成电信号，该信号将通过扫描器或终端上的译码软件进行译码。

激光条形码扫描器分为手持(也称便携式)与固定两种形式：手持激光枪连接方便简单、使用灵活(图 3-12)，固定式激光条形码扫描器适用于阅读器较大、条形码较小的场合，有效解放双手工作(图 3-13)。激光条形码扫描器是各种条形码扫描器中所能提供的各项功能指标最高者，价格相对较高。

图 3-12　手持式激光条形码扫描器　　　　图 3-13　固定式激光条形码扫描器

3) CCD 阅读器

CCD 阅读器使用一个或多个 LED，发出的光线能够覆盖整个条形码，条形码的图像被传到一排光上，被每个单独的光电二极管采样，由邻近的探测结果为"黑"或"白"区分每一个条或空，从而确定条形码的字符，换言之，CCD 阅读器不是阅读每一个"条"或"空"，而是条形码的整个部分，并转换成可以译码的电信号。CCD 为电子耦合器件(Charge Couple Device)，比较适合近距离和接触阅读，它的价格没有激光阅读器贵，而且内部没有移动部件。3 种 CCD 条形码扫描器分别如图 3-14、图 3-15、图 3-16 所示。

第 3 章　自动识别技术

图 3-14　手持式 CCD 条形码扫描器

图 3-15　固定激光 CCD 条形码扫描器

图 3-16　基于 Android 平台的手机条形码扫描器

　　手机条形码扫描器能扫描条形码到各款智能手机，并与之成为一体，通过调用手机镜头的照相功能，软件将快速扫描识别出一维码和二维码内的信息，使得手机变身数据采集器，能很好地应用于快递物流、医疗管理、家电售后、销售管理、政府政务等各个行业，帮助企业提高移动办事效率，降低规模成本。

3.3　射频识别技术

3.3.1　射频识别技术概述

1. RFID 的概念

　　RFID 是一种非接触式的自动识别技术，是一项利用射频信号通过空间耦合(交变磁场或电磁场)实现无接触信息传递并通过所传递的信息达到识别目的的技术。它通过射频信号自动识别目标对象并获取相关数据，识别工作无须人工干预，可工作于各种恶劣环境。RFID 技术可识别高速运动物体并可同时识别多个标签，操作快捷方便。短距离射频产品不怕油渍、灰尘污染等恶劣的环境，可在这样的环境中替代条形码，如用在工厂的流水线上跟踪物体。长距射频产品多用于交通上，识别距离可达几十米，如自动收费或车辆身份识别等。

　　射频识别系统通常由电子标签(应答器，Tag)和阅读器(读头，Reader)组成。

2. RFID 的特点

RFID 是一项易于操控、简单实用且特别适合用于自动化控制的灵活性应用技术，其所具备的独特优越性是其他识别技术无法企及的。它既可支持只读工作模式，也可支持读写工作模式，且无须接触或瞄准；可自由工作在各种恶劣环境下；可进行高度的数据集成。另外，由于该技术很难被仿冒、侵入，使 RFID 具备了极高的安全防护能力。

和传统条形码识别技术相比，RFID 有以下优势。

(1) 快速扫描。条形码一次只能扫描一个条形码；RFID 辨识器可同时辨识读取多个 RFID 标签。

(2) 体积小型化、形状多样化。RFID 在读取上并不受尺寸大小与形状限制，无须为了读取精确度而配合纸张的固定尺寸和印刷品质。此外，RFID 标签更可往小型化与多样形态发展，以应用于不同产品。

(3) 抗污染能力和耐久性。传统条形码的载体是纸张，因此容易受到污染，但 RFID 对水、油和化学药品等物质具有很强抵抗性。此外，由于条形码是附于塑料袋或外包装纸箱上，所以特别容易受到拆损；RFID 卷标是将数据存在芯片中，因此可以免受污损。

(4) 可重复使用。现今的条形码印刷之后就无法更改，RFID 标签则可以重复地新增、修改、删除 RFID 卷标内储存的数据，方便信息的更新。

(5) 穿透性和无屏障阅读。在被覆盖的情况下，RFID 能够穿透纸张、木材和塑料等非金属或非透明的材质，并能够进行穿透性通信。而条形码扫描机必须在近距离而且没有物体阻挡的情况下，才可以辨读条形码。

(6) 数据的记忆容量大。一维条形码的容量是 50 字符，二维条形码最大的容量可储存 2 000~3 000 字符，RFID 最大的容量则有数兆个字符。随着记忆载体的发展，数据容量也有不断扩大的趋势。未来物品所需携带的资料量会越来越大，对卷标所能扩充容量的需求也相应增加。

(7) 安全性。由于 RFID 承载的是电子式信息，其数据内容可经由密码保护，使其内容不易被伪造及变造。

3.3.2 射频识别系统的组成

RFID 系统在具体的应用过程中，根据不同的应用目的和应用环境，系统的组成会有所不同，但从 RFID 系统的工作原理来看，系统一般都由图 3-17 所示的信号发射机(电子标签)、信号接收机(阅读器)、发射接收天线几部分组成。

(1) 电子标签(Tag，或称射频标签、应答器)：由芯片及内置天线组成。芯片内保存有一定格式的电子数据，作为待识别物品的标识性信息，是射频识别系统真正的数据载体。内置天线用于与射频天线间进行通信。

(2) 阅读器：读取或读/写电子标签信息的设备，主要任务是控制射频模块向标签发射读取信号，并接收标签的应答，对标签的对象标识信息进行解码，将对象标识信息连带标签上其他相关信息传输到主机以供处理。

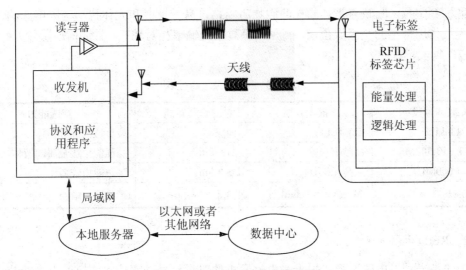

图 3-17 RFID 系统基本模型图

(3) 天线：标签与阅读器之间传输数据的发射、接收装置。

在 RFID 系统中，信号发射机为了不同的应用目的，会以不同的形式存在，典型的形式是标签。信号接收机一般称为阅读器。对于可读可写标签系统还需要编程器，完成向标签写入数据的功能。天线是标签与阅读器之间传输数据的发射、接收装置。

电子标签与阅读器之间通过耦合元件实现射频信号的空间(无接触)耦合；在耦合通道内，根据时序关系，实现能量的传递和数据的交换。由图 3-17 可以看出，在射频识别系统的工作过程中，始终以能量为基础，通过一定的时序方式来实现数据的交换。因此，在 RFID 工作的空间通道中存在三种事件模型：以能量提供为基础的事件模型；以时序方式实现数据交换的事件模型；以数据交换为目的的事件模型。

3.3.3 射频识别系统的主要技术

当前，RFID 技术研究主要集中在工作频率选择、天线设计、防冲突技术和安全与隐私保护等方面。

1. 工作频率选择

工作频率选择是 RFID 技术中的一个关键问题。工作频率的选择既要适应各种不同应用需求，还需要考虑各国对无线电频段使用和发射功率的规定。当前 RFID 工作频率跨越多个频段，不同频段具有各自优缺点，它既影响标签的性能和尺寸大小，还影响标签与读写器的价格。此外，无线电发射功率的差别影响读写器作用距离。

低频频段能量相对较低，数据传输率较小，无线覆盖范围受限。为扩大无线覆盖范围，必须扩大标签天线尺寸。尽管低频无线覆盖范围比高频无线覆盖范围小，但天线的方向性不强，具有相对较强的绕开障碍物能力。低频频段可采用 1～2 个天线，以实现无线作用范围的全区域覆盖。此外，低频段电子标签的成本相对较低，且具有卡状、环状、纽扣状等多种形状。高频频段能量相对较高，适于长距离应用。低频功率损耗与传播距离的立方成正比，而高频功率损耗与传播距离的平方成正比。由于高频以波束的方式传播，故可用

于智能标签定位。其缺点是容易被障碍物所阻挡,易受反射和人体扰动等因素影响,不易实现无线作用范围的全区域覆盖。高频频段数据传输率相对较高,且通信质量较好。表 3-5 为 RFID 频段特性表。

表 3-5 RFID 频段特性表

频　　段	描　　述	作用距离	穿透能力
125～134kHz	低频(LF)	45cm	能穿透大部分物体
13.553～13.567MHz	高频(HF)	1～3m	勉强能穿透金属和液体
400～1 000MHz	超高频(UHF)	3～9m	穿透能力较弱
2.45GHz	微波(Microwave)	3m	穿透能力最弱

2. RFID 天线

天线是一种以电磁波形式把无线电收发机的射频信号功率接收或辐射出去的装置。天线按工作频段可分为短波天线、超短波天线、微波天线等;按方向性可分为全向天线、定向天线等;按外形可分为线状天线、面状天线等。

受应用场合的限制,RFID 标签通常需要贴在不同类型、不同形状的物体表面,甚至需要嵌入到物体内部。RFID 标签在要求低成本的同时,还要求有高的可靠性。此外,标签天线和读写器天线还分别承担接收能量和发射能量的作用,这些因素对天线的设计提出了严格要求。当前对 RFID 天线的研究主要集中在天线结构和环境因素对天线性能的影响上。

天线结构决定了天线方向图、极化方向、阻抗特性、驻波比、天线增益和工作频段等特性。方向性天线由于具有较少回波损耗,比较适合电子标签应用;由于 RFID 标签放置方向不可控,读写器天线必须采取圆极化方式(其天线增益较大);天线增益和阻抗特性会对 RFID 系统的作用距离产生较大影响;天线的工作频段对天线尺寸以及辐射损耗有较大影响。

天线特性受所标识物体的形状及物理特性影响。如金属物体对电磁信号有衰减作用,金属表面对信号有反射作用,弹性基层会造成标签及天线变形,物体尺寸对天线大小有一定限制等。人们根据天线的以上特性提出了多种解决方案,如采用曲折型天线解决尺寸限制,采用倒 F 型天线解决金属表面的反射问题等。

天线特性还受天线周围物体和环境的影响。障碍物会妨碍电磁波传输;金属物体产生电磁屏蔽,会导致无法正确地读取电子标签内容;其他宽频带信号源,如发动机、水泵、发电机和交直流转换器等,也会产生电磁干扰,影响电子标签的正确读取。如何减少电磁屏蔽和电磁干扰,是 RFID 技术研究的一个重要方向。

3. 防冲突技术

鉴于多个电子标签工作在同一频率,当它们处于同一个读写器作用范围内时,在没有采取多址访问控制机制情况下,信息传输过程将产生冲突,导致信息读取失败。同时多个阅读器之间工作范围重叠也将造成冲突。有学者提出了Colorwave算法以解决阅读器冲突问题。根据电子标签工作频段的不同，人们提出了不同的防冲突算法。对于标签冲突，在高频(HF)频段，标签的防冲突算法一般采用经典ALOHA协议。使用ALOHA协议的标签，通过选择经过一个随机时间向读写器传送信息的方法来避免冲突。绝大多数高频读写器能同时扫描几十个电子标签。在超高频(UHF)频段，主要采用树分叉算法来避免冲突。同采用ALOHA协议的高频频段电子标签相比，树分叉算法泄漏的信息较多，安全性较差。

上面两种标签防冲突方法均属于时分多址访问(TDMA)方式，应用比较广泛。除此之外，目前还有人提出了频分多址访问(FDMA)和码分多址访问(CDMA)方式的防冲突算法，主要应用于超高频和微波等宽带应用场景。

4. 安全与隐私问题

RFID安全问题集中在对个人用户的隐私保护、对企业用户的商业秘密保护、防范对RFID系统的攻击以及利用RFID技术进行安全防范等多个方面。面临的挑战如下。

(1) 保证用户对标签的拥有信息不被未经授权访问，以保护用户在消费习惯、个人行踪等方面的隐私。

(2) 避免由于RFID系统读取速度快，可以迅速对超市中所有商品进行扫描并跟踪变化，而被利用来窃取用户商业机密。

(3) 防护对RFID系统的各类攻击，如：重写标签以窜改物品信息；使用特制设备伪造标签应答欺骗读写器以制造物品存在的假相；根据RFID前后向信道的不对称性远距离窃听标签信息；通过干扰RFID工作频率实施拒绝服务攻击；通过发射特定电磁波破坏标签等。

(4) 把RFID的唯一标识特性用于门禁安防、支票防伪、产品防伪等。

3.3.4 射频识别系统的分类

1. 根据RFID系统完成的功能不同分类

根据RFID系统完成的功能不同，可以粗略地把RFID系统分成4种类型：电子物品监视(Electronic Article Surveillance，EAS)系统、便携式数据采集系统、物流控制系统、定位系统。

2. 按电子标签的工作频率不同分类

通常阅读器发送时所使用的频率被称为RFID系统的工作频率，基本上划分为以下主要范围：低频(30～300kHz)、高频(3～30MHz)和超高频(300MHz～3GHz)以及微波(2.45GHz以上)。电子标签的工作频率是其最重要的特点之一。

3. 按电子标签的供电形式分类

根据电子标签内是否装有电池为其供电，可将其分为有源系统和无源系统两大类。

4. 根据标签的数据调制方式分类

根据调制方式的不同可分为主动式、被访式和半主动式。

5. 按电子标签的可读写性分类

根据电子标签内部使用存储器类型的不同可分成 3 种：可读写卡、一次写入多次读出卡和只读卡。

6. 按照电子标签中存储器数据存储能力分类

根据标签中存储器数据存储能力的不同，可以把标签分成仅用于标识目的的标识标签与便携式数据文件两种。

3.3.5 射频识别技术标准

RFID 的标准化是当前亟需解决的重要问题，各国及相关国际组织都在积极推进 RFID 技术标准的制定。目前，还未形成完善的关于 RFID 的国际和国内标准。RFID 的标准化涉及标识编码规范、操作协议及应用系统接口规范等多个部分。其中标识编码规范包括标识长度、编码方法等；操作协议包括空中接口、命令集合、操作流程等规范。当前主要的 RFID 相关规范有欧美的 EPC(Electronic Product Code)规范、日本的 UID(Ubiquitous ID)规范和 ISO 18000 系列标准。其中 ISO 标准主要定义标签和阅读器之间互操作的空中接口。

目前 RFID 存在两个技术标准阵营：一个是总部设在美国麻省理工学院的 Auto-ID 中心，另一个是日本的 Ubiquitous ID 中心(UID)。前者的领导组织是美国的 EPC(电子产品代码)环球协会，旗下有沃尔玛集团、英国 Tescd 等 100 多家欧美的零售流通企业，同时有 IBM、微软、飞利浦、Auto-ID Lab 等公司提供技术研究支持。后者主要由日系厂商组成，有日本电子厂商、信息企业和印刷公司等，总计达 352 家；该识别中心实际上就是有关电子标签的标准化组织，提出了 UID 编码体系。

EPC 规范由 Auto-ID 中心及后来成立的 EPCglobal 负责制定。Auto-ID 中心于 1999 年由美国麻省理工学院(MIT)发起成立，其目标是创建全球"实物互联网"，该中心得到了美国政府和企业界的广泛支持。2003 年 10 月 26 日，成立了新的 EPCglobal 组织接替以前 Auto-ID 中心的工作，管理和发展 EPC 规范。关于标签，EPCglobal 已经颁布第一代规范。

UID 规范由日本泛在 ID 中心负责制定。日本泛在 ID 中心由 T-Engine 论坛发起成立，其目标是建立和推广物品自动识别技术并最终构建一个无处不在的计算环境。该规范对频段没有强制要求，标签和读写器都是多频段设备，能同时支持 13.56MHz 或 2.45GHz 频段。UID 标签泛指所有包含 ucode 码的设备，如条形码、RFID 标签、智能卡和主动芯片等，并定义了 9 种不同类别的标签。

中国的 RFID 标准包括 RFID 技术本身的标准，如芯片、天线、频率等方面，以及 RFID 的各种应用标准，如 RFID 在物流、身份识别、交通收费等各领域的应用标准。如何让国家标准与未来的国际标准相互兼容，让贴着 RFID 标签的中国产品顺利地在世界范围中流通，是当前亟需解决的问题。

3.3.6 EPC 规范

EPC 的全称是 Electronic Product Code，中文称为产品电子代码。EPC 的载体是 RFID 电子标签，通过计算机网络来标识和访问单个物体，就如在互联网中使用 IP 地址来标识、组织和通信一样。EPC 旨在为每一件单品建立全球的、开放的标识标准，实现全球范围内对单件产品的跟踪与追溯，从而有效提高供应链管理水平、降低物流成本，提供对物理世界对象的唯一标识。

注：，EPCglobal 是国际物品编码协会 EAN 和美国统一代码委员会(UCC)的一个合资公司。它是一个受业界委托而成立的非盈利组织，负责 EPC 网络的全球化标准，以便更加快速、自动、准确地识别供应链中的商品。EPCglobal 的目的是促进 EPC 网络在全球范围内更加广泛地应用。EPC 网络由自动识别中心开发，其研究总部设在麻省理工学院，并且还有全球顶尖的 5 所研究型大学的实验室参与。2003 年 10 月 31 日以后，自动识别中心的管理职能正式停止，其研究功能并入自动识别实验室。EPCglobal 将继续与自动识别实验室密切合作，以改进 EPC 技术使其满足将来自动识别的需要。

1. EPC 工作流程

EPC 系统的工作流程如图 3-18 所示，在由 EPC 标签、读写器、EPC 中间件、Internet、ONS 服务器、EPC 信息服务(EPC IS)以及众多数据库组成的实物互联网中，读写器读出的 EPC 只是一个信息参考(指针)，由这个信息参考从 Internet 中找到 IP 地址并获取该地址中存放的相关的物品信息，并采用分布式的 EPC 中间件处理由读写器读取的一连串 EPC 信息。由于在标签上只有一个 EPC 代码，计算机需要知道与该 EPC 匹配的其他信息，这就需要 ONS 来提供一种自动化的网络数据库服务，EPC 中间件将 EPC 代码传给 ONS，ONS 指示 EPC 中间件到一个保存着产品文件的服务器(EPC IS)查找，该文件可由 EPC 中间件复制，因而文件中的产品信息就能传到供应链上。

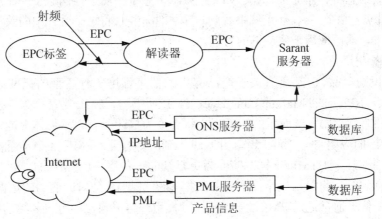

图 3-18 EPC 的数据流程

1) EPC 标签

EPC 标签由天线、集成电路、连接集成电路与天线的部分、天线所在的底板 4 部分构成。96 位或者 64 位 EPC 码是存储在 RFID 标签中的唯一信息。EPC 标签有主动型、被动型和半主动型 3 种类型。主动型 RFID 标签有一个电池，这个电池为微芯片的电路运转提供能量，并向读写器发送信号(同蜂窝电话传送信号到基站的原理相同)；被动型标签没有电池，相反，它从读写器获得电能。读写器发送电磁波，在标签的天线中形成了电流；半主动型标签用一个电池为微芯片的运转提供电能,但发送信号和接收信号时却是从读写器处获得能量的。主动和半主动标签在追踪高价值商品时非常有用,因为它们可以远距离地扫描,扫描距离可以达到30m,但这种标签每个成本要1美元或更多,这使得它不适合应用于低成本的商品上。

2) 读写器

读写器使用多种方式与标签交互信息,近距离读取被动标签中信息最常用的方法就是电感式耦合。只要贴近,盘绕读写器的天线与盘绕标签的天线之间就形成了一个磁场。标签就是利用这个磁场发送电磁波给读写器。这些返回的电磁波被转换为数据信息,即标签的EPC编码。

3) Savant

每件产品都加上RFID标签之后,在产品的生产、运输和销售过程中,读写器将不断收到一连串的EPC码。整个过程中最为重要、同时也是最困难的环节就是传送和管理这些数据。自动识别产品技术中心于是开发了一种名叫Savant的软件技术,相当于该新式网络的神经系统。Savant与大多数的企业管理软件不同,它不是一个拱形结构的应用程序。而是利用了一个分布式的结构,以层次化进行组织、管理数据流。Savant系统需要完成的主要任务是数据校对、读写器协调、数据传送、数据存储和任务管理。

4) 对象名称解析服务

当一个读写器读取一个EPC标签的信息时,EPC码就传递给了Savant系统。然后Savant系统再在局域网或因特网上利用对象名称解析服务(Object Naming Service,ONS)找到这个产品信息所存储的位置。ONS给Savant系统指明了存储这个产品的有关信息的服务器,因此就能够在Savant系统中找到这个文件,并且将这个文件中的关于这个产品的信息传递过来,从而应用于供应链的管理。

5) 物理标记语言

EPC码识别单品,但是所有关于产品有用的信息都用一种新型的标准计算机语言——物理标记语言(Physical Markup Language,PML)所书写,PML是基于为人们广为接受的可扩展标识语言(XML)发展而来的。因为它将会成为描述所有自然物体、过程和环境的统一标准,PML的应用将会非常广泛,并且进入到所有行业。PML还会不断发展演变,就像互联网的基本语言HTML一样,演变为更复杂的一种语言。PML文件包括那些不会改变的产品信息、PML将包括经常性变动的数据(动态数据)和随时间变动的数据(时序数据)。关于这方面的信息通常通过PML文件都能得到,用户再以自己的方式利用这些数据。PML文件将被存储在一个PML服务器上,此PML服务器将配置一个专用的计算机,为其他计算机提供它们需要的文件。PML服务器将由制造商维护,并且储存这个制造商生产的所有商品的文件信息。

2. EPC信息网络系统

EPC信息网络系统由本地网络和全球互联网组成,是实现信息管理、信息流通的功能模块。EPC系统的信息网络系统是在全球互联网的基础上,通过EPC中间件、对象名称解析服务(ONS)和EPC信息服务(EPC IS)来实现全球"实物互联"。

1) EPC 中间件

EPC 中间件具有一系列特定属性的"程序模块"或"服务"，并被用户集成以满足他们的特定需求，EPC 中间件以前被称为 Savant。EPC 中间件是加工和处理来自读写器的所有信息和事件流的软件，是连接读写器和用户应用程序的纽带，主要任务是在将数据送往用户应用程序之前进行标签数据校对、读写器协调、数据传送、数据存储和任务管理。图 3-19 描述了 EPC 中间件组件与其他应用程序的通信。

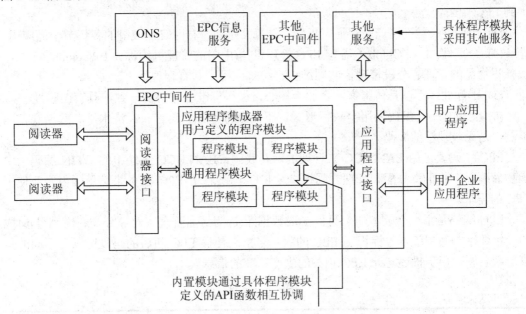

图 3-19　EPC 中间件及其应用程序的通信

2) EPC 信息服务

EPC 信息服务(EPC IS)提供了一个模块化、可扩展的数据和服务的接口，使得 EPC 的相关数据可以在企业内部或者企业之间共享。它处理与 EPC 相关的各种信息。

(1) EPC 的观测值：What / When / Where / Why，通俗地说，就是观测对象、时间、地点以及原因，这里的原因是一个比较泛的说法，它应该是 EPC IS 步骤与商业流程步骤之间的一个关联，如订单号、制造商编号等商业交易信息。

(2) 包装状态：例如，物品是在托盘上的包装箱内。

(3) 信息源：例如，位于 Z 仓库的 Y 通道的 X 识读器。

EPC IS 有两种运行模式，一种是 EPC IS 信息被已经激活的 EPC IS 应用程序直接应用；另一种是将 EPC IS 信息存储在资料档案库中，以备今后查询时进行检索。独立的 EPC IS 事件通常代表独立步骤，如 EPC 标记对象 A 装入标记对象 B，并与一个交易码结合。对于 EPC IS 资料档案库的 EPC IS 查询，不仅可以返回独立事件，而且还有连续事件的累积效应，如对象 C 包含对象 B，对象 B 本身包含对象 A。

3. EPC 编码体系

EPC 编码体系是新一代的与 GTIN 兼容的编码标准，它是全球统一标识系统的延伸和

拓展，是全球统一标识系统的重要组成部分，是 EPC 系统的核心与关键。

EPC 代码是由标头、厂商识别代码、对象分类代码、序列号等数据字段组成的一组数字，具体结构如表 3-6 所示，具有以下特性。

(1) 科学性：结构明确，易于使用、维护。

(2) 兼容性：EPC 编码标准与目前广泛应用的 EAN.UCC 编码标准是兼容的，GTIN 是 EPC 编码结构中的重要组成部分，目前广泛使用的 GTIN、SSCC、GLN 等都可以顺利转换到 EPC 中去。

(3) 全面性：可在生产、流通、存储、结算、跟踪、召回等供应链的各环节全面应用。

(4) 合理性：由 EPCglobal、各国 EPC 管理机构(中国的管理机构称为 EPCglobal China)、被标识物品的管理者分段管理、共同维护、统一应用，具有合理性。

(5) 国际性：不以具体国家、企业为核心，编码标准全球协商一致，具有国际性。

(6) 无歧视性：编码采用全数字形式，不受地方色彩、语言、经济水平、政治观点的限制，是无歧视性的编码。

EPC 中码段是由 EAN.UCC 来管理的。在我国，EAN.UCC 系统中的 GTIN 编码由中国物品编码中心负责分配和管理。同样，ANCC 也已启动 EPC 服务来满足国内企业使用 EPC 的需求。

EPC 编码是由一个版本加上另外 3 段数据(依次为域名管理、对象分类、序列号)组成的一组数字。其中版本号标识了 EPC 的版本号，它使得 EPC 随后的码段可以有不同的长度；域名管理用于描述与此 EPC 相关的生产厂商的信息。

表 3-6 EPC 编码的具体结构

		版本号	域名管理	对象分类	序列号
EPC-64	TYPE Ⅰ	2	21	17	24
	TYPE Ⅱ	2	15	13	34
	TYPE Ⅲ	2	26	13	23
EPC-69	TYPE Ⅰ	8	28	24	36
EPC-256	TYPE Ⅰ	8	32	56	160
	TYPE Ⅱ	8	64	56	128
	TYPE Ⅲ	8	128	56	64

目前，EPC 编码有 64 位、96 位和 256 位 3 种。为了保证所有物品都有一个 EPC 编码，并使其载体(标签)的成本尽可能降低，建议采用 96 位。这样，其数目可以为 2.68 亿个公司提高唯一标识，每个生产商可以有 1 600 万个对象种类，并且每个对象种类可以有 680 亿个序列号，这对未来世界所有产品来说已经非常够用了。

由于当前不需要使用那么多序列号，所以只采用 64 位 EPC，这样会进一步降低标签成本。但是随着 EPC-64 和 EPC-96 版本的不断发展，使得 EPC 编码作为一种世界通用的标识方案已经不足以长期使用，由此出现了 256 位编码。至今已推出 EPC-96Ⅰ型、EPC-64Ⅰ型、Ⅱ型、Ⅲ型、EPC-256Ⅰ型、Ⅱ型、Ⅲ型等编码方案。

1) EPC-64 码

目前研制了 3 种类型的 64 位 EPC 编码。

(1) EPC-64I 型。

EPC-64I 型编码如图 3-20 所示，提供了 2 位版本号编码，21 位管理者编码(即 EPC 域名管理)，17 位对象分类(库存单元)和 24 位序列号。该 64 位 EPC 编码包含最小的标识码。因此 21 位管理者分区就会允许 200 万个组使用该 EPC-64 码。对象种类分区可以容纳 131 072 个库存单元——远远超过 UPC 所能提供的，这样可以满足绝大多数公司的需求。24 位序列号可以为 1 600 万单品提供空间。

EPC-64 I 型			
1 .	XXXX .	XXXX .	XXXXXXXX
版本号	EPC域名管理	对象分类	序列号
2位	21位	17位	24位

图 3-20　EPC-64I 型

(2) EPC-64II 型。

除了 EPC-64I 型，还可采用其他方案来满足更大范围的公司、产品和序列号的需求。建议采用 EPC-64II 型(图 3-21)来迎合众多产品及对价格反应敏感的消费品生产者。

那些产品数量超过 2 万亿并且想要申请唯一产品标识企业，可以采用方案 EPC-64II。采用 34 位的序列号，最多可以标识 17 179 869 184 件不同产品。与 13 位对象分类区结合(允许最多达 8 192 库存单元)，每一个工厂为 140 737 488 355 328 或者超过 140 万亿不同的单品编号，这远远超过了世界上最大的消费品生产商的生产能力。

EPC-64 II 型			
2 .	XXXX .	XXXX .	XXXXXXXX
版本号	EPC域名管理	对象分类	序列号
2位	15位	13位	34位

图 3-21　EPC-64II 型

(3) EPC-64III 型。

除了一些大公司和正在应用 UCC.EAN 编码标准的公司外，为了推动 EPC 应用过程，很多企业打算将 EPC 扩展到更加广泛的组织和行业，希望通过扩展分区模式来满足小公司、服务行业和组织的应用。因此，除了扩展单品编码的数量，就像 EPC-64 那样，也会增加可以应用的公司数量来满足需求。

通过把管理者分区增加到 26 位，如图 3-22 所示，采用 64 位 EPC 编码可以提供多达 67 108 864 个公司表示。6 700 万个号码已经超出世界公司的总数，因此现在已经足够用了。我们希望更多公司采用 EPC 编码体系。

EPC-64 III型			
3 .	XXXX .	XXXX .	XXXXXXXXX
版本号	EPC域名管理	对象分类	序列号
2位	26位	13位	23位

图 3-22 EPC-64III 型

采用 13 位对象分类分区，这样可以为 8 192 种不同种类的物品提供空间。序列号分区采用 2 位编码，可以为超过 800 万的商品提供空间，因此对于 6 700 万个公司，每个公司允许对超过 680 亿(2^{36}=68 719 476 736)的不同产品采用此方案进行编码。

2) EPC-96 码

EPC-96 码(图 3-23)的设计目的是成为一个公开的物品标识代码。它的应用类似目前统一的产品代码(UPC)，或者 UCC.EAN 的运输集装箱代码。

EPC-96 I型			
01	0000A89 .	00016F .	000169DCD
版本号	EPC域名管理	对象分类	序列号
8位	28位	24位	38位

图 3-23 EPC-96 码

EPC 域名管理负责在其范围内维修对象分类代码和序列号，它必须保证对 ONS 可靠的操作，并负责维护和公布相关的产品信息。域名管理的区域占据 28 个数据位，允许大约 2.68 亿家制造商使用，这超出了 UPC-12 单位 10 万家和 EAN-13 的 100 万家制造商的容量。

对象分类字段在 EPC-96 码中占 24 位。这个字段能容纳当前所有的 UPC 库存单元的编码。序列号字段则是单一货品识别的编码。EPC-96 序列号对所有的同类对象提供 36 位的唯一标识号，其容量为 2^{28}=68 719 476 736。与产品代码相结合，该字段将为每个制造商提供 1.1×1 028 个唯一的项目编码，这超出了当前所有已标识产品的总容量。

3) EPC-256 码

EPC-96 和 EPC-64 码是为物理实体标识符的短期使用而设计的。而在原有表示方式的限制下，EPC-64 和 EPC-96 码版本的不断发展使得 EPC 编码作为一种世界通用的标识方案已经不足以长期使用。更长的 EPC 编码表示方式一直以来就广受期待并酝酿已久。

256 位 EPC 是为满足未来使用 EPC 编码的应用需求而设计的。因此未来应用的具体要求还无法准确知道，所以 256 位 EPC 版本必须可以扩展以便不限制未来的实际应用。多个版本就提供了这种可扩展性。

EPC-256I 型、II 型和 III 型的位分配情况分别如图 3-24、图 3-25 和图 3-26 所示。

EPC-256 Ⅰ型			
1 .	XXXXXXX .	XXXX .	XXXXXX
版本号	EPC域名管理	对象分类	序列号
8位	32位	56位	160位

图 3-24　EPC-256Ⅰ型

EPC-256 Ⅱ型			
2 .	XXXXXXX .	XXXX .	XXXXXX
版本号	EPC域名管理	对象分类	序列号
8位	64位	56位	128位

图 3-25　EPC-256Ⅱ型

同时，EPC 编码兼容了大量现存的编码，我国的全国产品和服务代码(NPC)也可以转化到 EPC 编码结构之中。

EPC-256 Ⅲ型			
3 .	XXXXXXX .	XXXX .	XXXXXX
版本号	EPC域名管理	对象分类	序列号
8位	128位	56位	64位

图 3-26　EPC-256Ⅲ型

当前，出于成本等因素的考虑，参与 EPC 测试所使用的编码标准采用的是 64 位数据结构，未来将采用 96 位的编码结构。

3.4　机器视觉识别技术

3.4.1　机器视觉识别概述

美国制造工程师协会(SME)机器视觉分会和美国机器人工业协会(RIA)自动化视觉分会关于机器视觉的定义是："Machine vision is the use of devices for optical non-contact sensing to automatically receive and interpret an image of a real scene in order to obtain information and/or control machines or processes."译成中文："机器视觉是使用光学器件进行非接触感知，自动获取和解释一个真实场景的图像，以获取信息或控制机器或过程。"

机器视觉就是用机器代替人眼来进行测量和判断。机器视觉系统的工作原理是通过机器视觉产品(即图像摄取装置，分 CMOS 和 CCD 两种)将被摄取目标转换成图像信号，传送给专用的图像处理系统，根据像素分布和亮度、颜色等信息，转变成数字化信号；图像系统对这些信号进行各种运算来抽取目标的特征，进而根据判别的结果来控制现场的设备动作。

从应用的层面看，机器视觉研究包括工件的自动检测与识别、产品质量的自动检测、食品的自动分类、智能车的自主导航与辅助驾驶、签名的自动验证、目标跟踪与制导、交通流的监测、关键地域的保安监视等。从处理过程看，机器视觉分为低层视觉和高层视觉两阶段。低层视觉包括边缘检测、特征提取、图像分割等，高层视觉包括特征匹配、三维建模、形状分析与识别、景物分析与理解等。从方法层面看，有被动视觉与主动视觉之分，又有基于特征的方法与基于模型的方法之分。从总体上来看，也称作计算机视觉。可以说，计算机视觉侧重于学术研究方面，而机器视觉则侧重于应用方面。

机器视觉作为一门工程学科，正如其他工程学科一样，是建立在对基本过程的科学理解之上的。机器视觉系统的设计依赖于具体的问题，必须考虑一系列诸如噪声、照明、遮掩、背景等复杂因素，折中地处理信噪比、分辨率、精度、计算量等关键问题。

3.4.2 机器视觉系统的典型结构

机器视觉系统的典型结构如图 3-27 所示，机器视觉检测系统采用照相机将被检测目标的像素分布和亮度、颜色等信息转换成数字信号传送给视觉处理器，视觉处理器对这些信号进行各种运算来抽取目标的特征，如面积、数量、位置、长度，再根据预设的允许度实现自动识别尺寸、角度、个数、合格/不合格、有/无等结果，然后根据识别结果控制机器人的各种动作。典型的视觉系统包括以下五大部分。

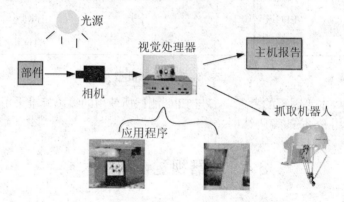

图 3-27 典型的机器视觉系统组成结构示意图

1. 照明

照明是影响机器视觉系统输入的重要因素，它直接影响输入数据的质量和应用效果。由于没有通用的机器视觉照明设备，所以针对每个特定的应用实例，要选择相应的照明装置，以达到最佳效果。光源可分为可见光和不可见光。常用的几种可见光源是白炽灯、日光灯、水银灯和钠光灯。可见光的缺点是光能不能保持稳定。如何使光能在一定程度上保持稳定，是实用化过程中亟需解决的问题。另外，环境光有可能影响图像的质量，所以可采用加防护屏的方法来减少环境光的影响。照明系统按其照射方法可分为：背向照明、前向照明、结构光和频闪光照明等。其中，背向照明是被测物放在光源和相机之间，它的优点是能获得高对比度的图像。前向照明是光源和相机位于被测物的同侧，这种方式便于安装。结构光照明是将光栅或线光源等投射到被测物上，根据它们产生的畸变，解调出被测物的三维信息。频闪光照明是将高频率的光脉冲照射到物体上,相机拍摄要求与光源同步。前向照明和背向照明的照明方式如图3-28所示。

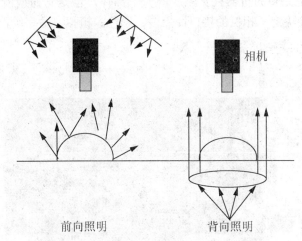

图3-28 照明方式示意图

2. 镜头

FOV(Field Of Vision)=所需分辨率×亚像素×相机尺寸/PRTM(零件测量公差比)

镜头选择应注意:①焦距;②目标高度;③影像高度;④放大倍数;⑤影像至目标的距离;⑥中心点/节点;⑦畸变。镜头选择如图3-29所示。

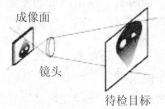

假设需要0.1mm的分辨率
零件测量公差比例=×10
亚像素=10
相机=500×500像素
FOV=0.1mm×10×500/10
    =50mm
    ≥50×50mm

图3-29 镜头选择示意图

3. 相机

相机按照不同标准可分为:标准分辨率数字相机和模拟相机等。要根据不同的实际应用场合选择不同的相机。线扫描相机、面阵相机、黑白相机、彩色相机如图3-30所示。

线扫描相机　　面阵相机　　黑白相机　　彩色相机

图3-30 相机种类示意图

4. 图像采集卡

图像采集卡只是完整的机器视觉系统的一个部件，但是它扮演着一个非常重要的角色。图像采集卡直接决定了相机的接口：黑白、彩色、模拟、数字等，如图 3-31 所示。

图 3-31 图像采集卡示意图

比较典型的是 PCI 或 AGP 兼容的采集卡，可以将图像迅速地传送到计算机存储器进行处理。有些采集卡有内置的多路开关。例如，可以连接 8 个不同的相机，然后告诉采集卡采用哪一个相机抓拍到的信息。有些采集卡有内置的数字输入可以触发采集卡进行捕捉，当采集卡抓拍图像时数字输出口就触发闸门。

5. 视觉处理器

视觉处理器集采集卡与处理器于一体。以往计算机速度较慢时，采用视觉处理器加快视觉处理任务。现在由于采集卡可以快速传输图像到存储器，而且计算机也快多了，所以视觉处理器用得越来越少了。视觉处理器原理图如图 3-32 所示。

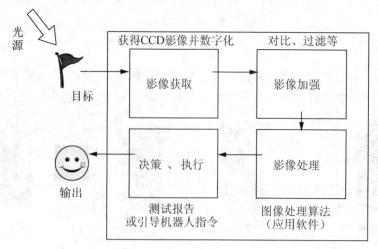

图 3-32 视觉处理器原理图

3.5 生物识别技术

3.5.1 生物识别技术概述

每个人都有自身固有的生物特征，人体生物特征具有"人人不同、终身不变、随身携带"的特点。由于人体特征具有人体所固有的不可复制的唯一性，这一生物密钥无法复制、失窃或被遗忘，生物识别技术就是利用生物特征或行为特征对个人进行身份识别，利用生物识别技术进行身份认定，安全、可靠、准确。人体可用于体征识别的主要特征器官如图 3-33 所示。

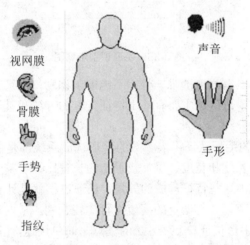

图 3-33 人体可用于体征识别的主要特征器官

根据人体不同部位的特征，典型的生物识别技术分为以下几类。

1. 指纹识别技术

世界上的人拥有各自不同的指纹，指纹具有总体特征和局部特征。总体特征是指那些用肉眼可以直接观察到的特征。从局部特征考虑，每个指纹都有几个独一无二、可以测量的特征点，如脊、谷、终点、分叉点或分歧点，每个特征点有大约 7 个特征，每个人的 10 个手指可产生最少 4 900 个独立可测量的特征点。笔记本电脑上的指纹识别锁如图 3-34 所示。

指纹扫描仪

图 3-34 笔记本电脑上的指纹识别锁

2. 手形识别

手形的测量比较容易实现，对图像获取设备的要求较低，手形的处理相对也比较简单，在所有生物特征识别方法中手形认证的速度是最快的，如图 3-35 所示。

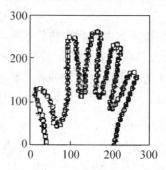

图 3-35　手形识别示意图

然而手形特征并不具有高度的唯一性，不能用于识别，但是对于一般的认证应用，它足可以满足要求。目前手形认证主要有基于特征矢量的方法和基于点匹配的方法，以下将分别介绍。

(1) 基于特征矢量的手形认证：大多数的手形认证系统都是基于这种方法的。典型的手形特征包括：手指的长度和宽度、手掌或手指的长宽比、手掌的厚度、手指的连接模式等。用户的手形表示为由这些特征构成的矢量，认证过程就是计算参考特征矢量与被测手形的特征矢量之间的距离，并与给定的阈值进行比较判别。

(2) 基于点匹配的手形认证：上述方法的优点是简单快速，但是需要用户很好地配合，否则其性能会大大下降。采用点匹配的方法可以提高系统的鲁棒性，但这是以增加计算量为代价的。点匹配方法的一般过程为：抽取手部和手指的轮廓曲线；应用点匹配方法，进行手指的匹配；计算匹配参数并由此决定两个手形是否来自同一个人。

3. 面相识别技术

面相识别技术包含面相检测、面相跟踪与面相比对等内容。面相检测是指在动态的场景与复杂的背景中，判断是否存在面相并分离出面相，如图 3-36 所示。

图 3-36　面相识别

4. 签名识别

签名识别是一种行为识别技术，目前签名大多还只用于认证。签名认证的困难在于，数据的动态变化范围大，即使是同一个人的两个签名也绝不会相同，如图 3-37 所示。

图 3-37　签名识别示意图

签名认证按照数据的获取方式可以分为离线认证和在线认证两种。

离线认证是通过扫描仪获得签名的数字图像；在线认证是利用数字写字板或压敏笔来记录书写签名的过程。离线数据容易获取，但是它没有利用笔画形成过程中的动态特性，因此比在线签名更容易被伪造。

从签名中抽取的特征包括静态特征和动态特征，静态特征是指每个字的形态，动态特征是指书写笔画的顺序、笔尖的压力、倾斜度以及签名过程中坐标变化的速度和加速度。目前提出的签名认证方法，按照所应用的模型可以归为 3 类：模板匹配的方法、隐马尔可夫模型(HMM)方法、谱分析法。模板匹配的方法是计算被测签名和参考签名的特征矢量间的距离进行匹配；HMM 是将签名分成一系列帧或状态，然后与从其他签名中抽取的对应状态相比较；谱分析法是利用倒频谱或对数谱等对签名进行认证。

5. 虹膜识别技术

虹膜是一种在眼睛中瞳孔内的相互交织的各色环状物，其细部结构在出生之前就以随机组合的方式确定下来了。每一个虹膜都包含一个独一无二的基于像冠、水晶体、细丝、斑点、结构、凹点、射线、皱纹和条纹等特征的结构，据称，没有任何两个虹膜是一样的，如图 3-38 所示。

图 3-38　虹膜识别示意图

虹膜识别技术将虹膜的可视特征转换成一个 512 个字节的虹膜代码，这个代码模板被存储下来以便后期识别所用。对生物识别模板来说，512 个字节是一个十分紧凑的模板，但它对从虹膜获得的信息量来说是十分巨大的。虹膜扫描识别系统包括一个全自动照相机来寻找眼睛并在发现虹膜时就开始聚焦。单色相机利用可见光和红外线，红外线定位在

700～900mm 的范围内。生成虹膜代码的算法是通过二维 Gobor 子波的方法来细分和重组虹膜图像，由于虹膜代码是通过复杂的运算获得的，并能提供数量较多的特征点，所以虹膜识别是精确度相当高的生物识别技术。

6. 声音识别技术

声音识别也是一种行为识别技术，同其他的行为识别技术一样，声音的变化范围比较大，很容易受背景噪声、身体和情绪状态的影响。

7. 掌纹识别技术

与指纹识别相比，掌纹识别的可接受程度较高，其主要特征比指纹明显得多，而且提取时不易被噪声干扰，另外，掌纹的主要特征比手形的特征更稳定和更具分类性，因此掌纹识别应是一种很有发展潜力的身份识别方法，如图 3-39 所示。

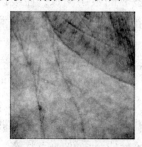

图 3-39　掌纹识别示意图

手掌上最为明显的 3～5 条掌纹线称为主线。在掌纹识别中，可利用的信息有：几何特征，包括手掌的长度、宽度和面积；主线特征；皱褶特征；掌纹中的三角形区域特征；细节特征。目前的掌纹认证方法主要是利用主线和皱褶特征。一般采用掌纹特征抽取和特征匹配两种掌纹识别算法。

8. 真皮层特征识别

以真皮层对于特定波长光线产生反射的特性，采集手部或相关部位真皮形状作为人的生物特征。此技术的防复制能力明显高于指/掌纹特征识别技术，只要相关取样部位受损程度不大，未伤致真皮形变，就可以实现快速而更准确的识别。

9. 静脉特征识别

以特定波长光线被体内特定物质吸收原理制成传感器，采集指/掌等相关部位静脉分布形态作为特征识别依据，由于指/掌的静脉位于肌体深处，在生长定型之后不会随年龄增长发生明显变异；目前的技术在读取静脉图形时，需要同时取决于静脉几何形状和内部供血两个条件，因此伪造难度极大。除非发生重度创伤，导致静脉受损或者截断，否则其余的因素不会对准确识别产生影响。当然在长期提拿重物之后需要短暂恢复，另外还需要应对环境温差大的条件下静脉图形相应的差异。

3.5.2 指纹识别

指纹是指人的手指末端正面皮肤上凸凹不平产生的纹线。纹线有规律的排列形成不同的纹型。纹线的起点、终点、结合点和分叉点，称为指纹的细节特征点。指纹识别即指通过比较不同指纹的细节特征点来进行鉴别。由于每个人的指纹不同，就是同一个人的十指之间，指纹也有明显区别，因此指纹可用于身份鉴定。

指纹识别技术涉及图像处理、模式识别、机器学习、计算机视觉、数学形态学、小波分析等众多学科，是目前最成熟且价格便宜的生物特征识别技术。由于每次捺印的方位不完全一样，着力点不同会带来不同程度的变形，又存在大量模糊指纹，如何正确提取特征和实现正确匹配，是指纹识别技术的关键。指纹识别原理如图 3-40 所示。

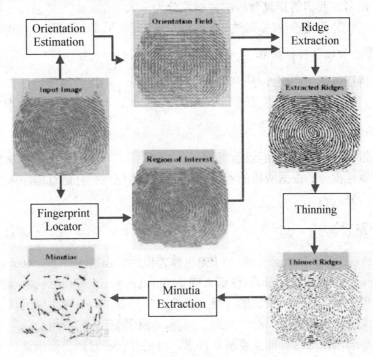

图 3-40 指纹识别原理

指纹识别包括指纹图像获取、处理、特征提取和比对等模块。

1. 指纹图像获取

通过专门的指纹采集仪可以采集活体指纹图像。目前，指纹采集仪主要有活体光学式、电容式和压感式。对于分辨率和采集面积等技术指标，公安行业已经形成了国际和国内标准，但其他还缺少统一标准。根据采集指纹面积大体可以分为滚动捺印指纹和平面捺印指纹，公安行业普遍采用滚动捺印指纹。另外，也可以通过扫描仪、数字相机等获取指纹图像。

2. 指纹图像压缩

大容量的指纹数据库必须经过压缩后存储，以减少存储空间，主要方法包括 JPEG、WSQ、EZW 等。

3. 指纹图像处理

包括指纹区域检测、图像质量判断、方向图和频率估计、图像增强、指纹图像二值化和细化等。

4. 指纹分类

纹型是指纹的基本分类，是按中心花纹和三角的基本形态划分的。纹形从属于型，以中心线的形状定名。我国的指纹分析法将指纹分为三大类型，9 种形态。一般地，指纹自动识别系统将指纹分为弓形纹(弧形纹、帐形纹)、箕形纹(左箕、右箕)、斗形纹和杂形纹等。

5. 指纹形态和细节特征提取

指纹形态特征包括中心(上、下)和三角点(左、右)等，指纹的细节特征点主要包括纹线的起点、终点、结合点和分叉点。

6. 指纹比对

可以根据指纹的纹形进行粗匹配，进而利用指纹形态和细节特征进行精确匹配，给出两枚指纹的相似性得分。根据应用的不同，对指纹的相似性得分进行排序或给出是否为同一指纹的判决结果。

3.5.3 声纹识别

声纹识别(Voiceprint Recognition，VPR)也称为说话人识别(Speaker Recognition)，分为说话人辨认(Speaker Identification)和说话人确认(Speaker Verification)两类。前者用以判断某段语音是若干人中的哪一个人所说的，是"多选一"问题；而后者用以确认某段语音是否为指定的某个人所说的，是"一对一判别"问题。不同的任务和应用会使用不同的声纹识别技术，如缩小刑侦范围时可能需要辨认技术，而银行交易时则需要确认技术。不管是辨认还是确认，都需要先对说话人的声纹进行建模，这就是所谓的"训练"或"学习"过程。

所谓声纹(Voiceprint)，是用电声学仪器显示的携带语言信息的声波频谱。人类语言的产生是人体语言中枢与发音器官之间一个复杂的生理物理过程，人在讲话时使用的发声器官——舌、牙齿、喉头、肺、鼻腔在尺寸和形态方面每个人的差异很大，所以任何两个人的声纹图谱都有差异。每个人的语音声学特征既有相对稳定性，又有变异性，不是绝对的、一成不变的。这种变异可来自生理、病理、心理、模拟、伪装，也与环境干扰有关。尽管如此，由于每个人的发音器官都不尽相同，因此在一般情况下，人们仍能区别不同人的声音或判断是否是同一个人的声音。声纹生理图如图 3-41 所示。声纹识别原理如图 3-42 所示。

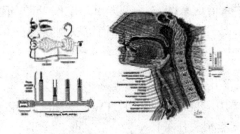

图 3-41 声纹生理图

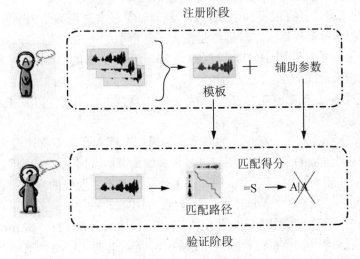

图 3-42 声纹识别原理

声纹识别有两个关键问题,一是特征提取,二是模式匹配(模式识别)。

1. 特征提取

特征提取的任务是提取并选择对说话人的声纹具有可分性强、稳定性高等特性的声学或语言特征。与语音识别不同,声纹识别的特征必须是"个性化"特征,而说话人识别的特征对说话人来讲必须是"共性特征"。虽然目前大部分声纹识别系统用的都是声学层面的特征,但是表征一个人特点的特征应该是多层面的,包括:①与人类的发音机制的解剖学结构有关的声学特征(如频谱、倒频谱、共振峰、基音、反射系数等)、鼻音、带深呼吸音、沙哑音、笑声等;②受社会经济状况、受教育水平、出生地等影响的语义、修辞、发音、言语习惯等;③个人特点或受父母影响的韵律、节奏、速度、语调、音量等特征。

从利用数学方法可以建模的角度出发,声纹自动识别模型目前可以使用的特征包括:①声学特征(倒频谱);②词法特征(说话人相关的词 n-gram,音素 n-gram);③韵律特征(利用 n-gram 描述的基音和能量"姿势");④语种、方言和口音信息;⑤通道信息(使用何种通道)等。

根据不同的任务需求,声纹识别还面临一个特征选择或特征选用的问题。例如,对"信道"信息,在刑侦应用上,希望不用,也就是说希望弱化信道对说话人识别的影响,因为我们希望不管说话人用什么信道系统它都可以辨认出来;而在银行交易上,希望用信道信息,即希望信道对说话人识别有较大影响,从而可以剔除录音、模仿等带来的影响。

2. 模式识别

对于模式识别,有以下几大类方法。

(1) 模板匹配方法:利用动态时间曲线(DTW)以对准训练和测试特征序列,主要用于固定词组的应用(通常为文本相关任务)。

(2) 最近邻方法:训练时保留所有特征矢量,识别时对每个矢量都找到训练矢量中最近的 K 个,据此进行识别,通常模型存储和相似计算的量都很大。

(3) 神经网络方法:有很多种形式,如多层感知、径向基函数(RBF)等,可以显式训练以区分说话人和其背景说话人,其训练量很大,且模型的可推广性不好。

(4) 隐式马尔可夫模型(HMM)方法:通常使用单状态的 HMM,或高斯混合模型(GMM),是比较流行的方法,效果比较好。

(5) VQ 聚类方法(如 LBG):效果比较好,算法复杂度也不高,和 HMM 方法配合起来可以收到更好的效果。

(6) 多项式分类器方法:有较高的精度,但模型存储和计算量都比较大。

声纹识别需要解决的关键问题还有很多,例如,短话音问题,能否用很短的语音进行模型训练,而且用很短的时间进行识别,这主要是声音不易获取的应用所需求的;声音模仿(或放录音)问题,要有效地区分开模仿声音(录音)和真正的声音;多说话人情况下目标说话人的有效检出;消除或减弱声音变化(不同语言、内容、方式、身体状况、时间、年龄等)带来的影响;消除信道差异和背景噪声带来的影响等,此时需要用到其他一些技术来辅助完成,如去噪、自适应等。

对说话人确认,还面临一个两难选择问题。通常,表征说话人确认系统性能的两个重要参数是错误拒绝率(False Rejection Rate,FRR)和错误接受率(False Acceptation Rate,FAR),前者是拒绝真正说话人而造成的错误,后者是接受真正说话人而造成的错误,二者与阈值的设定相关,两者相等的值称为等错率(Equal Error Rate,EER)。在现有的技术水平下,两者无法同时达到最小,需要调整阈值来满足不同应用的需求,如在需要"易用性"的情况下,可以让错误拒绝率低一些,此时错误接受率会增加,从而安全性降低;在对"安全性"要求高的情况下,可以让错误接受率低一些,此时错误拒绝率会增加,从而易用性降低。前者可以概括为"宁错勿漏",而后者可以"宁漏勿错"。我们把真正阈值的调整称为"操作点"调整。好的系统应该允许对操作点的自由调整。

3.5.4 人脸识别

人脸识别(Human Face Recognition)特指利用分析比较人脸视觉特征信息进行身份鉴别的计算机技术。人脸识别是一个热门的计算机技术研究领域,可以将人脸明暗侦测,自动调整动态曝光补偿,人脸追踪侦测,自动调整影像放大;它属于生物特征识别技术,是根据生物体(一般特指人)本身的生物特征来区分生物体个体。人脸识别过程如图3-43所示,具体识别示例如图3-44所示。

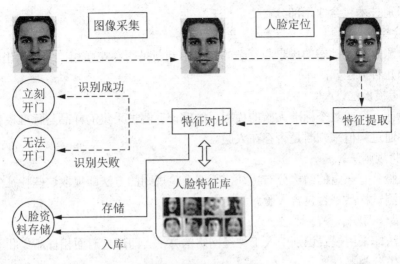

图 3-43 人脸识别过程

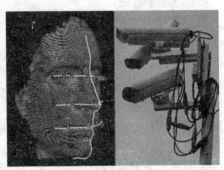

图 3-44 人脸识别

广义的人脸识别实际包括构建人脸识别系统的一系列相关技术，包括人脸图像采集、人脸定位、人脸识别预处理、身份确认以及身份查找等；而狭义的人脸识别特指通过人脸进行身份确认或者身份查找的技术或系统。

人脸的识别过程一般分三步。

(1) 首先建立人脸的面相档案。即用摄像机采集单位人员的人脸的面相文件或取他们的照片形成面相文件，并将这些面相文件生成面纹(Faceprint)编码存储起来。

(2) 获取当前的人体面相。即用摄像机捕捉当前出入人员的面相，或取照片输入，并将当前的面相文件生成面纹编码。

(3) 用当前的面纹编码与档案库存的比对。即将当前的面相的面纹编码与档案库存中的面纹编码进行检索比对。上述的"面纹编码"方式是根据人脸脸部的本质特征和开头来工作的。这种面纹编码可以抵抗光线、皮肤色调、面部毛发、发型、眼镜、表情和姿态的变化，具有强大的可靠性，从而使它可以从百万人中精确地辨认出某个人。人脸的识别过程，利用普通的图像处理设备就能自动、连续、实时地完成。

人脸识别技术包含 3 个部分。

1) 人脸检测

人脸检测是指在动态的场景与复杂的背景中判断是否存在面相,并分离出这种面相。一般有下列几种方法。

(1) 参考模板法。

首先设计一个或数个标准人脸的模板,然后计算测试采集的样品与标准模板之间的匹配程度,并通过阈值来判断是否存在人脸。

(2) 人脸规则法。

由于人脸具有一定的结构分布特征,所谓人脸规则的方法即提取这些特征生成相应的规则以判断测试样品是否包含人脸。

(3) 样品学习法。

这种方法即采用模式识别中人工神经网络的方法,即通过对面相样品集和非面相样品集的学习产生分类器。

(4) 肤色模型法。

这种方法是依据面貌肤色在色彩空间中分布相对集中的规律来进行检测。

(5) 特征子脸法。

这种方法是将所有面相集合视为一个面相子空间,并基于检测样品与其在子空间的投影之间的距离判断是否存在面相。

值得提出的是,上述 5 种方法在实际检测系统中也可综合采用。

2) 人脸跟踪

人脸跟踪是指对被检测到的面貌进行动态目标跟踪。具体采用基于模型的方法或基于运动与模型相结合的方法。此外,利用肤色模型跟踪也不失为一种简单而有效的手段。

3) 人脸比对

人脸比对是对被检测到的面相进行身份确认或在面相库中进行目标搜索。实际上就是说,将采样到的面相与库存的面相依次进行比对,并找出最佳的匹配对象。所以,面相的描述决定了面相识别的具体方法与性能。目前主要采用特征向量与面纹模板两种描述方法。

(1) 特征向量法。

几何特征的人脸识别是先确定眼虹膜、鼻翼、嘴角等面相五官轮廓的大小、位置、距离等属性,然后再计算出它们的几何特征量,而这些特征量形成描述该面相的特征向量。这种算法识别速度快,需要的内存小,但识别率较低,如图 3-45 所示。

特征脸方法是基于 KL 变换的人脸识别方法,KL 变换是图像压缩的一种最优正交变换。高维的图像空间经过 KL 变换后得到一组新的正交基,保留其中重要的正交基,由这些基可以转换成低维线性空间。如果假设人脸在这些低维线性空间的投影具有可分性,就可以将这些投影用作识别的特征矢量,这就是特征脸方法的基本思想。这些方法需要较多的训练样本,而且完全是基于图像灰度的统计特性的。

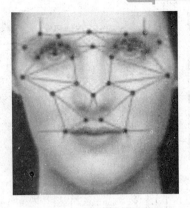

图 3-45　几何特征的人脸识别

(2) 面纹模板法。

该方法是在库中存储若干标准面相模板或面相器官模板，在进行比对时，将采样面相所有像素与库中所有模板采用归一化相关量度量进行匹配。此外，还有采用模式识别的自相关网络或特征与模板相结合的方法。

3.5.5　手掌静脉识别

静脉纹络在人体内部很难被伪造，手掌静脉识别原理是根据血液中的血红素有吸收红外线光的特质，将能感应红外线的小型照相机对着手指进行摄影，即可将照着血管的阴影处摄出图像来。将血管图样进行数字处理，制成血管图样影像。静脉识别系统就是首先通过静脉识别仪取得个人静脉分布图，从静脉分布图依据专用比对算法提取特征值，通过红外线 CCD 摄像头获取手指、手掌、手背静脉的图像，将静脉的数字图像存储在计算机系统中，并存储特征值。静脉比对时，实时采集静脉图，提取特征值，运用先进的滤波、图像二值化、细化技术对数字图像提取特征，同存储在主机中静脉特征值比对，采用复杂的匹配算法对静脉特征进行匹配，从而对个人进行身份鉴定，确认其身份。全过程为非接触式，如图 3-46 所示。

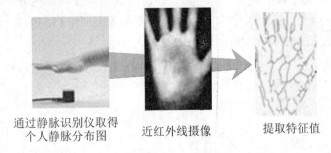

通过静脉识别仪取得　　近红外线摄像　　提取特征值
个人静脉分布图

图 3-46　静脉识别原理

静脉识别分为：指静脉识别和掌静脉识别，掌静脉由于保存及对比的静脉图像较多，识别速度方面较慢；指静脉识别，由于其容量小，识别速度快。但是两者都具备精确度高、活体识别等优势，在门禁安防方面各有千秋。总之，指静脉识别反应速度快，掌静脉安全系数更高，如图 3-47 所示。

 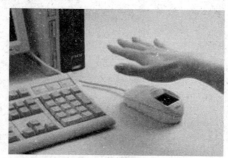

(a) 指静脉识别　　　　　　　(b) 掌静脉活

图 3-47　静脉识别

掌静脉识别过程如下。

(1) 静脉图像获取：获取手背静脉图像时，手掌无须与设备接触，轻轻一放，即可完成识别。这种方式没有手接触设备时的不卫生的问题以及手指表面特征可能被复制所带来的安全问题，并避免了被当作审查对象的心理不适，同时也不会因脏物污染后无法识别。手掌静脉方式由于静脉位于手掌内部，气温等外部因素的影响程度可以忽略不计，几乎适用于所有用户，用户接受度好。除了无须与扫描器表面发生直接接触以外，这种非侵入性的扫描过程既简单又自然，减轻了用户由于担心卫生程度或使用麻烦而可能存在的抗拒心理。

(2) 活体识别：用手掌静脉进行身份认证时，获取的是手掌静脉的图像特征，是手掌活体时才存在的特征。在该系统中，非活体的手掌是得不到静脉图像特征的，因此无法识别，从而也就无法造假。

(3) 内部特征：用掌背静脉进行身份认证时，获取的是手掌内部的静脉图像特征，而不是手掌表面的图像特征。因此，不存在任何由于手掌表面的损伤、磨损、干燥或潮湿等带来的识别障碍。

(4) 特征匹配：先提取其特征，再与预先注册到数据库或储存在 IC 卡上的特征数据进行匹配以确定个人身份。由于每个人的静脉分布图具备类似于指纹的唯一性且成年后持久不变的特点，所以它能够唯一确定一个人的身份。

第 4 章
传感器技术

传感器在信息空间与自然界之间搭建了一个沟通的桥梁。物联网将依靠传感器自动获取信息,是物联网发展的根本基础,MEMS 传感器更是物联网的核心技术所在,未来将有多达一万亿或更多的传感器出现在我们的生活中。传感器与检测技术的关系是什么?表征传感器特性的主要参数有哪些?各类传感器的特性及基本原理是什么?什么是 MEMS 传感器?典型传感器的使用条件是什么及如何选用合适的传感器?这些问题都可以在本章找到答案。

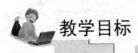

掌握表征传感器特性的主要参数及分类方法;
理解电阻、电容、电感、光电传感器的基本原理;
了解 MEMS 传感器的技术特点及应用优势;
了解典型传感器的主要性能及使用条件。

知识要点	能力要求
传感器特性参数	(1) 了解传感器的静态特性、动态特性 (2) 理解传感器的线性度、灵敏度、分辨力
传感器分类方法	(1) 掌握传感器的工作原理分类和输出信号性质分类方法 (2) 理解传感器的物理量分类和生产工艺分类方法
电阻传感器	(1) 理解电阻传感器的基本原理 (2) 了解典型电阻传感器的主要性能及使用条件
电容传感器	(1) 理解电容传感器的基本原理 (2) 了解典型电容传感器的主要性能及使用条件
电感传感器	(1) 理解电感传感器的基本原理 (2) 了解典型电感传感器的主要性能及使用条件

续表

知识要点	能力要求
光电传感器	(1) 理解光电传感器的基本原理 (2) 了解典型光电传感器的主要性能及使用条件
MEMS 传感器	(1) 理解 MEMS 传感器的技术特点 (2) 了解典型 MEMS 传感器的主要性能及使用条件

推荐阅读资料

1. 物联网与传感器技术. 范茂军. 机械工业出版社. 2012-08-01
2. 传感器与检测技术. 周杏鹏. 清华大学出版社. 2010-09-01
3. 光电传感器的分类和工作原理. 电气自动化技术网. 2013-04-17. http://www.dqjsw.com.cn/dianqi/chuanganqi/121021.html
4. 微机电系统(MEMS)原理、设计和分析. 田文超. 电子工业出版社. 2010-5-1

传感器是一种检测装置,能感受到被测量的信息,并能将检测感受到的信息,按一定规律变换成为电信号或其他所需形式的信息输出,以满足信息的传输、处理、存储、显示、记录和控制等要求。它是实现自动检测和自动控制的首要环节,也是物联网获取物理世界信息的基本手段。国家标准 GB 7665-87 对传感器下的定义是:"能感受规定的被测量并按照一定的规律转换成可用信号的器件或装置,通常由敏感元件和转换元件组成",如图 4-1 所示。

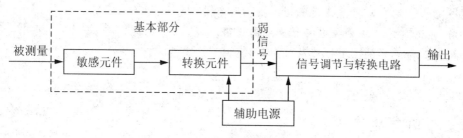

图 4-1 传感器的组成

4.1 传感器的特性与分类

4.1.1 传感器的静态特性

传感器的静态特性是指对静态的输入信号,传感器的输出量与输入量之间所具有的相互关系。因为这时输入量和输出量都和时间无关,所以它们之间的关系,即传感器的静态特性可用一个不含时间变量的代数方程,或以输入量作横坐标,把与其对应的输出量作纵坐标而画出的特性曲线来描述。表征传感器静态特性的主要参数有:线性度、灵敏度、分辨力和迟滞等。

1. 传感器的线性度

通常情况下,传感器的实际静态特性输出是条曲线而非直线。在实际工作中,为使仪表具有均匀刻度的读数,常用一条拟合直线近似地代表实际的特性曲线、线性度(非线性误差)就是这个近似程度的一个性能指标。拟合直线的选取有多种方法,如将零输入和满量程输出点相连的理论直线作为拟合直线;或将与特性曲线上各点偏差的平方和为最小的理论直线作为拟合直线,此拟合直线称为最小二乘法拟合直线,如图 4-2 所示。

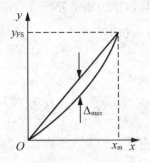

图 4-2 传感器的线性度

实际的输出—输入曲线与拟合曲线(工作曲线)间最大偏差的相对值 EL 即为线性度。

2. 传感器的灵敏度

灵敏度是指传感器在稳态工作情况下输出量变化 Δy 对输入量变化 Δx 的比值,如图 4-3 所示。它是输出—输入特性曲线的斜率。如果传感器的输出和输入之间呈线性关系,则灵敏度 S 是一个常数。否则,它将随输入量的变化而变化。

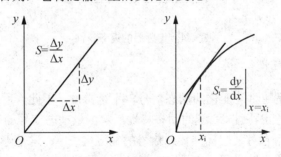

图 4-3 传感器的灵敏度

(1) 纯线性传感器灵敏度为常数:$S=a1$。

(2) 非线性传感器灵敏度 S 与 x 有关。

灵敏度的量纲是输出、输入量的量纲之比。例如,某位移传感器,在位移变化 1mm 时,输出电压变化为 200mV,则其灵敏度应表示为 200mV/mm。当传感器的输出、输入量的量纲相同时,灵敏度可理解为放大倍数。

提高灵敏度,可得到较高的测量精度。但灵敏度越高,测量范围越窄,稳定性往往也越差。

3. 传感器的分辨力

分辨力是指传感器可能感受到的被测量的最小变化的能力。也就是说，如果输入量从某一非零值缓慢地变化。当输入变化值未超过某一数值时，传感器的输出不会发生变化，即传感器对此输入量的变化是分辨不出来的。只有当输入量的变化超过分辨力时，其输出才会发生变化。

通常传感器在满量程范围内各点的分辨力并不相同，因此常用满量程中能使输出量产生阶跃变化的输入量中的最大变化值作为衡量分辨力的指标。上述指标若用满量程的百分比表示，则称为分辨率，即 $\dfrac{\Delta x_{\min}}{x_{\text{FS}}} \times 100\%$。

4. 传感器的迟滞特性

迟滞特性表征传感器在正向(输入量增大)和反向(输入量减小)行程间输出—输入特性曲线不一致的程度，通常用这两条曲线之间的最大差值Δmax与满量程输出FS的百分比表示，迟滞可由传感器内部元件存在能量的吸收造成，如图4-4所示。

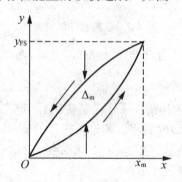

图4-4 传感器的迟滞特性

4.1.2 传感器的动态特性

被测物理量 $x(t)$ 是随时间变化的动态信号，不是常量。因此，所谓动态特性，是指传感器在输入变化时的输出特性，系统的动态特性反映测量动态信号的能力。在实际工作中，传感器的动态特性常用它对某些标准输入信号的响应来表示。这是因为传感器对标准输入信号的响应容易用实验方法求得，并且它对标准输入信号的响应与它对任意输入信号的响应之间存在一定的关系，往往知道了前者就能推定后者。

动态特性用数学模型来描述，对于连续时间系统主要有3种形式：时域中的微分方程、复频域中的传递函数 $H(s)$、频率域中的频率特性 $H(j\omega)$。最常用的标准输入信号有阶跃信号和正弦信号两种，所以传感器的动态特性也常用阶跃响应和频率响应来表示。

1. 阶跃响应

给原来处于静态状态的传感器输入阶跃信号，在不太长的一段时间内，传感器的输出特性即为其阶跃响应特性，如图4-5所示。

输入量 $x(t)$ 一般可表示为:

$$b_0 x(t) = \begin{cases} 0, & t \leq 0 \\ b_0, & t > 0 \end{cases} \tag{4-1}$$

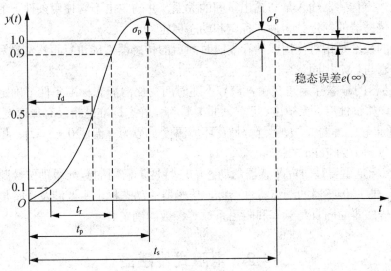

图 4-5 传感器的典型阶跃响应特性

σ_p: 最大超调量

t_d: 延滞时间

t_r: 上升时间

t_p: 峰值时间

t_s: 响应时间

2. 频率响应

传感器的频率响应是指各种频率不同而幅值相同的正弦信号输入时,其输出的正弦信号的幅值、相位(与输入量间的相差)与频率之间的关系,即幅频特性和相频特性。

4.1.3 传感器的分类

目前对传感器尚无一个统一的分类方法,但比较常用的有如下 3 种。

(1) 按传感器的物理量分类,可分为位移、力、速度、温度、流量、气体成分等传感器。

(2) 按传感器工作原理分类,可分为电阻、电容、电感、电压、霍尔、光电、光栅、热电耦等传感器。

(3) 按传感器输出信号的性质分类,可分为输出为开关量("1"和"0"或"开"和"关")的开关型传感器;输出为模拟量的模拟型传感器;输出为脉冲或代码的数字型传感器。

(4) 按传感器的生产工艺分类,可分为普通工艺传感器;MEMS 型传感器。

4.1.4 传感器的标定与校准

传感器的标定是利用某种标准仪器对新研制或生产的传感器进行技术检定和标度，它是通过实验建立传感器输入量与输出量间的关系，并确定出不同使用条件下的误差关系或测量精度。传感器的标定分为静态标定和动态标定。

传感器的校准是指对使用或储存一段时间后的传感器性能进行再次测试和校正，校准的方法和要求与标定相同。

(1) 传感器的静态标定是在输入信号不随时间变化的静态标准条件下确定传感器的静态特性指标，如线性度、灵敏度、迟滞、重复性等。静态标准是指没有加速度、没有振动、没有冲击(如果它们本身是被测量除外)及环境温度一般为室温[(20±5)℃]、相对湿度不大于85%、大气压力为7kPa的情形。

(2) 动态标定主要是研究传感器的动态响应特性。常用的标准激励信号源是正弦信号和阶跃信号。根据传感器的动态特性指标，传感器的动态标定主要涉及一阶传感器的时间常数、二阶传感器的固有角频率和阻尼系数等参数的确定。

4.2 电阻式传感器

电阻式传感器就是利用一定的方式将被测量的变化转化为敏感元件电阻值的变化，进而通过电路变成电压或电流信号输出的一类传感器。主要有电阻应变式、压阻式、热电阻、热敏、气敏、湿敏等电阻式传感器件，可用于各种机械量和热工量的检测，它结构简单、性能稳定、成本低廉，因此，在许多行业得到了广泛应用。

4.2.1 电阻应变式传感器

传感器中的电阻应变片具有金属的应变效应，即在外力作用下产生机械形变，从而使电阻值随之发生相应的变化。电阻应变片主要有金属和半导体两类，金属应变片有金属丝式、箔式、薄膜式之分。半导体应变片具有灵敏度高(通常是丝式、箔式的几十倍)、横向效应小等优点。

金属电阻应变片的结构形式有丝式、箔式和薄膜式3种。

1. 丝式应变片

如图4-6(a)所示，它是将金属丝按图示形状弯曲后用黏合剂贴在衬底上而成，基底可分为纸基、胶基和纸浸胶基等。电阻丝两端焊有引出线，使用时只要将应变片贴于弹性体上就可构成应变式传感器。它结构简单、价格低、强度高，但允许通过的电流较小，测量精度较低，适用于测量要求不很高的场合。

2. 箔式应变片

该类应变片的敏感栅是通过光刻、腐蚀等工艺制成。箔栅厚度一般为0.003～0.01mm，它的结构如图4-6(b)所示。箔式应变片与丝式应变片比较，其面积大、散热性好、允许通过较大的电流。由于它的厚度薄,因此具有较好的可绕性,灵敏度系数较高。箔式应变片还可以根据需要制成任意形状,适合批量生产。

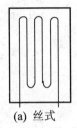 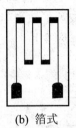

(a) 丝式　　　　　　(b) 箔式

图 4-6　金属电阻应变片结构

3. 金属薄膜应变片

该类应变片采用真空蒸镀或溅射式阴极扩散等方法,在薄的基底材料上制成一层金属电阻材料薄膜以形成应变片。这种应变片有较高的灵敏度系数,允许电流密度大,工作温度范围较广。

4.2.2　压阻式传感器

对一块半导体材料的某一轴向施加一定的载荷而产生应力时,它的电阻率会发生变化,这种物理现象称为半导体的压阻效应。压阻式传感器的半导体应变片是根据半导体材料的压阻效应在半导体材料的基片上经扩散电阻而制成的一种纯电阻性元件。其基片可直接作为测量传感元件,扩散电阻在基片内接成电桥形式。当基片受到外力作用而产生形变时,各电阻值将发生变化,电桥就会产生相应的不平衡输出。用作压阻式传感器的基片(或称膜片)材料主要为硅片和锗片,硅片为敏感材料,而制成的硅压阻传感器越来越受到人们的重视,尤其是以测量压力和速度的固态压阻式传感器应用最为普遍。半导体应变片有以下几种类型。

1. 体型半导体应变片

这是一种将半导体材料硅或锗晶体按一定方向切割成的片状小条,经腐蚀压焊粘贴在基片上而成的应变片,其结构如图 4-7 所示。

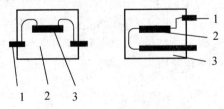

图 4-7　体型半导体应变片

1—带状引线　2—基片　3—半导体材料硅或锗片

2. 薄膜型半导体应变片

这种应变片是利用真空沉积技术将半导体材料沉积在带有绝缘层的试件上而制成的,其结构如图 4-8 所示。

3. 扩散型半导体应变片

将 P 型杂质扩散到 N 型硅单晶基底上,形成一层极薄的 P 型导电层,再通过超声波和热压焊法接上引出线就形成了扩散型半导体应变片。图 4-9 为扩散型半导体应变片示意图。这是一种应用很广的半导体应变片。

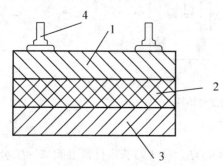

图 4-8　薄膜型半导体应变片
1—锗膜　2—绝缘层
3—金属箔基底　4—引线

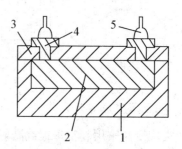

图 4-9　扩散型半导体应变片
1—N 型硅　2—P 型硅扩散层
3—二氧化硅绝缘层　4—铝电极　5—引线

4.2.3 热电阻及热敏电阻传感器

热电阻传感器主要是利用电阻值随温度变化而变化这一特性来测量温度及与温度有关的参数。在温度检测精度要求比较高的场合,这种传感器比较适用。目前较为广泛的热电阻材料为铂、铜、镍等,它们具有电阻温度系数大、线性好、性能稳定、使用温度范围宽、加工容易等特点。用于测量 $-200 \sim +500 ℃$ 范围内的温度。热电阻的主要类型如下。

1. 普通型热电阻

从热电阻的测温原理可知,被测温度的变化是直接通过热电阻阻值的变化来测量的,因此,热电阻体的引出线等各种导线电阻的变化会给温度测量带来影响。

2. 铠装热电阻

铠装热电阻是由感温元件(电阻体)、引线、绝缘材料、不锈钢套管组合而成的坚实体,它的外径一般为 $\phi 2 \sim \phi 8mm$,最小可达 $\phi 0.25mm$。与普通型热电阻相比,它有下列优点:①体积小,内部无空气隙,热惯性上,测量滞后小;②机械性能好、耐振,抗冲击;③能弯曲,便于安装;④使用寿命长。

3. 端面热电阻

端面热电阻感温元件由特殊处理的电阻丝材绕制,紧贴在温度计端面。它与一般轴向热电阻相比,能更正确和快速地反映被测端面的实际温度,适用于测量轴瓦和其他机件的端面温度。

4. 隔爆型热电阻

隔爆型热电阻通过特殊结构的接线盒,把其外壳内部爆炸性混合气体因受到火花或电弧等影响而发生的爆炸局限在接线盒内，生产现场不会引起爆炸。隔爆型热电阻可用于 Bla～B3c 级区内具有爆炸危险场所的温度测量。

热电阻测量电路用得较多的是电桥电路。为了克服环境温度的影响常采用图 4-10 所示的三导线四分之一电桥电路。由于采用这种电路，热电阻的两根引线的电阻值被分配在两个相邻的桥臂中，如果 $R_1=R_2$，则由于环境温度变化引起的引线电阻值变化造成的误差被相互抵消。

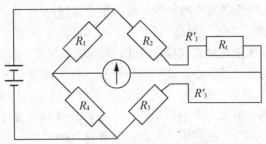

图 4-10　热电阻的测量电路

热敏电阻是一种利用半导体制成的敏感元件，其特点是电阻率随温度而显著变化。热敏电阻因其电阻温度系数大，灵敏度高；热惯性小，反应速度快；体积小，结构简单；使用方便，寿命长，易于实现远距离测量等特点得到广泛的应用。

根据电阻值的温度特性，热敏电阻有正温度系数、负温度系数和临界热敏电阻几种类型。热敏电阻的结构可以分为柱状、片状、珠状和薄膜状等形式。

热敏电阻的缺点是互换性较差，同一型号的产品特性参数有较大差别。而且其热电特性是非线性的，这给使用带来一定不便。尽管如此，热敏电阻灵敏度高、便于远距离控制、成本低适合批量生产等突出的优点使得它的应用范围越来越广泛。随着科学技术的发展、生产工艺的成熟，热敏电阻的缺点都将逐渐得到克服，在温度传感器中热敏电阻已取得了显著的优势。

热敏电阻与简单的放大电路结合，就可检测 1‰度的温度变化，所以和电子仪表组成测温计，能完成高精度的温度测量。普通用途热敏电阻工作温度为-55～+315℃，特殊低温热敏电阻的工作温度低于-55℃，可达-273℃。

按温度特性，热敏电阻可分为两类，随温度上升电阻增加的为正温度系数热敏电阻，反之为负温度系数热敏电阻。常用的 MF58 型高精度负温度系数热敏电阻如图 4-11 所示。

图 4-11　MF58 型高精度负温度系数热敏电阻的外形结构

4.2.4　气敏电阻传感器

在现代社会的生产和生活中，人们往往会接触到各种各样的气体，需要对它们进行检测和控制。比如化工生产中气体成分的检测与控制；煤矿瓦斯浓度的检测与报警；环境污染情况的监测；煤气泄漏；火灾报警；燃烧情况的检测与控制等。气敏电阻传感器就是一种将检测到的气体的成分和浓度转换为电信号的传感器。

气敏电阻是一种半导体敏感器件，它是利用气体的吸附而使半导体本身的电导率发生变化这一机理来进行检测的。人们发现某些氧化物半导体材料如 SnO_2、ZnO、Fe_2O_3、MgO、NiO、$BaTiO_3$ 等都具有气敏效应。

常用的气敏电阻主要有接触燃烧式气体传感器、电化学气敏传感器和半导体气敏传感器等。接触燃烧式气体传感器的检测元件一般为铂金属丝(也可表面涂铂、钯等稀有金属催化层)，使用时对铂丝通以电流，保持 300～400℃的高温，此时若与可燃性气体接触，可燃性气体就会在稀有金属催化层上燃烧，因此，铂丝的温度会上升，铂丝的电阻值也上升；通过测量铂丝的电阻值变化的大小，就知道可燃性气体的浓度。电化学气敏传感器一般利用液体(或固体、有机凝胶等)电解质，其输出形式可以是气体直接氧化或还原产生的电流，也可以是离子作用于离子电极产生的电动势。半导体气敏传感器具有灵敏度高、响应快、稳定性好、使用简单等特点，应用极其广泛；半导体气敏元件有 N 型和 P 型之分。

N 型在检测时阻值随气体浓度的增大而减小；P 型阻值随气体浓度的增大而增大。如 SnO_2 金属氧化物半导体气敏材料属于 N 型半导体，在 200～300℃时它吸附空气中的氧，形成氧的负离子吸附，使半导体中的电子密度减少，从而使其电阻值增加。当遇到有能供给电子的可燃气体(如 CO 等)时，原来吸附的氧脱附，而由可燃气体以正离子状态吸附在金属氧化物半导体表面；氧脱附放出电子，可燃气体以正离子状态吸附也要放出电子，从而使氧化物半导体导带电子密度增加，电阻值下降。可燃气体不存在了，金属氧化物半导体又会自动恢复氧的负离子吸附，使电阻值升高到初始状态。这就是半导体气敏元件检测可燃气体的基本原理。

如自动空气清新器能在室内空气污浊或有害气体达到一定浓度时，自动产生负氧离子，保持空气清新，工作原理电路如图 4-12 所示。电路分为两部分，以 QM-N5 为中心元件的电路组成空气检测开关电路，它可以检测可燃气体。当室内的有害气体达到一定浓度时，由于 B 点电位升高使 VT1 饱和导通，起到了检测开关的作用。Rt 为负温度系数热敏电阻，用来补偿 QM-N5 由于温度变化引起的偏差。以 TWH8751 为中心器件的电路组成负氧离子发生器，其振荡频率约为 1kHz，在 T2 次级可得到 5kV 左右的高压。放电端采用开放式，大大提高了负氧离子的浓度，减小了臭氧的浓度，使到达外面的负氧离子增加，TWH8751 的 2 脚即同相输入端为高电位时，振荡器停振，在正常室内环境下，A、B 之间电阻很大，B 点电位很低，VT1 截止，TWH8751 的 2 脚为高电位，振荡器不工作，没有负离子产生；当室内的有害气体浓度超过了 RP 设定的临界值，VT1 饱和导通，TWH8751 的 2 脚呈低电位，振荡器起振，产生负氧离子。在一定程度上负离子可以消除室内的烟雾，达到清新空气、利于身体健康的目的。

目前国产的气敏元件有两种：一种是直热式，加热丝和测量电极一同烧结在金属氧化物半导体管芯内；另一种是旁热式，这种气敏元件以陶瓷管为基底，管内穿加热丝，管外侧有两个测量极，测量极之间为金属氧化物气敏材料，经高温烧结而成。

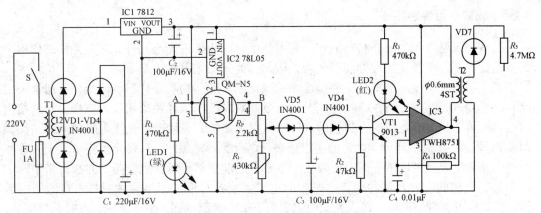

图 4-12　空气自动清新器电路原理图

4.2.5　湿敏电阻传感器

随着现代工业技术的发展，纤维、造纸、电子、建筑、食品、医疗等部门提出了高精度、高可靠性测量和控制湿度的要求。因此，各种湿敏元件不断出现。利用湿敏电阻进行湿度测量和控制具有灵敏度高、体积小、寿命长、无须维护、可以进行遥测和集中控制等优点。湿敏电阻是利用湿敏材料吸收空气中的水分而导致本身电阻值发生变化这一原理而制成的。

铬酸镁-二氧化钛陶瓷湿敏元件是较常用的一种湿度传感器，它是由 $MgCr_2O_4\text{-}TiO_2$ 固熔体组成的多孔性半导体陶瓷。这种材料的表面电阻值能在很宽的范围内随湿度的增加而变小，即使在高湿条件下，对其进行多次反复的热清洗，性能仍不改变。图 4-13 是铬酸镁-二氧化钛陶瓷湿敏元件应用的一种测量电路。图中 R 为湿敏电阻，为温度补偿用热敏电阻。为了使检测湿度的灵敏度最大，可使 $R=R_t$。这时传感器的输出电压通过跟随器并经整流和滤波后，一方面送入比较器 1 与参考电压 U_1 比较，其输出信号控制某一湿度；另一方面送到比较器 2 与参考电压 U_2 比较，其输出信号控制加热电路，以便按一定时间加热清洗。

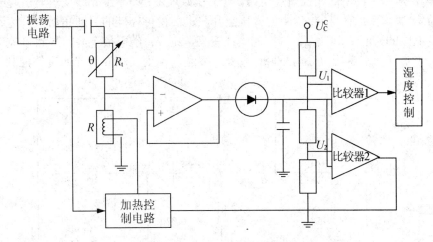

图 4-13　铬酸镁-二氧化钛陶瓷湿敏电阻测量电路图

4.2.6 光敏电阻传感器

光敏电阻是采用半导体材料制作,利用光电效应工作的光电元件。它在光线的作用下阻值往往变小,这种现象称为光导效应,因此,光敏电阻又称光导管。

用于制造光敏电阻的材料主要是金属的硫化物、硒化物和碲化物等半导体。通常采用涂敷、喷涂、烧结等方法在绝缘衬底上制作很薄的光敏电阻体及梳状欧姆电极,然后接出引线,封装在具有透光镜的密封壳体内,以免受潮影响其灵敏度。光敏电阻的原理结构如图 4-14 所示。在黑暗环境里,它的电阻值很高,当受到光照时,只要光子能量大于半导体材料的禁带宽度,则价带中的电子吸收一个光子的能量后可跃迁到导带,并在价带中产生一个带正电荷的空穴,这种由光照产生的电子—空穴对增加了半导体材料中载流子的数目,使其电阻率变小,从而造成光敏电阻阻值下降。光照越强,阻值越低。入射光消失后,由光子激发产生的电子—空穴对将逐渐复合,光敏电阻的阻值也就逐渐恢复原值。

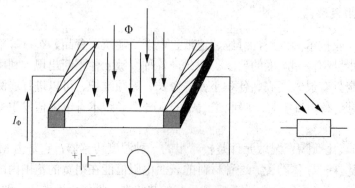

图 4-14 光敏电阻结构示意图及图形符号

在光敏电阻两端的金属电极之间加上电压,其中便有电流通过,受到适当波长的光线照射时,电流就会随光强的增加而变大,从而实现光电转换。光敏电阻没有极性,纯粹是一个电阻器件,使用时既可加直流电压,也可以加交流电压。

图 4-15 是一种典型的光控调光电路,其工作原理是:当周围光线变弱时引起光敏电阻 R_G 的阻值增加,使加在电容 C 上的分压上升,进而使可控硅的导通角增大,达到增大照明灯两端电压的目的。反之,若周围的光线变亮,则 R_G 的阻值下降,导致可控硅的导通角变小,照明灯两端电压也同时下降,使灯光变暗,从而实现对灯光照度的控制。

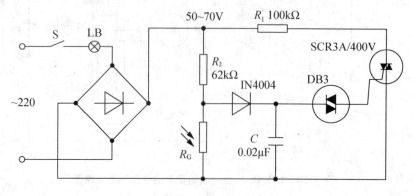

图 4-15 光控调光电路

注意:上述电路中整流桥给出的必须是直流脉动电压,不能将其用电容滤波变成平滑直流电压,否则电路将无法正常工作。原因在于直流脉动电压既能给可控硅提供过零关断的基本条件,又可使电容 C 的充电在每个半周从零开始,准确完成对可控硅的同步移相触发。

4.3 电容式传感器

电容式传感器是把被测量转换为电容量变化的一种传感器。它具有结构简单、灵敏度高、动态响应特性好、适应性强、抗过载能力大及价格低廉等优点。因此,可以用来测量压力、力、位移、振动、液位等参数。但电容式传感器的泄漏电阻和非线性等缺点也给它的应用带来一定的局限。随着电子技术的不断发展,特别是集成电路的广泛应用,这些缺点也得到了一定的克服,进一步促进了电容式传感器的广泛应用。

4.3.1 电容式传感器的基本原理及性能特点

电容式传感器的基本工作原理可以用图 4-16 所示的平板电容器来说明。设两极板相互覆盖的有效面积为 $A(m^2)$,两极板间的距离为 $d(m)$,极板间介质的介电常数为 $\varepsilon(F \cdot m^{-1})$,在忽略板极边缘影响的条件下,平板电容器的电容量 $C(F)$ 为

$$C = \varepsilon A / d \tag{4-2}$$

由式(4-2)可以看出,ε、A、d 这 3 个参数都直接影响着电容量 C 的大小。如果保持其中两个参数不变,而使另外一个参数改变,则电容量就将发生变化。如果变化的参数与被测量之间存在一定的函数关系,那被测量的变化就可以直接由电容量的变化反映出来。所以电容式传感器可以分为 3 种类型:改变极板面积的变面积式;改变极板距离的变间隙式;改变介电常数的变介电常数式。

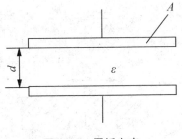

图 4-16 平板电容

4.3.2 变面积式电容传感器

图 4-17 是一直线位移型电容式传感器的示意图。当极板移动 Δx 后,覆盖面积就发生变化,电容量也随之改变,其值为

$$C = \varepsilon b(a - \Delta x)/d = C_0 - \varepsilon b \cdot \Delta x / d \tag{4-3}$$

电容因位移而产生的变化量为 $\Delta C = C - C_0 = -\dfrac{\varepsilon b}{d}\Delta x = -C_0 \dfrac{\Delta x}{a}$

其灵敏度为 $K = \dfrac{\Delta C}{\Delta x} = -\dfrac{\varepsilon b}{d}$

可见减小 b 或增加 d 均可提高传感器的灵敏度。

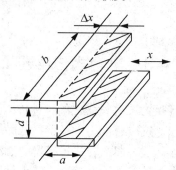

图 4-17　直线位移型电容式传感器

图 4-18 是此类传感器的几种派生形式。图 4-18(a)是角位移型电容式传感器。当动片有一角位移时，两极板间覆盖面积就发生变化，从而导致电容量的变化，此时电容值为

$$C = \dfrac{\varepsilon A(1 - \dfrac{\theta}{\pi})}{d} = C_0(1 - \dfrac{\theta}{\pi}) \tag{4-4}$$

图 4-18(b)中极板采用了锯齿板，其目的是为了增加遮盖面积，提高灵敏度。当齿板极板的齿数为 n 且移动 Δx 后，其电容量为

$$C = \dfrac{n\varepsilon b(a - \Delta x)}{d} = n(C_0 - \dfrac{\varepsilon b}{d}\Delta x)$$

$$\Delta C = C - nC_0 = -n\dfrac{\varepsilon b}{d}\Delta x \tag{4-5}$$

其灵敏度为

$$K = \dfrac{\Delta C}{\Delta x} = -n\dfrac{\varepsilon b}{d}$$

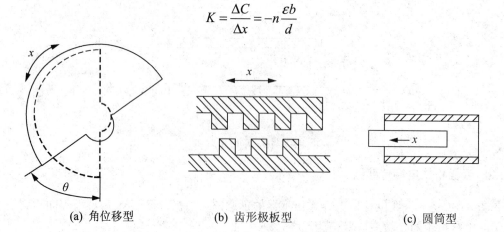

(a) 角位移型　　　　　　(b) 齿形极板型　　　　　　(c) 圆筒型

图 4-18　变面积式电容传感器的派生型

由前面的分析可得出结论，变面积式电容传感器的灵敏度为常数，即输出与输入呈线形关系。

4.3.3 变间隙式电容传感器

图 4-19 为变间隙式电容传感器的原理图，图 4-20 为介质面积变化的电容传感器原理图，其中 1 为固定极板，2 为与被测对象相连的活动极板。当活动极板因被测参数的改变而引起移动时，两极板间的距离 d 发生变化，从而改变了两极板之间的电容量 C。

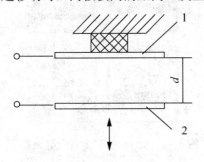

图 4-19 变间隙式电容传感器　　图 4-20 介质面积变化的电容传感器

设极板面积为 A，其静态电容量为 $C = \dfrac{\varepsilon A}{d}$，当活动极板移动 x 后，其电容量为

$$C = \frac{\varepsilon A}{d-x} = C_0 \frac{1+\dfrac{x}{d}}{1-\dfrac{x^2}{d^2}} \tag{4-6}$$

当 $x \ll d$ 时，$1 - \dfrac{x^2}{d^2} \approx 1$

则
$$C = C_0\left(1 + \frac{x}{d}\right)$$

由式(4-6)可以看出，电容量 C 与 x 不是线性关系，只有当 $x \ll d$ 时，才可认为是最近似线形关系。同时还可以看出，要提高灵敏度，应减小起始间隙 d。但当 d 过小时，又容易引起击穿，同时加工精度要求也高了。为此，一般是在极板间放置云母、塑料膜等介电常数高的物质来改善这种情况。在实际应用中，为了提高灵敏度、减小非线性，可采用差动式结构。

4.3.4 capaNCDT610 电容式位移传感器

capaNCDT(非接触电容位移传感器)电容位移测量原理的基础是由理想平板电容构成。两个平板电极是由传感器电极和相对应的被测体组成，其外形图如图 4-21 所示。当恒定的交流电压加在传感器电容上，传感器产生的交流电压与电容电极之间的距离成正比。交流电压经检波器，与一个可设置的补偿电压叠加，经放大，作为模拟信号输出。

capaNCDT610 是为机器设备监控、工业过程质量监控而设计的，主要应用于以下六大领域(图 4-22)。

图 4-21 capaNCDT610 外形图

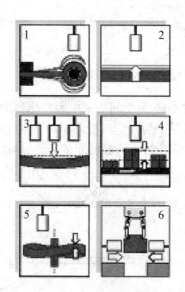

图 4-22 capaNCDT610 应用示意图

1—震动、偏心、裂纹、振荡、同心度　2—位移、移动、位置、膨胀　3—挠度、变形、波动、倾斜　4—尺寸、公差、分选、另件识别　5—冲击、应变、轴向振动　6—轴承振动、油膜间隙、摩擦、偏心

4.4 电感式传感器

电感式传感器是利用被测量的变化引起线圈自感或互感系数的变化,从而导致线圈电感量改变这一物理现象来实现测量的。因此根据转换原理,电感式传感器可以分为自感式和互感式两大类。

4.4.1 自感式电感传感器

自感式电感传感器分为可变磁阻型和涡流式两种,可变磁阻型又可分为变间隙型、变面积型和螺管型3种类型。

1. 变间隙型电感传感器

变间隙型电感传感器的结构如图 4-23 所示。传感器由线圈、铁心和衔铁组成。工作时,衔铁与被测物体连接,被测物体的位移将引起空气隙的长度发生变化。由于气隙磁阻的变化,导致了线圈电感量的变化。

线圈的电感可用下式表示

$$L = \frac{N^2}{R_m} \tag{4-7}$$

式中,N 为线圈匝数;R_m 为磁路总磁阻。

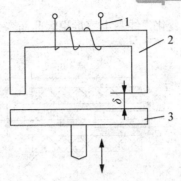

图 4-23　变间隙型电感传感器

1—线圈　2—铁芯　3—衔铁

一般情况下，导磁体的磁阻与空气隙磁阻相比是很小的，因此线圈的电感值可近似地表示为

$$L = \frac{N^2 \mu_0 A}{2\delta} \tag{4-8}$$

其中，A 为截面积；μ_0 为空气磁导率；δ 为空气隙厚度。

由式(4-8)可以看出传感器的灵敏度随气隙的增大而减小。为了消除非线性，气隙的相对变化量要很小，但过小又将影响测量范围，所以要兼顾两个方面。

2. 变面积型电感传感器

由变间隙型电感传感器可知，间隙长度不变，铁心与衔铁之间相对而言覆盖面积随被测量的变化面改变，从而导致线圈的电感量发生变化，这种形式称之为变面积型电感传感器，其结构如图 4-24 所示。

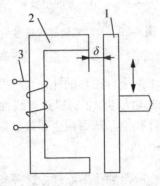

图 4-24　变面积型电感传感器

通过对式(4-8)的分析可知，线圈电感量 L 与气隙厚度是非线性的，但与磁通截面积 A 却呈正比，是一种线性关系。

3. 螺管型电感式传感器

图 4-25 为螺管型电感式传感器的结构图。螺管型电感传感器的衔铁随被测对象移动，

线圈磁力线路径上的磁阻发生变化,线圈电感量也因此而变化。线圈电感量的大小与衔铁插入线圈的深度有关。

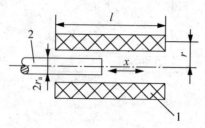

图 4-25　螺管型电感式传感器

1—线圈　2—衔铁

4. 差动式电感传感器

在实际使用中,常采用两个相同的传感线圈共用一个衔铁,构成差动式电感传感器,这样可以提高传感器的灵敏度,减小测量误差。图 4-26 是变间隙型、变面积型及螺管型 3 种类型的差动式电感传感器。

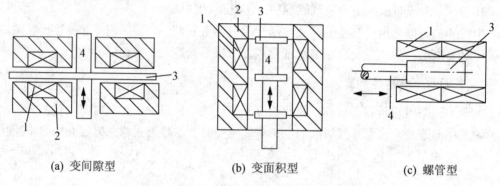

(a) 变间隙型　　　　　　(b) 变面积型　　　　　　(c) 螺管型

图 4-26　差动式电感传感器

1—线圈　2—铁芯　3—衔铁　4—导杆

差动式电感传感器的结构要求两个导磁体的几何尺寸及材料完全相同,两个线圈的电气参数和几何尺寸完全相同。差动式结构除了可以改善线性、提高灵敏度外,对温度变化、电源频率变化等影响,也可以进行补偿,从而减少了外界影响造成的误差。

5. 差动变压器式传感器(互感式)

差动变压器的工作原理类似变压器的作用原理。这种类型的传感器主要包括衔铁、一次绕组和二次绕组等。一、二次绕组间的耦合能随衔铁的移动而变化,即绕组间的互感随被测位移改变而变化。由于在使用时采用两个二次绕组反向串接,以差动方式输出,所以把这种传感器称为差动变压器式电感传感器,通常简称差动变压器。图 4-27 为差动变压器的结构示意图。

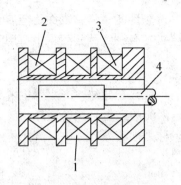

图 4-27 差动变压器的结构示意图

1——一次绕组 2、3——二次绕组 4——衔铁

差动变压器工作在理想情况下(忽略涡流损耗、磁滞损耗和分布电容等影响)，它的等效电路如图 4-28 所示。图 U_1 为一次绕组激励电压；M_1、M_2 分别为一次绕组与两个二次绕组间的互感；L_1、R_1 分别为一次绕组的电感和有效电阻；L_1^2、L_2^2 分别为两个二次绕组的电感；R_1^2、R_2^2 分别为两个二次绕组的有效电阻。

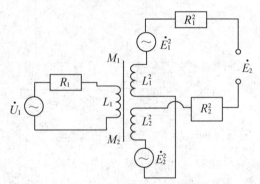

图 4-28 差动变压器的等效电路

对于差动变压器，当衔铁处于中间位置时，两个二次绕组相同，因而由一次侧激励引起的感应电动势相同。由于两个二次绕组反向串接，所以差动输出电动势为零。

当衔铁移向二次绕组 L_1^2 一边，这时互感 M_1 大，M_2 小，因而二次绕组 L_1^2 内感应电动势大于二次绕组 L_2^2 内感应电动势，这时差动输出电动势不为零。在传感器的量程内，衔铁移动越大，差动输出电动势就越大。同样道理，当衔铁向二次绕组 L_2^2 一边移动，差动输出电动势仍不为零，但由于移动方向改变，所以输出电动势反相。因此通过差动变压器输出电动势的大小和相位可以知道衔铁位移量的大小和方向。

电感式传感器特别适用于测量微位移，凡是能转换成位移量变化的参数，如压力、力、压差、加速度、振动、应变、流量、厚度、液位等都可以用电感式传感器来进行测量。

4.4.2 电涡流式传感器

电涡流式传感器是一种建立在涡流效应原理上的传感器。

电涡流式传感器可以实现非接触地测量物体表面为金属导体的多种物理量,如位移、振动、厚度、转速、应力、硬度等参数。这种传感器也可用于无损探伤。

1. 结构原理与特性

当通过金属体的磁通变化时,就会在导体中产生感生电流,这种电流在导体中是自行闭合的,这就是所谓电涡流。电涡流的产生必然要消耗一部分能量,从而使产生磁场的线圈阻抗发生变化,这一物理现象称为涡流效应。电涡流式传感器是利用涡流效应,将非电量转换为阻抗的变化而进行测量的。

如图 4-29 所示,一个扁平线圈置于金属导体附近,当线圈中通有交变电流 I_1 时,线圈周围就产生一个交变磁场 H_1。置于这一磁场中的金属导体就产生电涡流 I_2,电涡流也将产生一个新磁场 H_2,H_2 与 H_1 方向相反,因而抵消部分原磁场,使通电线圈的有效阻抗发生变化。

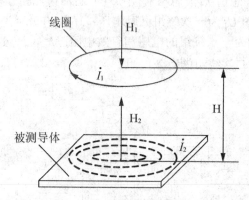

图 4-29 电涡流传感器原理图

一般来讲,线圈的阻抗变化与导体的电导率、磁导率、几何形状、线圈的几何参数、激励电流频率以及线圈到被测导体间的距离有关。如果控制上述参数中的一个参数改变,而其余参数恒定不变,则阻抗就成为这个变化参数的单值函数。如果其他参数不变,阻抗的变化就可以反映线圈到被测金属导体间的距离大小变化。

我们可以把被测导体上形成的电涡流等效成一个短路环,这样就可得到如图 4-30 所示的等效电路。图中 R_1、L_1 为传感器线圈的电阻和电感。短路环可以认为是一匝短路线圈,其电阻为 R_2、电感为 L_2。线圈与导体间存在一个互感 M,它随线圈与导体间距的减小而增大。

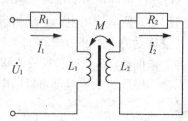

图 4-30 电涡流传感器等效电路图

2. 高频反射式电涡流传感器

高频反射式电涡流传感器的结构很简单,主要由一个固定在框架上的扁平线圈组成。线圈可以粘贴在框架的端部,也可以绕在框架端部的槽内。图 4-31 为某种型号的高频反射式电涡流传感器。

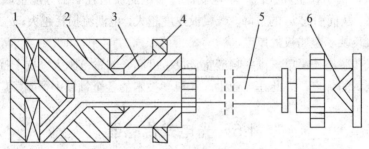

图 4-31 高频反射式电涡流传感器

1—线圈 2—框架 3—框架衬套 4—支架 5—电缆 6—插头

电涡流传感器的线圈与被测金属导体间是磁性耦合,电涡流传感器是利用这种耦合程度的变化来进行测量的。因此,被测物体的物理性质,以及它的尺寸和开关都与总的测量装置特性有关。一般来说,被测物的电导率越高,传感器的灵敏度也越高。

为了充分有效地利用电涡流效应,对于平板型的被测体则要求其半径应大于线圈半径的 1.8 倍,否则灵敏度要降低。当被测物体是圆柱体时,其直径必须为线圈直径的 3.5 倍以上,灵敏度才不受影响。

3. 低频透射式电涡流传感器

低频透射式电涡流传感器采用低频激励,因而有较大的贯穿深度,适合于测量金属材料的厚度。图 4-32 为低频透射式电涡流传感器的原理图和输出特性。

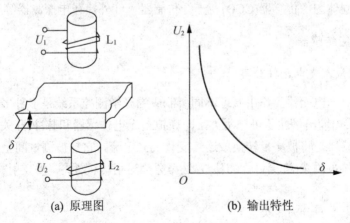

(a) 原理图　　(b) 输出特性

图 4-32 低频透射式电涡流传感器

传感器包括发射线圈和接收线圈,并分别位于被测材料上、下方。由振荡器产生的低频电压 u_1 加到发射线圈 L_1 两端,于是在接收线圈 L_2 两端将产生感应电压 u_2,它的大小与 u_1 的幅值、频率以及两个线圈的匝数、结构和两者的相对位置有关。若两线圈间无金属导体,则 L_2 的磁力能较多穿过 L_2,在 L_2 上产生的感应电压 u_2 最大。如果在两个线圈之间设置一块金属板,由于在金属板内产生电涡流,该电涡流消耗了部分能量,使到达线圈 L_2 的磁力线减小,从而引起 u_2 的下降。金属板厚度越大,电涡流损耗越大,u_2 就越小。可见,u_2 的大小间接反映了金属板的厚度。

电涡流式传感结构简单、频率响应宽、灵敏度高、测量范围大、抗干扰能力强,特别是有非接触测量的优点,因此在工业生产和科学技术的各个领域中得到了广泛的应用。

4.5 光电式传感器

光电传感器是采用光电元件作为检测元件的传感器。它首先把被测量的变化转换成光信号的变化,然后借助光电元件进一步将光信号转换成电信号。光电传感器一般由光源、光学通路和光电元件 3 部分组成。光电检测方法具有精度高、反应快、非接触等优点,而且可测参数多,传感器的结构简单,形式灵活多样。因此,光电式传感器在检测和控制中应用非常广泛。光电式传感器工作原理如图 4-33 所示。

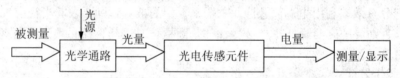

图 4-33 光电式传感器工作原理示意图

光电式传感器的物理基础是光电效应。根据工作原理的不同,光电式传感器分为光电效应传感器、固体图像传感器(CCD)、光纤传感器、红外热释电探测器等 4 类。

4.5.1 光电效应传感器

1. 光电效应及光电元件分类

由光通量对光电元件的作用原理不同所制成的光学测控系统是多种多样的,按光电元件(光学测控系统)输出量性质可分两类,即模拟式光电传感器和脉冲(开关)式光电传感器。模拟式光电传感器是将被测量转换成连续变化的光电流,它与被测量间呈单值关系。模拟式光电传感器按被测量(检测目标物体)方法可分为透射(吸收)式、漫反射式、遮光式(光束阻挡)三大类。

通常把光电效应分为 3 类。

(1) 在光线的作用下能使电子逸出物体表面的现象称为外光电效应,基于外光电效应的光电元件有光电管、光电倍增管、光电摄像管等。

(2) 在光线的作用下能使物体的电阻率改变的现象称为内光电效应，基于内光电效应的光电元件有光敏电阻、光敏二极管、光敏三极管及光敏晶闸管等。

(3) 在光线的作用下，物体产生一定方向电动势的现象称为光生伏特效应，基于光生伏特效应的光电元件有光电池等。

第一类光电元件属于玻璃真空管元件，第二、三类属于半导体元件。

2. 外光电效应器件

光电管是利用外光电效应制成的光电元件，其外形和结构如图 4-34 所示，半圆筒形金属片制成的阴极 K 和位于阴极轴心的金属丝制成的阳极 A 封装在抽成真空的玻壳内，当入射光照射在阴极上时，单个光子就把它的全部能量传递给阴极材料中的一个自由电子，从而使自由电子的能量增加 $h\nu$。当电子获得的能量大于阴极材料的逸出功 A 时，它就可以克服金属表面束缚而逸出，形成电子发射。

光电管正常工作时，阳极电位高于阴极，如图 4-34 所示。在入射光频率大于"红限"的前提下，从阴极表面逸出的光电子被具有正电位的阳极所吸引，在光电管内形成空间电子流，称为光电流。此时若光强增大，轰击阴极的光子数增多，单位时间内发射的光电子数也就增多，光电流变大。在图 4-35 所示的电路中，电流 I_Φ 和电阻只 R_L 上的电压降 U_0 就和光强成函数关系，从而实现光电转换。

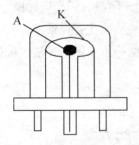

图 4-34　光电管结构示意图

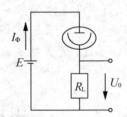

图 4-35　光电管测量电路图

阴极材料不同的光电管，具有不同的红限，因此适用于不同的光谱范围。此外，即使入射光的频率大于红限，并保持其强度不变，但阴极发射的光电子数量还会随入射光频率的变化而改变，即同一种光电管对不同频率的入射光灵敏度并不相同。光电管的这种光谱特性，要求人们应当根据检测对象是紫外光、可见光还是红外光去选择阴极材料不同的光电管，以便获得满意的灵敏度。

由于真空光电管的灵敏度低，因此人们研制了具有放大光电流能力的光电倍增管。图 4-36 是光电倍增管结构示意图。

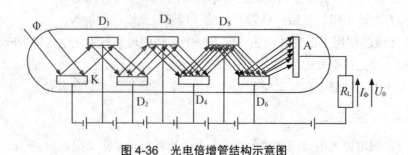

图 4-36 光电倍增管结构示意图

3. 内光电效应器件

光敏电阻是一种光电效应半导体器件,应用于光存在与否的感应(数字量)以及光强度的测量(模拟量)等领域。它的体电阻系数随照明强度的增强而减小,允许更多的光电流通过。这种阻性特征使得它具有很好的品质:通过调节供应电源就可以从探测器上获得信号流,且有着很宽的范围。光敏电阻是薄膜元件,它是由在陶瓷底衬上覆一层光电半导体材料制成。金属接触点盖在光电半导体面下部。这种光电半导体材料薄膜元件有很大的电阻。所以在两个接触点之间,做得狭小、交叉,使得在适度的光线时产生较低的阻值。

光敏晶体管通常指光敏二极管和光敏三极管,它们的工作原理也是基于内光电效应,和光敏电阻的差别仅在于光线照射在半导体 PN 结上,PN 结参与了光电转换过程。

光敏二极管的结构和普通二极管相似,只是它的 PN 结装在管壳顶部,光线通过透镜制成的窗口,可以集中照射在 PN 结上,图 4-37(a)是其结构示意图。光敏二极管在电路中通常处于反向偏置状态,如图 4-37(b)所示。

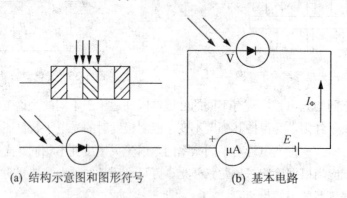

(a) 结构示意图和图形符号　　(b) 基本电路

图 4-37 光敏二极管

光敏三极管有两个 PN 结,因而可以获得电流增益,它比光敏二极管具有更高的灵敏度。其结构如图 4-38(a)所示,基本电路如图 4-38(b)所示。

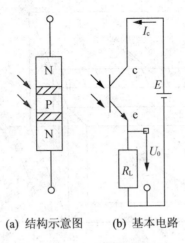

(a) 结构示意图   (b) 基本电路

图 4-38   光敏三极管

4. 光生伏特效应器件

光电池是一种自发电式的光电元件，它受到光照时自身能产生一定方向的电动势，在不加电源的情况下，只要接通外电路，便有电流通过。光电池的种类很多，有硒、氧化亚铜、硫化铊、硫化镉、锗、硅、砷化镓光电池等，其中应用最广泛的是硅光电池，因为它有一系列优点，如性能稳定、光谱范围宽、频率特性好、转换效率高、能耐高温辐射等。另外，由于硒光电池的光谱峰值位于人眼的视觉范围内，所以很多分析仪器、测量仪表也常用到它。下面着重介绍硅光电池。

硅光电池的工作原理基于光生伏特效应，它是在一块 N 型硅片上用扩散的方法掺入一些 P 型杂质而形成的一个大面积 PN 结，如图 4-39(a)所示。当光照射 P 区表面时，若光子能量大于硅的禁带宽度，则在 P 区内每吸收一个光子便产生一个电子空穴对。P 区表面吸收的光子最多，激发的电子空穴最多，越向内部越少。这种浓度差便形成从表面向体内扩散的自然趋势。由于 PN 结内电场的方向是由 N 区指向 P 区的，它使扩散到 PN 结附近的电子—空穴对分离，光生电子被推向 N 区，光生空穴被留在 P 区。从而使 N 区带负电，P 区带正电，形成光生电动势。若用导线连接 P 区和 N 区，电路中就有光电流通过。光电池的图形符号如图 4-39(b)所示。

光电池对不同波长的光，其灵敏度是不同的。在实际使用中应根据光源的性质来选择光电池，当然也可根据现有的光电池来选择光源，但是要注意光电池的光谱峰值位置不仅和制造光电池的材料有关，同时，也和制造工艺有关，而且随着使用温度的不同会有所移动。

光电池在有光线作用时实质就是电源，电路中有了这种器件就不需要外加电源。

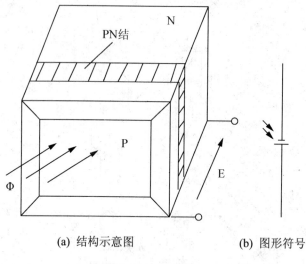

(a) 结构示意图　　　(b) 图形符号

图 4-39　光电池

5. 模拟式光电传感器

模拟式光电传感器中光电元件接受的光通量随被测量连续变化，因此，输出的光电流也是连续变化的，并与被测量呈确定的函数关系，这类传感器通常有以下 4 种形式。

(1) 光源本身是被测物，它发出的光投射到光电元件上，光电元件的输出反映了光源的某些物理参数，如图 4-40(a)所示。这种光电传感器可用于光电比色高温计和照度计。

(2) 恒定光源发射的光通量穿过被测物，其中一部分被吸收，剩余的部分投射到光电元件上，吸收量取决于被测物的某些参数，如图 4-40(b)所示。可用于测量透明度、混浊度。

(3) 恒定光源发射的光通量投射到被测物上，由被测物表面反射后再投射到光电元件上，如图 4-40(c)所示。反射光的强弱取决于被测物表面的性质和状态，因此可用于测量工件表面粗糙度、纸张的白度等。

(4) 从恒定光源发射出的光通量在到达光电元件的途中受到被测物的遮挡，使投射到光电元件上的光通量减弱，光电元件的输出反映了被测物的尺寸或位置，如图 4-40(d)所示。这种传感器可用于工件尺寸测量、振动测量等场合。

6. 脉冲式光电传感器

脉冲式光电传感器中，光电元件接受的光信号是断续变化的，因此光电元件处于开关工作状态，它输出的光电流通常是只有两种稳定状态的脉冲形式的信号，多用于光电计数和光电式转速测量等场合。

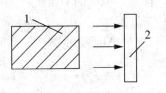
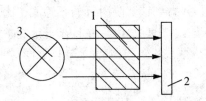

(a) 被测量是光源　　　　　　　(b) 被测量吸收光通量

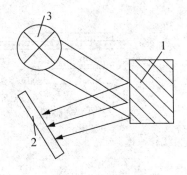
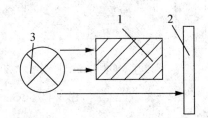

(c) 被测量是有反射能力的表面　　(d) 被测量遮蔽光通量

图 4-40　模拟式光电传感器的常见形式

1—被测物　2—光电元件　3—恒光源

4.5.2　电荷耦合器件

电荷耦合器件(Charge Couple Device，CCD)是一种大规模金属氧化物半导体(MOS)集成电路光电器件。它以电荷为信号，具有光电信号转换、存储、转移并读出信号电荷的功能。CCD 自 1970 年问世以来，由于其独特的性能而发展迅速，广泛应用于航天、遥感、工业、农业、天文及通信等军用与民用领域，用于信息存储及信息处理等方面，尤其适用以上领域中的图像识别。

1. CCD 的结构及工作原理

CCD 是由若干个电荷耦合单元组成的，其基本单元是 MOS(金属-氧化物-半导体)电容器，如图 4-41 所示。它以 P 型(或 N 型)半导体为衬底，上面覆盖一层厚度约 120nm 的 SiO_2，再在 SiO_2 表面依次沉积一层金属电极而构成 MOS 电容转移器件。这样一个 MOS 结构称为一个光敏元或一个像素。将 MOS 阵列加上输入、输出结构就构成了 CCD 器件。

构成 CCD 的基本单元是 MOS 电容器。与其他电容器一样，MOS 电容器能够存储电荷。如果 MOS 电容器中的半导体是 P 型硅，当在金属电极上施加一个正电压 U_g 时，P 型硅中的多数载流子(空穴)受到排斥，半导体内的少数载流子(电子)吸引到 P-Si 界面处来，从而在界面附近形成一个带负电荷的耗尽区，也称表面势阱，如图 4-41(b)所示。对带负电的电子来说，耗尽区是个势能很低的区域。如果有光照射在硅片上，在光子作用下，半导体硅产生了电子-空穴对，由此产生的光生电子就被附近的势阱所吸收，势阱内所吸收的光生电子数量与入射到该势阱附近的光强成正比,存储了电荷的势阱被称为电荷包,而同时产生的空穴被排斥出耗尽区。并且在一定的条件下,所加正电压 U_g 越大,耗尽层就越深,Si 表面吸收少数载流子表面势(半导体表面对于衬底的电势差)也越大,这时势阱所能容纳的少数载流子电荷的量就越大。

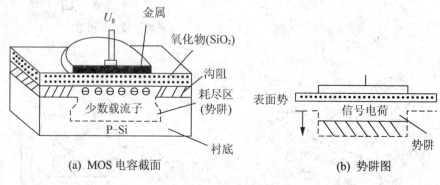

图 4-41 CCD 的结构及工作原理

2. CCD 固态图像传感器的分类

电荷耦合器件用于固态图像传感器中,作为摄像或像敏的器件。

CCD 固态图像传感器由感光部分和移位寄存器组成。感光部分是指在同一半导体衬底上布设的由若干光敏单元组成的阵列元件,光敏单元简称"像素"。固态图像传感器利用光敏单元的光电转换功能将投射到光敏单元上的光学图像转换成电信号"图像",即将光强的空间分布转换为与光强成正比的、大小不等的电荷包空间分布,然后利用移位寄存器的移位功能将电信号"图像"传送,经输出放大器输出。

根据光敏元件排列形式的不同,CCD 固态图像传感器可分为线型和面型两种。

CCD 图像传感器具有高分辨率和高灵敏度,具有较宽的动态范围,这些特点决定了它可以广泛应用于自动控制和自动测量,尤其适用于图像识别技术。CCD 图像传感器在检测物体的位置、工件尺寸的精确测量及工件缺陷的检测方面有独到之处。图 4-42 是一个利用 CCD 图像传感器进行工件尺寸检测的例子。

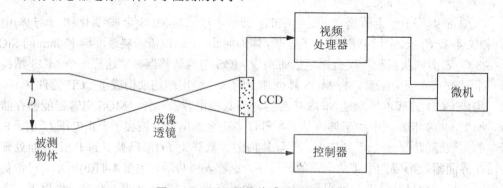

图 4-42 CCD 图像传感器原理与结构

4.5.3 光纤传感器

光纤传感器是 20 世纪 70 年代中期发展起来的一种新技术，它是伴随着光纤及光通信技术的发展而逐步形成的。

光纤传感器和传统的各类传感器相比有一定的优点，如不受电磁干扰、体积小、重量轻、可绕曲、灵敏度高、耐腐蚀、高绝缘强度、防爆性好、集传感与传输于一体、能与数字通信系统兼容等。光纤传感器能用于温度、压力、应变、位移、速度、加速度、磁、电、声和 PH 值等 70 多个物理量的测量，在自动控制、在线检测、故障诊断、安全报警等方面具有极为广泛的应用潜力和发展前景。

1. 光纤结构及其传光原理

光导纤维简称光纤，它是一种特殊结构的光学纤维，结构如图 4-43 所示。中心的圆柱体叫纤芯，围绕着纤芯的圆形外层叫包层。纤芯和包层通常由不同掺杂的石英玻璃制成。纤芯的折射率 n_1 略大于包层的折射率 n_2，光纤的导光能力取决于纤芯和包层的性质。在包层外面还常有一层保护套，多为尼龙材料，以增加机械强度。

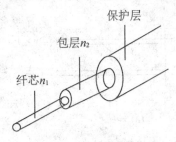

图 4-43 光纤的基本结构

众所周知，光在空间是直线传播的。在光纤中，光的传输限制在光纤中，并随着光纤能传送很远的距离，光纤的传输是基于光的全内反射。设有一段圆柱形光纤，如图 4-44 所示，它的两个端面均为光滑的平面。当光线射入一个端面并与圆柱的轴线成 θ_i 角时，在端面发生折射进入光纤后，又以 φ_i 角入射至纤芯与包层的界面，光线有一部分透射到包层，一部分反射回纤芯。但当入射角 θ_i 小于临界入射角 θ_c 时，光线就不会透射界面，而全部被反射，光在纤芯和包层的界面上反复逐次全反射，呈锯齿波形状在纤芯内向前传播，最后从光纤的另一端面射出，这就是光纤的传光原理。

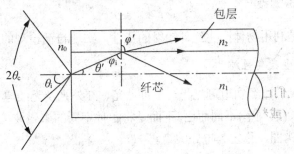

图 4-44 光纤的传光原理

2. 光纤传感器的工作原理及组成

光纤传感器原理实际上是研究光在调制区内，外界信号(温度、压力、应变、位移、振动、电场等)与光的相互作用，即研究光被外界参数的调制原理。外界信号可能引起光的强度、波长、频率、相位、偏振态等光学性质的变化，从而形成不同的调制。

光纤传感器一般分为两大类：一类是利用光纤本身的某种敏感特性或功能制成的传感器，称为功能型光纤(Functional Fiber，FF)传感器，又称为传感型传感器；另一类是光纤仅仅起传输光的作用，它在光纤端面或中间加装其他敏感元件感受被测量的变化，这类传感器称为非功能型光纤(Non Functional Fiber，NFF)传感器，又称为传光型传感器。

光纤传感器由光源、敏感元件(光纤或非光纤的)、光探测器、信号处理系统以及光纤等组成，如图 4-45 所示。由光源发出的光通过源光纤引到敏感元件，被测参数作用于敏感元件，在光的调制区内，使光的某一性质受到被测量的调制，调制后的光信号经接收光纤耦合到光探测器，将光信号转换为电信号，最后经信号处理得到所需要的被测量。

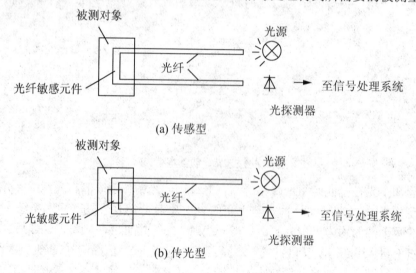

图 4-45　光纤传感器组成示意图

4.5.4　红外热释电探测器

红外线传感器是利用物体产生红外辐射的特性，实现自动检测的传感器。

1. 红外辐射的产生及其性质

在物理学中，我们已经知道可见光、不可见光、红外光及无线电等都是电磁波，它们之间的差别只是波长(或频率)不同而已。下面是将各种不同的电磁波按照波长(或频率)排成如图 4-46 所示的波谱图，称之为电磁波谱。

波长	10^4km	10km	1km	1m	1cm	1mm	1μm		1nm	0.1 nm	
频率	3×10^{-1}	3×10^{2}	3×10^{5}	3×10^{8}	3×10^{10}	3×10^{11}	3×10^{14}		3×10^{17}	3×10^{18}	3×10^{21}
名称		声波		无线电波			红外线	可见光	紫外线	X射线	γ射线

图 4-46　电磁波波谱图

从图中可以看出，红外线属于不可见光波的范畴，它的波长一般在 0.76～600μm 之间（称为红外区）。而红外区通常又可分为近红外(0.73～1.5μm)、中红外(1.5～10μm)和远红外(10μm 以上)，在 300μm 以上的区域又称为"亚毫米波"。近年来，红外辐射技术已成为一门发展迅速的新兴学科。它已经广泛应用于生产、科研、军事、医学等各个领域。

红外辐射是由于物体(固体、液体和气体)内部分子的转动及振动而产生的。这类振动过程是物体受热而引起的，只有在绝对零度(-273.16℃)时，一切物体的分子才会停止运动。所以在绝对零度时，没有一种物体会发射红外线。换言之，在一般的常温下，所有的物体都是红外辐射的发射源。例如，火焰、轴承、汽车、飞机、动植物甚至人体等都是红外辐射源。红外线和所有的电磁波一样，具有反射、折射、散射、干涉及吸收等性质，但它的特点是热效应非常大，红外线在真空中传播的速度 $c=3\times10^8$m/s，而在介质中传播时，由于介质的吸收和散射作用使它产生衰减。

金属对红外辐射衰减非常大，一般金属材料基本上不能透过红外线；大多数的半导体材料及一些塑料能透过红外线；液体对红外线的吸收较大，例如，厚度为 1mm 的水对红外线的透明度很小，当厚度达到 1cm 时，水对红外线几乎完全不透明了；气体对红外辐射也有不同程度的吸收，例如，大气(含水蒸气、二氧化碳、臭氧、甲烷等)就存在不同程度的吸收，它对波长为 1～5μm 及 8～14μm 的红外线是比较透明的，对其他波长的透明度就差了。而介质的不均匀、晶体材料的不纯洁、有杂质或悬浮小颗粒等，都会引起对红外辐射的散射。

实验证明，温度越低的物体辐射的红外线波长越长。由此在工业上和军事上根据需要有选择地接收某一范围的波长，就可以达到测量的目的。

2. 红外线传感器的类型

能把红外辐射转换成电量变化的装置，称为红外传感器，主要有热敏型和光电型两大类。

热敏型是利用红外辐射的热效应制成的，其核心是热敏元件。由于热敏元件的响应时间长，一般在毫秒数量级以上；另外，在加热过程中，不管什么波长的红外线，只要功率相同，其加热效果也是相同的，假如热敏元件对各种波长的红外线都能全部吸收的话，那么热敏探测器对各种波长基本上都具有相同的响应，所以称其为"无选择性红外传感器"。这类传感器主要有热释电红外传感器和红外线温度传感器两大类。

光电型是利用红外辐射的光电效应制成的，其核心是光电元件。因此它的响应时间一般比热敏型短得多,最短的可达到毫微秒数量级。此外,要使物体内部的电子改变运动状态,入射辐射的光子能量必须足够大,它的频率必须大于某一值,也就是必须高于截止频率。由于这类传感器以光子为单元起作用,只要光子的能量足够,相同数目的光子基本上具有相同的效果,因此常常称其为"光子探测器"。这类传感器主要有红外二极管、三极管等。

市售的 HBW-B 型红外测温仪是非接触式数字显示仪表,它利用被测物的热辐射来确定物体温度,测温范围 600℃以上。测量距离是根据被测物目标大小来确定的,被测物目标越大,测量距离越远。测量误差小于量程上限的 1%。如:在锻造厂里,工件在锻造之前需要在加热炉内加温到 900℃,其误差不得超过±5℃,否则会影响锻件的质量,所以控制锻件的温度是一关键问题。以往的办法是由工人目测温度,看到差不多了,把烧红的锻件取出放锻锤之下进行锻压。而现在采用红外辐射测温计,通过加热炉口可以直接对准工件的表面,可以测量出工件的温度,如图 4-47 所示。当锻件加热到 900℃时,红外探测器便输出电信号,启动电动机将锻件从加热炉中由传送带送到锻锤之下进行锻压加工。这样利用红外探测器就可以对整个工作过程实现生产自动化。

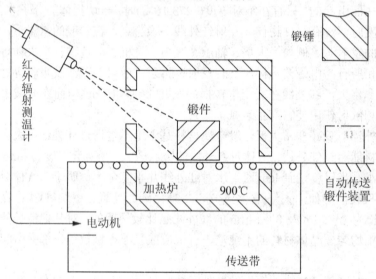

图 4-47 采用红外辐射测温计的工件温度测试系统原理图

4.6 MEMS 传感器

MEMS 是英文 Micro Electro Mechanical Systems 的缩写,即微电子机械系统。MEMS 技术是建立在微米/纳米技术(micro/nanotechnology)基础上的 21 世纪前沿技术,是指对微米/纳米材料进行设计、加工、制造、测量和控制的技术。

4.6.1 MEMS 传感器的特点

MEMS 技术可将机械构件、光学系统、驱动部件、电控系统集成为一个整体单元的微型系统。这种微电子机械系统不仅能够采集、处理与发送信息或指令,还能够按照所获取的信息自主地或根据外部的指令采取行动，是集执行器和传感器等微型装置、微型机构、微尺度驱动、控制与处理集成电路(IC)为一体的微型系统。基于微机电系统技术的传感器一般是由硅基材料和利用半导体集成电路制造工艺制造而成的集微机械、微电子功能高度综合的传感器系统，它具有显著的尺寸小、质量轻、功耗低、成本低、可靠性高、抗振动冲击能力强等特点。同时，在微米量级的特征尺寸使得它们可以完成某些传统传感器所不能实现的功能。目前研制的 MEMS 产品主要包括微机电陀螺仪、微机电加速度计及微压力计等在内的微机电传感器。目前，MEMS 传感器还体现以下几个方面的特点。

(1) 加工工艺多样化：加工工艺多种多样，如：传统的体硅加工工艺、表面牺牲层工艺、溶硅工艺、深槽刻蚀与键合工艺相结合、SCREAM 工艺、LIGA 加工工艺、厚胶与电镀相结合的金属牺牲层工艺、MAMOS(金属空气 MOSFET)工艺、体硅工艺与表面牺牲层工艺相结合等。而具体的加工手段更是多种多样。

(2) 系统单片集成化：由于一般传感器的输出信号(电流或电压)很弱，若将它连接到外部电路，则寄生电容、电阻等的影响会彻底掩盖有用的信号。因此采用灵敏元件外接处理电路的方法已不可能得到质量很高的传感器。只有把两者集成在一个芯片上，才能具有最好的性能，美国 ADI 公司生产的集成式加速度计就是将敏感器件与集成电路集成在同一芯片上的。

(3) MEMS 器件芯片制造与封装统一考虑：封装技术是 MEMS 的一个重要研究领域，MEMS 器件与集成电路芯片的主要不同在于，MEMS 器件芯片一般都有活动部件，比较脆弱，在封装前不利于运输。所以 MEMS 器件芯片制造与封装应统一考虑。

(4) 普通商业应用低性能 MEMS 器件与高性能特殊用途如航空、航天、军事用 MEMS 器件并存：如加速度计，既有大量的只要求精度为 0.5g 以上，可广泛应用于汽车安全气囊等具有很高经济价值的加速度计，也有要求精度为 8～10g 的，可应用于航空航天等高科技领域的加速度计。

4.6.2 典型 MEMS 传感器

由于在尺寸、质量、功耗和可靠性等方面的突出特点，MEMS 传感器被应用于军事领域和抗恶劣环境要求高的场合，典型 MEMS 产品主要有以下几种。

1. MEMS 压力传感器

MEMS 压力传感器是具有电源、接口电路、执行器、微型传感器和信号处理的微型的机电系统。从信号检测方式来看，微机械压力传感器分为压阻式和电容式两类，分别以微机械加工技术和牺牲层技术为基础。目前，压阻式压力传感器的精度可达 0.05%～0.01%，温度误差为 0.000 2%，耐压可达几百兆帕，过压保护范围可达传感器量程的 20 倍以上，并能进行大范围下的全温补偿。硅微谐振式传感器除了具有普通微传感器的优点外，还具有准数字信号输出、抗干扰能力强、分辨力和测量精度高的优点。并且将敏感元件与信号调理电路高度集成在一块芯片上，大大提高可靠性和减低制造成本，具有很好的应用前景。如：在工业电子领域应用于工业配料称重、数字流量表以及数字压力表等；在消费电子领域应用于太阳能热水器用液位控制压力传感器、洗碗机、饮水机、洗衣机、空调压力传感器、微波炉、健康秤以及血压计等；在汽车电子领域应用于柴油机的共轨压力传感器、汽车发动机的进气歧管压力传感器、汽车刹车系统的空气压力传感器以及发动机的机油压力传感器等。

2. MEMS 加速度计

EMS 加速度计就是使用 MEMS 技术制造的加速度计，由于采用了微机电系统技术，使得其尺寸大大缩小，一个 MEMS 加速度计只有指甲盖的几分之一大小。运动载体的线运动加速度是通过加速度传感器测量的，硅微加速度传感器是继微压力传感器之后第二个进入市场的 MEMS 传感器，其主要类型有压阻式、电容式、力平衡式和谐振式，最具有吸引力的是力平衡加速度计。目前工程化的 MESM 加速度计精度在国外已达到 100μg 以内。MEMS 加速度计具有体积小、重量轻、能耗低等优点，主要用于振动检测、姿态控制、安防报警、消费应用、动作识别、状态记录等。典型的应用是数码相机和摄像机用 MEMS 加速度计来检测拍摄时候的手部的振动，并根据这些振动，自动调节相机的聚焦。

3. MEMS 陀螺仪

飞行器飞行姿态运动是用陀螺仪来进行测量的。传统的陀螺仪是利用高速转动的物体具有保持其角动量的特性来测量角速度。常见的 MEMS 陀螺仪有双平衡环结构、悬臂梁结构、音叉结构、振动环结构等，通过被激励的振动体对哥氏加速度的敏感来测量角速度。1988 年，美国德雷伯实验室研制出第一台框架式角振动微机电陀螺仪，1993 年又研制出性能更好的音叉式线振动陀螺仪。影响其应用的主要问题是精度限制，提高精度的手段主要是改进微细加工工艺和误差分离/补偿技术。陀螺仪因为能够探测方位、水平、位置、速度和加速度等的变化，因而广泛应用于航空、航天、航海、兵器(如导弹的惯性制导)等军事领域。低级精度 MEMS 陀螺仪主要应用在消费电子方面，包括手机、游戏机、音乐播放器等手持设备上，使人机互动达到了一个新的高度；中级精度 MEMS 陀螺仪主要用于汽车电子稳定系统、GPS 辅助导航系统、精密农业、工业自动化、大型医疗设备等领域；高精度 MEMS 陀螺仪主要用于飞机导航、导弹控制、卫星控制、高精度 GPS 等方面。

第 5 章 传感器网络

美国《商业周刊》和《MIT 技术评论》在预测未来技术发展的报告中,分别将无线传感器网络列为 21 世纪最有影响的技术和改变世界的技术之一。无线传感器网络的组成结构如何?传感器网络设备的技术架构是什么?无线传感器网络有哪些主要的协议规范?典型的无线传感器网络技术原理是什么?这些问题都可以在本章找到答案。

掌握传感器网络组成架构、技术架构;
了解传感器网络的主要协议规范;
理解典型传感器网络的技术原理。

知识要点	能力要求
传感器网络系统架构	(1) 掌握传感器网络组成结构 (2) 了解传感器网络主要拓扑结构 (3) 理解无线传感器网络节点的基本结构
传感器网络设备技术架构	(1) 掌握传感节点技术参考架构 (2) 理解路由节点技术参考架构 (3) 了解传感器网络网关技术参考架构
无线传感器网络协议规范	(1) 了解传感器网络标准体系 (2) 理解无线传感器网络协议架构
IEEE 802.15.4 无线局域网技术	(1) 了解 IEEE 802.15 系列标准 (2) 理解 IEEE 802.15.4 协议栈及物联层、MAC 层协议
ZigBee 技术	(1) 掌握 ZigBee 网络的构成 (2) 了解 ZigBee 协议体系
6LoWPAN 技术	(1) 掌握 6LoWPAN 网络拓扑 (2) 了解 6LoWPAN 标准协议栈架构

推荐阅读资料

1. 测量与控制用无线通信技术. 王平, 等. 电子工业出版社. 2008-1-3
2. 基于确定性调度的 IPv6 工业无线传感网路由协议研究. 陈静明. 重庆邮电大学硕士学位论文. 2012-6
3. 6LoWPAN 协议分析软件的设计与实现. 陈庆华. 重庆邮电大学硕士学位论文. 2012-6
4. 中华人民共和国国家标准. 信息技术传感器网络第 1 部分: 参考架构和通用技术要求(报批稿)
5. 中华人民共和国国家标准. 信息技术传感器网络第 301 部分: 通信与信息交互: 低速无线传感器网络网络层和应用支持子层规范(报批稿)

5.1 传感器网络的发展

第一代传感器网络出现在 20 世纪 70 年代。使用具有简单信息信号获取能力的传统传感器,采用点对点传输、连接传感控制器构成传感器网络;第二代传感器网络,具有获取多种信息信号的综合能力,采用串、并接口(如 RS-232、RS-485)与传感控制器相联,构成综合多种信息的传感器网络;第三代传感器网络出现在 20 世纪 90 年代后期和 21 世纪初,用能够智能获取多种信息信号的传感器,采用现场总线连接传感控制器,构成局域网络,成为智能化传感器网络;第四代传感器网络使用大量的具有多功能多信息信号获取能力的传感器,采用自组织无线接入网络,与传感器网络控制器连接,构成无线传感器网络。

无线传感器网络是由部署在监测区域内部或附近的大量廉价的、具有通信、感测及计算能力的微型传感器节点通过自组织构成的"智能"测控网络。无线传感器网络通过无线通信方式形成一种多跳自组织网络系统,其目的是协作地感知、采集和处理网络覆盖区域中感知对象的信息(如光强、温度、湿度、噪声、震动和有害气体浓度等物理现象),并以无线的方式发送出去,通过骨干网络最终发送给观察者。

5.2 无线传感器网络的体系结构

5.2.1 传感器网络结构

无线传感器网络的基本结构如图 5-1 所示,传感器网络系统通常包括传感器节点(sensor node),汇聚节点(sink node),和管理节点。大量传感器节点随机地部署在检测区域内部或附近,能够通过自组织方式构成网络。传感器节点检测的数据沿着其他节点逐跳地进行传输,其传输过程可能经过多个节点处理,经过多跳后到达汇集节点,最后通过互联网和卫星达到管理节点的目的,用户通过管理节点对传感器网络进行配置和管理,发布检测任务以及收集检测数据。

第 5 章 传感器网络

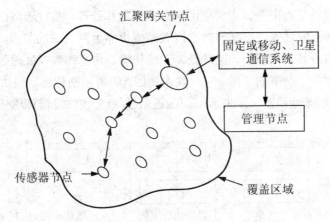

图 5-1 无线传感器网络基本结构示意图

传感器节点是信息采集终端,也是网络连接的起始点,各类传感节点和路由节点通过各种网络拓扑形态将感知数据传送至传感器网络网关。传感器网络网关是感知数据向网络外部传递的有效设备,通过网络适配和转换连接至传输层,再通过传输层连接至传感器网络应用服务层。针对不同应用场景、布设物理环境、节点规模等在感知层内选取合理的网络拓扑和传输的方式。其中,传感节点、路由节点和传感器网络网关构成的感知层存在多种拓扑结构,如星型、树型、网状拓扑等,如图 5-2 所示。也可以根据网络规模大小定义层次性的拓扑结构,如图 5-2(d)所示的分层结构。

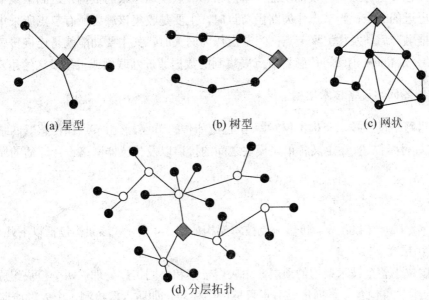

图 5-2 感知层的网络拓扑图(从左至右依次为星型、树形、网状、分层拓扑)

● 传感节点/路由节点　　◆ 传感器网络网关
○ 分层拓扑中层较高的传感节点/路由节点

无线传感器网络节点主要负责对周围信息的采集和处理,并发送自己采集的数据给相邻节点或将相邻节点发过来的数据转发给网关站或更靠近网关站的节点。组成无线传感器网络的传感器节点应具备体积小、能耗低、无线传输、感知和数据处理等功能,节点设计的好坏直接影响到整个网络的质量。它一般由如图 5-3 所示的传感器模块(传感器、A/D 转换器)、处理器模块(微处理器、存储器)、无线通信模块(无线收发器)和能量供应模块(电池)等组成。

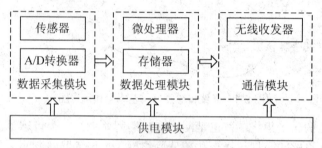

图 5-3　无线传感器网络节点基本结构

根据功能,传感器网络可以把节点分成传感器节点、路由节点(亦称簇头节点)和网关(亦称汇聚节点)3 种类型。当节点作为传感器节点时,主要是采集周围环境的数据(温度、光度和湿度等),然后进行 A/D 转换,交由处理器处理,最后由通信模块发送到相邻节点,同时该节点也要执行数据转发的功能,即把相邻节点发送过来的数据发送到汇聚节点或离汇聚节点更近的节点;当节点作为路由节点时,主要是收集该簇内所有节点所采集到的信息,经数据融合后,发往汇聚节点;当节点作为网关时,其主要功能就是连接传感器网络与外部网络(如 Internet),将传感器节点采集到的数据通过互联网或卫星发送给用户。

5.2.2　传感器网络设备技术架构

传感器网络设备技术架构不仅对网络元素(如传感节点、路由节点和传感器网络网关节点)的结构进行了描述,还定义各单元模块之间的接口以及传感器网络设计评估的原则和指导路线。

1. 传感节点技术参考架构

从技术标准化角度出发,传感节点技术架构如图 5-4 所示,该架构包括以下几个方面。
1) 应用层
应用层位于整个技术架构的顶层,由应用子集和协同信息处理这两个模块组成。
(1) 应用子集包含一系列传感节点目标应用模块,如防入侵检测、个人健康监护、温湿度监控等。该模块的各个功能实体均具有与技术架构其余部分实现信息传递的公共接口。
(2) 协同信息处理包含数据融合和协同计算,协同计算提供在能源、计算能力、存储和通信带宽限制的情况下,高效率地完成信息服务使用者指定的任务,如动态任务、不确定性测量、节点移动和环境变化等。

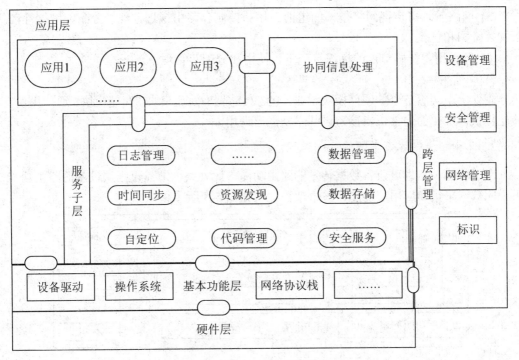

图 5-4 传感节点技术参考架构

2) 服务子层

服务子层包含具有共性的服务与管理中间件，典型的如数据管理单元、数据存储单元、定位服务单元、安全服务单元等共性单元，其中，时间同步和自定位为可选项，各单元具有可裁剪与可重构功能，服务层与技术架构其余部分以标准接口进行交互，具体描述如下。

(1) 数据管理通过驱动传感器单元完成对数据的获取、压缩、共享、目录服务管理等功能。

(2) 定位服务提供静止或移动设备的位置信息服务，会同底层时间服务功能反映物理世界事件发生的时间和地点。

(3) 安全服务为传感器网络应用提供认证、加密数据传输等功能。

(4) 时间同步单元为局部网络、全网络提供时间同步服务。

(5) 代码管理单元负责程序的移植和升级。

3) 基本功能层

基本功能层实现传感节点的基本功能供上层调用，包含操作系统、设备驱动、网络协议栈等功能。此处网络协议栈不包括应用层。

4) 跨层管理

跨层管理提供对整个网络资源及属性的管理功能，各模块及功能描述如下。

(1) 设备管理能够对传感节点状态信息、故障管理、部件升级、配置等进行评估或管理，为各层协议设计提供跨层优化功能支持。

(2) 安全管理提供网络和应用安全性支持，包括对鉴定、授权、加密、机密保护、密钥管理、安全路由等方面。

(3) 网络管理可实现网络局部的组网、拓扑控制、路由规划、地址分配、网络性能等配置、维护和优化。

(4) 标识用于传感节点的标识符产生、使用和分配等管理。

5) 硬件层

硬件层由传感节点的硬件模块组成，包含传感器、处理模块、存储模块、通信模块等，该层提供标准化的硬件访问接口供基本功能层调用。

2. 路由节点技术参考架构

由于传感节点也可兼备数据转发的路由功能，此处路由节点仅强调设备的路由功能，不说明数据采集和应用层功能，技术架构参考如图 5-5 所示。

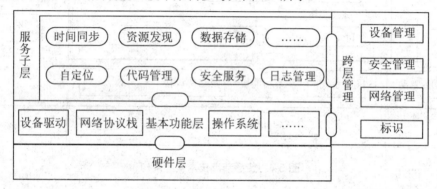

图 5-5　路由节点技术参考架构

3. 传感器网络网关技术参考架构

传感器网络网关除了完成数据在异构网络协议中实现协议转换和应用转换外，也包含对数据的处理和多种设备管理功能，技术架构总体上包含了应用层、服务子层、基本功能层、跨层管理和硬件层。但其内部包含的功能模块不同，且网关节点不具备数据采集功能，其技术架构如图 5-6 所示。

1) 应用层

应用层位于整个技术架构的顶层，由应用子集和协同数据处理这两个模块组成。其中，应用子集模块与传感节点类似。协同数据处理模块包含数据融合和数据汇聚，对传感节点发送到传感器网络网关的大量数据进行处理。

2) 服务子层

服务子层包含具有共性的服务与管理中间件，传感器网络网关的服务子层除了对本身管理外，还包括对其他设备统一管理。服务子层与技术架构其余部分以标准接口进行交互。传感器网络网关在服务子层与传感节点通用的模块包括数据管理、定位服务、安全服务、时间同步、代码管理等，其中，时间同步和自定位为可选项。另外，还应该具有服务质量管理、应用转换、协议转换等模块，其中服务质量管理为可选项。传感器网络网关在服务子层特有的模块描述如下。

(1) 服务质量管理是感知数据对任务满意程度管理，包括网络本身的性能和信息的满意度。

(2) 应用转换是将同一类应用在应用层实现协议之间转换。将应用层产生的任务转换为传感节点能够执行的任务。

(3) 协议转换是在不同协议的网络之间的协议转换。由于传感器网络网关的网络协议栈可以是两套或以上，需要协议转换的功能完成不同协议栈之间的转换。

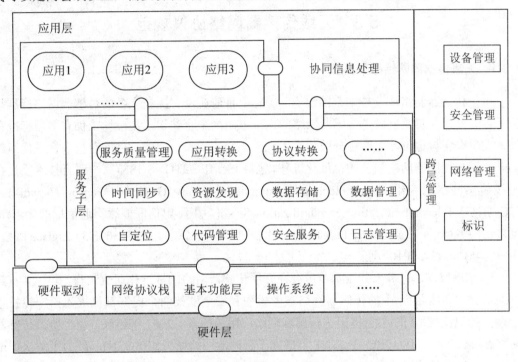

图 5-6 传感器网络网关技术参考架构

3) 基本功能层

基本功能层实现传感器网络网关的基本功能供上层调用，包含操作系统、设备驱动、网络协议栈等部分。此处网络协议栈不包括应用层。传感器网络网关可以集成多种协议栈，在多个协议栈之间进行转换，如传感节点和传输层设备通常采用不同的协议栈，这两者都需要在传感器网络网关中集成。

4) 跨层管理

跨层管理实现对传感器网络节点的各种跨层管理功能，主要模块及功能描述如下。

(1) 设备管理能够对传感器网络节点状态信息、故障管理、部件升级、配置等进行评估或管理。

(2) 安全管理保障网络和应用安全性，包括对传感器网络节点鉴定、授权、机密保护、密钥管理、安全路由等。

(3) 网络管理可实现对网络的组网、拓扑控制、路由规划、地址分配、网络性能等配置、维护和优化。

(4) 标识用于传感器网络节点的标识符产生、使用和分配等管理。

5) 硬件接口层

硬件层是传感器网络网关的硬件模块组成,该层提供标准化的硬件访问接口供基本功能层调用。

5.3 无线传感器网络协议规范

5.3.1 无线传感器网络标准协议

由于传感器网络涉及技术范围很宽,国际上目前还没有比较完备的传感器网络标准规范,各大公司、研究机构在传感器网络的标准方面尚未有共识,在市场上仍有多项标准和技术在争夺主导地位,而这种分散状态不利于市场的增长。因此,目前有很多标准化组织均开展了与传感器网络相关的标准化工作,包括 ISO/IEC JTC1 SGSN(第一联合技术委员会无线传感网络研究组, Joint Technical Committee1 Study Group of Sensor Network)、ITU-T(ITU Telecommunication Standardization Sector, 国际电信联盟远程通信标准化组)、IETF(The Internet Engineering Task Force, 互联网工程任务组)、IEEE 802.15、ZigBee 联盟、IEEE 1451 和 ISA SP100 等。

ISO/IEC JTC1 有多个分技术委员会在开展传感器网络的标准化研究工作。其中 SC6(数据通信分技术委员会)中的传感器网络参考模型和安全框架两个提案都已进入第一轮投票阶段;SC31(数据采集)中也提出了传感器网络应用的提案。2007 年年底,为了协调传感器网络标准化工作,ISO/IEC 在 JTC1 下成立了传感器网络研究组(SGSN),致力于解决如下问题:①确定传感器网络的特性以及与其他网络技术的共性和区别;②根据功能划分,建立传感器网络的系统体系结构;③确定组成传感器网络的实体及其特性;④确定可用于传感器网络的现有协议以及传感器网络专有的协议元素;⑤确定可被认为是传感器网络基础设施的范围;⑥确定传感器网络需要处理的、获取的、传输的、存储的以及递交的数据类型,以及这些不同的数据类型所需要的 QoS 属性;⑦确定传感器网络需要支持的接口类型;⑧确定传感器网络需要支持的服务类型;⑨与传感器网络相关的安全、保密和标识。第一届 ISO/IEC JTC1 SGSN 会议于 2008 年 5 月在中国上海召开,我国组织了 30 多位专家参加了此次会议,提交了 8 份技术报告,涉及标准体系、安全机制、接口、与核心网络的连接等多项技术内容,网络架构和标准框架得到了各国代表和专家的一致认可。中国专家将继续参与传感器网络技术报告多项内容的编制工作,重庆邮电大学将在 ISO/IEC JTC1 WG7 牵头《传感器网络测试框架》标准的制定。

ITU-T 在下一代网络标准框架中将泛在传感器网络作为其中的一个组成部分,尚处于框架性规划阶段。在 SG13、SG16、SG17 的研究中涉及了传感器网络的应用和服务需求、中间件需求以及安全需求等。

IEEE 802.15.x 系列标准针对短距离无线通信的物理层和介质访问控制层制定标准,其主要目标是为产业界制定短距离无线芯片的标准。ZigBee 联盟主要制定 IEEE 802.15.4 的高层协议,包括:组网、应用规范等。IEEE 1451 系列标准主要制定传感器通用命令和操作集合,同时制定了一系列接口标准,包括模拟传感器接口标准、无线传感器接口标准和执行器接口标准等。

IETF 所开展的两个研究项目与传感器网络有一定的关系,分别是基于低功耗无线个域网的 IPv6 协议和低功耗网络的路由协议。

各标准化组织也都认识到仅靠一个标准化组织制定传感器网络标准是不可能的,因此相关的组织在传感器网络标准研究制定过程中也纷纷建立了联络关系。在最近一次召开的 ISO/IEC JTC1 SGSN 工作组会议中,参加会议的有包括来自 ITU-T、IEEE 1451、ISO/IEC JTC1/SC31 等组织的代表,初步形成共识的传感器网络标准体系框架如图 5-7 所示。

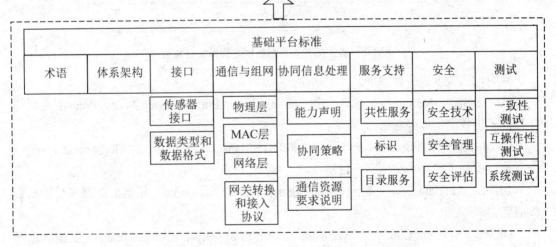

图 5-7 ISO/IEC JTC1 的传感器网络标准体系示意图

5.3.2 无线传感器网络协议架构

典型的无线传感器网络通信协议(图 5-8)遵循 ISO/OSI 的层次结构定义,但只定义了物理层、数据链路层、网络层、应用层。其物理层和 MAC 层完全兼容 IEEE 802.15.4 协议,协议栈的数据链路层、网络层、应用层等协议层实体以及各层实体间的数据接口和管理接口构成由 ZigBee、6LoWPAN、ISA100、WIA-PA 等无线传感器网络标准定义。

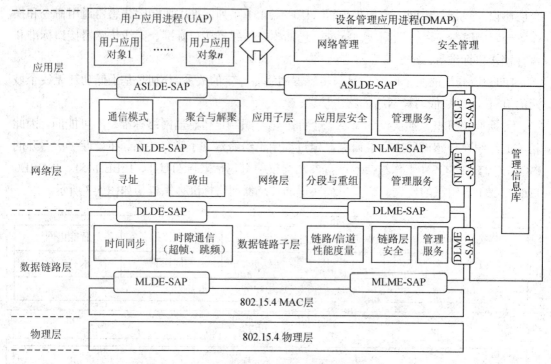

图 5-8 典型的无线传感器网络通信协议架构

其中，相关术语解释如下。

MLDE-SAP(Medium Access Control Sub-layer Data Entity-Service Access Point)：介质访问控制子层数据实体服务访问点。

MLME-SAP(Medium Access Control Sub-layer Management Entity-Service Access Point)：介质访问控制子层管理实体服务访问点。

DLDE-SAP(Data Link Sub-layer Data Entity-Service Access Point)：数据链路子层数据实体服务访问点。

DLME-SAP(Data Link Sub-layer Management Entity-Service Access Point)：数据链路子层管理实体服务访问点。

NLDE-SAP(Network Layer Data Entity-Service Access Point)：网络层数据实体服务访问点。

NLME-SAP(Network Layer Management Entity-Service Access Point)：网络层管理实体服务访问点。

ASLDE-SAP(Application Sub-layer Data Entity-Service Access Point)：应用子层数据实体服务访问点。

ASLME-SAP(Application Sub-layer Management Entity-Service Access Point)：应用子层管理实体服务访问点。

1. 物理层

无线传感器网络的物理层(Physical layer)一般直接采用 802.15.4 的物理层，负责传送比特流，第二层 MAC 层接收数据帧，并将帧的结构和内容串行发送，即每次只发送一个比特，然后这些数据流被传输给接收端的 MAC 层重新组合成数据帧。

2. 媒体访问控制子层

媒体访问控制子层(MAC)一般直接采用 802.15.4 的 MAC 层，负责数据成帧、帧检测、介质访问和差错控制，并实现载波侦听的冲突检测重发机制。

3. 数据链路层

无线传感器网络数据链路层(Data Link layer)主要任务是保证无线传感器网络设备间可靠、安全、无误、实时地传输。无线传感器网络的数据链路层一般兼容 IEEE 802.15.4 的超帧结构，并对其进行了扩展。无线传感器网络数据链路层支持基于时隙的跳频机制、重传机制、TDMA 和 CSMA 混合信道访问机制，保证传输的可靠性和实时性。无线传感器网络数据链路层可采用 MIC 机制和加密机制保证通信过程的完整性和保密性。

4. 网络层

无线传感器网络的网络层(Network layer)由寻址、路由、分段与重组、管理服务等功能模块构成。主要功能是实现面向工程应用的端到端的可靠通信、资源分配。

5. 传输层

传输层(Transport layer)支持 UDP 协议，为了实现设备与其他网络的统一编址和网络的互通，传输层支持 IP 地址为 IP 版本 6(即 IPv6)。

6. 应用层

无线传感器网络的应用层由应用子层、用户应用进程、设备管理应用进程构成。应用子层提供通信模式、聚合与解析、应用层安全和管理服务等功能；用户应用进程包含的功能模块为多个用户应用对象；设备管理应用进程包含的功能模块包括：网络管理模块、安全管理模块和管理信息库。

(1) 无线传感器网络用户应用进程的功能主要包括以下几方面。

① 通过传感器采集物理世界的数据信息，如工业现场的温度、压力、流量等过程数据。在对这些信息进行处理后，如量程转换、数据线性化、数据补偿、滤波等，UAP 将这些数据或其他设备的数据进行运算产生输出，并通过执行器完成对工业过程的控制。

② 产生并发布报警功能，UAP 在监测到物理数据超过上下限，或 UAO 的状态发生切换时，产生报警信息。

③ 通过 UAP 可以实现与其他现场总线技术的互操作。

(2) 无线传感器网络设备管理应用进程中网络管理模块的功能主要包括以下几方面。

① 构建和维护由路由设备构成的网状结构，负责构建和维护由现场设备和路由设备构成的星型结构。

② 分配网状结构中路由设备之间通信所需要的资源,预分配路由设备可以分配给星型结构中现场设备的资源,负责将网络管理者预留给星型结构的通信资源分配给簇内现场设备。

③ 监测无线传感器网络的性能,具体包括设备状态、路径健康状况以及信道状况。

(3) 无线传感器网络设备管理应用进程中安全管理模块的功能主要包括以下几方面。

① 认证试图加入网络中的路由设备和现场设备。

② 负责整个网络的密钥管理,包括密钥产生、密钥分发、密钥恢复、密钥撤销等。

③ 认证端到端的通信关系。

(4) 无线传感器网络设备管理应用进程中管理信息库的功能主要包括:管理网络运行所需要的全部属性。

5.4 IEEE 802.15.4 无线个域网技术

5.4.1 IEEE 802.15 系列标准

IEEE 802.15 标准由 IEEE 802.15 工作组负责制定。IEEE 802.15 工作组成立于 1998 年 3 月,最初叫无线个人网络研究组,1999 年 5 月改为 IEEE 802.15-WPAN 工作组,目前 802.15 工作组下设 7 个任务组(TG)。

TG1 负责制定 IEEE 802.15.1,处理基于蓝牙 v1.x 版本的速率为 1Mbit/s 的 WPAN 标准。

TG2 负责制定 IEEE 802.15.2,处理在公用 ISM 频段内无线设备的共存问题。

TG3 负责制定 IEEE 802.15.3,这个任务组的目标在于开发高于 20Mbit/s 速率的多媒体和数字图像应用,为了加强对更高速率的 WPAN 技术的研究,802.15 工作组先后成立了 IEEE 802.15 TG3a 任务组、IEEE 802.15 TG3b 任务组和 IEEE 802.15 TG3c 任务组。

TG4 负责制定 IEEE 802.15.4,这个任务组研究低于 200kbit/s 数据传输率的 WPAN 应用,先后发展了 TG4a、TG4b、TG4c、TG4d、TG4e 这 5 个分支机构。其中 ZigBee 技术就是在 IEEE 802.15.4 标准规定的物理(PHY)层和媒体控制(MAC)层协议基础上,参照现有网络层以上标准而形成的一种专注于低功耗、低成本、低复杂度、低速率的短距离无线通信技术。

TG5 负责制定 IEEE 802.15.5,研究无线 Mesh 技术在 WPAN 中的应用。

TG6 主要研究国家医疗管理机构批准的人体内部无线通信技术,目前还处于标准的研究制定阶段;SGrfid 负责研究 RFID(Radio Frequency Identification,射频识别)射频技术在 WAN 中的应用。

WPAN 标准结构包括两部分:其中物理层和 MAC 层由 IEEE 802.15 标准系列定义,网络层、安全层及应用层等上层协议由各自联盟开发。为此,IEEE 802.15 的系列标准基本上是 WPAN 或近距离无线通信技术的物理层和 MAC 层的标准。

1. IEEE 802.15.1

IEEE 802.15.1 标准是由 IEEE 与蓝牙特别兴趣小组(Special Interest Group,SIG)合作共同完成的。源于蓝牙 v1.1 版的 IEEE 802.15.1 标准已于 2002 年 4 月 15 日由 IEEE-SA 的标

准部门批准成为一个正式标准，它可以同蓝牙 v1.1 完全兼容。IEEE 802.15.1 是用于无线个人网络的无线媒体接入控制(MAC)和物理层(PHY)规范。标准的目标在于在个人操作空间(Personal Operation Space，POS)内进行无线通信。

IEEE 802.15.1 描述了在 WPAN 中的设备操作所要求的功能和服务，以及支持 ACL(Asynchronous Connectionless Link，异步无连接链路)和 SCO(Synchronous Connection Oriented link，同步面向连接链路)链路交换服务的 MAC 过程。IEEE 802.15.1 的工作主要在 PHY 层和 MAC 层，对应于 ISO OSI(International Organization for Standards Open System Interconnect，国际标准化组织开放式系统互联)参考模型的物理层和数据链路层，它确定了蓝牙无线技术的低层传输层(L2CAP(Logical Link Control and Adaption Protocol，逻辑链路控制和适配协议)、LMP(Link Manager Protocol，链路管理协议)、基带和无线接口)，为便携个人设备在短距离内提供一种简单的、低功耗的无线连接，支持设备之间或在个人操作空间中的互操作性。它所支持的设备包括计算机、打印机、数码相机、扬声器、耳机、传感器、显示器和移动电话等。

IEEE 802.15.1 描述了蓝牙规范的低层(MAC 层或物理层)，为了达到系统间无线通信的互操作性，并定义系统的质量，IEEE 802.15.1 还规定了 MAC 层控制的 2.4GHz ISM 频段物理层信令和接口功能。

2. IEEE 802.15.2

IEEE 802.15.2 工作组于 1999 年成立。主要目标是为 IEEE 802.15 无线个人网络发展推荐应用，它可以与开放的频率波段工作的其他无线设备(如 IEEE 802.11 设备)共存。为其他 802.15 标准提出修改意见以提高与其他在开放频率波段工作的无线设备的共存性能。目前 WPAN 所采用的无线技术主要使用 2.4GHz ISM 频段，此外执行 IEEE 802.11 标准的 WLAN 设备也和 WPAN 设备共享同一频段。可以预见，这些在同一环境下应用的技术互相之间广泛地应用。IEEE 802.15 TG2 的任务就是专门研究如何解决这一问题。

2003 年 8 月批准的 IEEE 802.15.2 就是解决 WPAN 与 WLAN 之间的共存的标准。IEEE 802.15 TG2 提出的 IEEE 802.15.2 标准，不仅制定了一个共存模型以量化 WLAN 和 WPAN 的共享冲突，同时还制定了一套共享机制以促进 WLAN 和 WPAN 设备的共存。因此，IEEE 802.15.2 实际上是一个策略建议，推荐了一系列解决 WPAN 与 WLAN 之间互扰的技术策略和方法，这些技术基本上可以分为两大类：协同共存(collaborative coexistence)策略和非协同共存(non-collaborative coexistence)策略。具体选用哪种技术取决于所处的操作环境。

如果 WPAN 和 WLAN 彼此之间可以交换信息，那么执行协同共存策略能使两个无线网络间的互扰达到最小。协同共存策略在技术实现上相对简单，它只要求 WPAN 设备和 WLAN 设备协同工作，避开彼此工作频率。如果在两个网络间无法交换信息，那么可以使用非协同共存策略。非协同共存策略因为要求 WPAN 设备单方面避开 WLAN 设备的工作频率，因此技术实现上相对复杂，但更为实用。一个有效的技术是自适应跳频策略，它使 WPAN 设备自动检测在它附近工作的 WLAN 设备的频带，然后在它自己的跳频序列中扣除这一段频带。实验结果表明如果不采用共存策略，WPAN 设备是无法正常工作的。采用自适应跳频共存策略之后，WPAN 设备正常工作，其工作性能甚至比没有 WLAN 设备干扰，也未采用自适应跳频时更好一些。原因是由于采用自适应跳频共存策略之后，WPAN设备避开了衰落信道。

3. IEEE 802.15.3

IEEE 802.15.3 是针对高速无线个域网制定的无线介质访问控制层(MAC)和物理层规范，它允许无线个域网在家中联接多达 245 个无线应用设备，传输速度可达 11~55Mbps，适合多媒体传输，有效距离可达 100m，高速 WPAN 的主要目标是解决个人空间内各种办公设备及消费类电子产品之间的无线连接，以实现信息的快速交换、处理、存储等，其应用场合包括办公室、家庭。

IEEE 802.15.3 标准可与其他 IEEE 802.15 无线个域网标准共存，也可与 IEEE 802.11 系列标准共存。2003 年 8 月批准的 IEEE 802.15.3 规定的 MAC 层和 PHY 层特性有：11Mbps、22Mbps、33Mbps、44Mbps 和 55Mbps 的数据率；同步协议的服务质量；特别对等网络；安全性；低功耗；低成本；为低成本、低功耗、高速率的便携设备用户提供多媒体和数字图像等方面的应用要求。随着高速 WPAN 引用范围的扩展，IEEE 802.15.3 标准系列也得到了相应的发展。其中，IEEE 802.15 TG3a 任务组于 2002 年 12 月获得 IEEE 批准正式开展工作，TG3a 主要研究 110Mbps 以上速率的图像和多媒体的传输。IEEE 802.15 TG3b 主要研究对 802.15.3 的 MAC 层进行维护，改善其兼容性与可实施性。IEEE 802.15 TG3c 任务组主要研究 WPAN 802.15.3-2003 标准规定的毫米波物理层的替代方案，这种毫米波 WPAN 将工作于一个全新的频段(57~64 GHz)，它将可以实现与其他 802.15 标准更好的兼容性。

4. IEEE 802.15.4

IEEE 802.15.4 工作组于 2000 年 12 月成立。IEEE 802.15.4 规范是一种经济、高效、低数据速率(低于 250Kbps)、工作在 2.4GHz 的无线技术(欧洲 868MHz，美国 915MHz)，用于个域网和对等网状网络。支持传感器、远端控制和家用自动化等，不适合传输语音，通常连接距离小于 100m。802.15.4 不仅是 ZigBee 应用层和网络层协议的基础，也为无线HART、ISA100、WIA-PA 等工业无线技术提供了物理层和 MAC 层协议。同时 802.15.4 还是传感器网络使用的主要通信协议规范。

IEEE 802.15.4 提供低于 0.25Mbps 数据率的 WPAN 解决方案。这一方案的能耗和复杂度都很低，电池寿命可以达到几个月甚至几年。潜在的应用领域有传感器、遥控玩具、智能徽章、遥控器和家庭自动化装置。IEEE 802.15.4-2003 规定的特性有：250Kbps、40Kbps 和 20Kbps 的数据率；两种寻址方式——短 16 比特和 64 比特寻址；支持可能的使用装置，如游戏操纵杆；CSMA-CA 信道接入；由对等设备自动建立网络；用于传输可靠性的握手协议；保证低功耗的电源管理；2.4GHz ISM 频段上 16 个信道，915MHz 频段上 10 个信道以及 868MHz 频段上 1 个信道。

低速 WPAN 的主要应用包括家庭自动化、工业控制、医疗监护、安全与风险控制等。这类应用对传输速率要求较低，通常为每秒几十 kbps，但他们对成本和功耗的要求很高，在很多应用中还要求提供精确的距离或定位信息。第一个 802.15.4 标准于 2003 年公布。通过几年的发展，802.15.4 标准也发展成为由 802.15.4、802.15.4x 组成的协议簇。

5. IEEE 802.15.5

IEEE 802.15.5 主要研究如何使 WPAN 的物理层和 MAC 子层支持网状网，不再需要 ZigBee 或 IP 路由。个域网中的网状网络主要包括两种连接结构，即全网状拓扑结构和部分网状拓扑结构。在全网状拓扑结构中，每一个节点都直接和任何其他节点互连；在部分网络拓扑结构中，部分节点可以与其他所有的节点互连，而其他的一些节点只能和数据变化量最大的节点互连。网状网络在 WPAN 中的应用具有很高的实践意义，网状网络可以在不增加传输能力或不提高接收灵敏度的情况下拓展网络的范围，可以通过增加迂回路由的方式来提高网络可靠性；具有更简单的网络组成结构；可以通过减少重发的次数来增加设备电池的寿命。

本标准规定了短距离无线网络(WPAN)，包括蓝牙技术的所有技术参数。个人区域网络设想将在便携式和移动计算设备之间产生无线互连，例如 PC、外围设备、蜂窝电话、个人数字助理(Personal Digital Assistant，PDA)、呼机和消费电子，该网络使用这些设备可以在不受其他无线通信干扰的情况下进行相互通信和互操作。

5.4.2 IEEE 802.15.4 协议簇

802.15.4 标准于 2003 年公布以来经过几年的发展，已经成为由 802.15.4、802.15.4b、802.15.4e 等组成的协议簇，该协议簇中各成员标准及主要目标如下。

1. IEEE 802.15.4a——物理层为超宽带的低功耗无线个域网技术

IEEE 802.15.4a 标准致力于提供无线通信和高精确度的定位功能(1m 或 1m 以内的精度)、高总吞吐量、低功率、数据速率的可测量性、更大的传输范围、更低的功耗、更低廉的价格等。这些在 IEEE 802.15.4-2003 标准上增加的功能可以提供更多重要的新应用，并拓展市场。

2. IEEE 802.15.4b——低速家用无线网络技术

IEEE 802.15.4b 标准致力于为 IEEE 802.15.4-2003 标准制定相关加强和解释，例如，消除歧义、减少不必要的复杂性、提高安全密钥使用的复杂度，并考虑新的频率分配等。目前，该标准已经于 2006 年 6 月被提交为 IEEE 标准并发布。

3. IEEE 802.15.4c——中国特定频段的低速无线个域网技术

IEEE 802.15.4c 标准致力于对 IEEE 802.15.4-2006 物理层进行修订，发表后将添加进 802.15.4™-2006 标准和 IEEE 802.15.4a™-2007 标准修正案。这一物理层修订案是针对中国已经开放使用的无线个域网频段 314～316MHz、430～434MHz 和 779～787MHz。IEEE 802.15.4c 确定了 779～787MHz 频带在 IEEE 802.15.4 标准的应用及实施方案。与此同时，IEEE 802.15.4c 还与中国无线个人局域网标准组织达成协议，双方都将采纳多进制相移键控(MPSK)和交错正交相移键控(O-QPSK)技术作为共存、可相互替代的两种物理层方案。目前，IEEE 802.15.4c 标准已于 2009 年 3 月 19 日被 IEEE-SA 标准委员会批准，正式成为 IEEE 802.15.4 标准簇的新成员。

4. IEEE 802.15.4d——日本特定频段的低速无线个域网技术

IEEE 802.15.4d 标准致力于定义一个新的物理层和对 MAC 层的必要修改以支持在日本新分配的频率(950～956MHz)。该修正案应完全符合日本政府条例所述的新的技术条件，并同时要求与相应频段中的无源标签系统并存。

5. IEEE 802.15.4e——MAC 层增强的低速无线个域网技术

IEEE 802.15.4e 标准致力于 IEEE 802.15.4-2006 标准的 MAC 层修正案，目的是提高和增加 IEEE 802.15.4-2006 的 MAC 层功能，以便更好地支持工业应用以及与中国无线个域网标准(WPAN)兼容，包括加强对 Wireless HART 和 ISA100 的支持。

6. IEEE 802.15.4f——主动式 RFID 系统网络技术

IEEE 802.15.4f 标准致力于为主动式射频标签 RFID 系统的双向通信和定位等应用定义新的无线物理层，同时也对 IEEE 802.15.4-2006 标准的 MAC 层进行增强以使其支持该物理层。该标准为主动式 RFID 和传感器应用提供一个低成本、低功耗、灵活、高可靠性的通信方法和空中接口协议等，将为在混合网络中的主动式 RFID 标签和传感器提供有效的、自治的通信方式。

7. IEEE 802.15.4g——无线智能基础设施网络技术

IEEE 802.15.4g 是智能基础设施网络(Smart Utility Networks，SUN)技术标准，该标准致力于建立 IEEE 802.15.4 物理层的修正案，提供一个全球标准以满足超大范围过程控制应用需求。例如可以使用最少的基础建设以及潜在的许多固定无线终端建立一个大范围、多地区的公共智能电网。

8. IEEE 802.15.4k 标准

IEEE 802.15.4k 标准致力于制定低功耗关键设备监控网络(LECIM)。主要应用于对大范围内的关键设备如电力设备、远程监控等的低功耗监控。为了减少基础设施的投入，802.15.4k 工作组选择了星型网络作为拓扑结构。每个 LECIM 网络由 1 个基础设施和大量的低功耗监控节点(大于 1000 个)构成。802.15.4k 标准目前正在制定当中，物理层采用了分片技术以降低能耗，而在 MAC 层大量采用了 802.15.4e 的 MAC 层机制，并进行了相应的修改。

5.4.3　IEEE 802.15.4 协议栈结构

在 IEEE 802 系列标准中，OSI 参考模型的数据链路层进一步分为 MAC 和 LLC 两个子层。MAC 子层使用物理层提供的服务实现设备之间的数据帧传输，而 LLC 子层在 MAC 子层的基础上，在设备间提供面向连接和非面向连接的服务。IEEE 802.15.4 的协议结构如图 5-9 所示，该标准定义了低速无线个域网络的物理层和 MAC 层协议。其中在 MAC 子层以上的特定服务器的业务相关聚合子层(Service Specific Convergence Sublayer，SSCS)、链路控制子层(Logical Link Control，LLC)是 IEEE 802.15.4 标准可选的上层协议，并不在 IEEE 802.15.4 标准的定义范围之内。SSCS 为 IEEE 802.15.4 的 MAC 层接入 IEEE 802.2 标准中定义的 LLC 子层提供聚合服务。LLC 子层可以使用 SSCS 的服务接口访问 IEEE 802.15.4 网络，为应用层提供链路层服务。LLC子层的主要功能：传输可靠性保障、控制数据包的分段和重组。

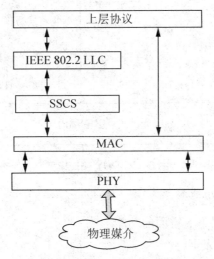

图 5-9　IEEE 802.15.4 协议层次图

5.4.4　IEEE 802.15.4 物理层协议

IEEE 802.15.4 定义了 2.4GHz 和 868/915MHz 两个物理层标准，它们都基于 DSSS(Direct Sequence Spread Spectrum，直接序列扩频)，使用相同的物理层数据包格式，区别在于工作频率、调制技术、扩频码片长度和传输速率。2.4GHz 波段为全球统一的无须申请的 ISM 频段，有助于 IEEE 802.15.4 设备的推广和生产成本的降低。2.4GHz 的物理层通过采用高阶调制技术能够提供 250Kbps 的传输速率，有助于获得更高的吞吐量、更小的通信时延和更短的工作周期，从而更加省电。868MHz 是欧洲的 ISM 频段，915MHz 是美国的 ISM 频段，这两个频段的引入避免了 2.4GHz 附近各种无线通信设备的相互干扰。868MHz 的传输速率为 20Kbps，916MHz 是 40Kbps。这两个频段上无线信号传播损耗较小，因此可以降低对接收机灵敏度的要求，获得较远的有效通信距离，从而可以用较少的设备覆盖给定的区域。

物理层定义了物理无线信道和 MAC 子层之间的接口，提供物理层数据服务和物理层管理服务。物理层数据服务从无线物理信道上收发数据，物理层管理服务维护一个由物理层相关数据组成的数据库。

物理层提供了介质访问控制层(MAC)与无线物理通道之间的接口，PHY 包括管理实体，叫做 PLME，这个实体提供调用层管理功能的层管理服务接口。PLME 也负责处理有关 PHY 的数据库。这个数据库作为 PHY PAN(Personal Area Network)信息部分(PAN Information Base，PIB)。PHY 提供一个服务，经两个服务访问点(SAP)：访问 PHY 数据 SAP 的(PHY Data-SAP，PD-SAP)PHY 数据服务和访问 PLME SAP(PLME-SAP)PHY 管理服务。图 5-10 描述了 PHY 的组成和接口。

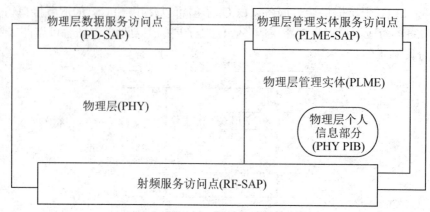

图 5-10　PHY 接口模型

1. 物理层数据服务的功能

物理层数据服务包括以下 5 方面的功能。

(1) 激活和休眠射频收发器。

(2) 信道能量检测(energy detect)。

(3) 检测接收数据包的链路质量指示(Link Quality Indication，LQI)。

(4) 空闲信道评估(Clear Channel Assessment，CCA)。

(5) 收发数据。

信道能量检测为网络层提供信道选择依据，主要测量目标信道中接受信号的功率强度，由于这个检测本身不进行解码操作，所以检测结果是有效信号功率和噪声信号功率之和。

链路质量指示为网络层或者应用层提供接收数据帧时无线信号的强度和质量信息，与信道能量检测不同的是要对信号进行解码，生成的是一个信噪比指标。这个信噪比指标和物理层数据单元一起提交给上层处理。

空闲信道评估判断信道是否空闲。IEEE 802.15.4 定义了 3 种空闲信道评估模式：第一种简单判断信道的信号能量，当信号能量低于某一门限值就认为信道空闲；第二种是通过判断无线信道的特征，这个特征主要包括两个方面，即扩频信号特征和载波频率；第三种模式是前两种模式的综合，同时检测信号强度和信号特征，给出信号空闲判断。

2. 物理层的载波调制

PHY 层定义了 3 个载波频段用于收发数据。在这 3 个频段上发送数据使用的速率、信号处理过程以及调制方式等方面存在一些差异。3 个频段总共提供 27 个信道(channel)：868MHz 频段 1 个信道，915MHz 频段 10 个信道，2.4GHz 频段 16 个信道。具体分配见表 5-1。

表5-1 载波信道特性一览表

PHY (MHz)	频段 (MHz)	序列扩频参数		数据参数		符号 (symbol)
		片(chip)速率(K chip/s)	调制方式	比特速率(Kbps)	符号速率(K symbol/s)	
868/915	868~868.6	300	BPSK	20	20	二进制
	902~928	600	BPSK	40	40	二进制
2 450	2 400~2 483.5	2 000	O-QPSK	250	62.5	十六进制

在868MHz和915MHz两个频段上,信号处理过程相同,只是数据速率不同。处理过程如图5-11所示,首先将物理层协议数据单元(PHY Protocol Data Unit,PPDU)的二进制数据差分编码,然后再将差分编码后的每一个位转换为长度为15的片序列(Chip Sequence),最后使用BPSK调制到信道上。

图5-11 868/915MHz频段的调制过程

差分编码是将每一个原始比特与前一个差分编码生成的比特进行异或运算:$E_n=R_n \oplus E_{n-1}$,其中E_n是差分编码的结果,R_n为要编码的原始比特,E_{n-1}是上一次差分编码的结果。对于每个发送的数据包,R_1是第一个原始比特,计算E_1时假定$E_0=0$。差分解码过程与编码过程类似:$R_n=E_n \oplus E_{n-1}$,对于每个接收到的数据包,E_1为第一个需要解码的比特,E_1计算时假定$E_0=0$。

差分编码以后,接下来的是直接序列扩频。每一个比特被转换为长度为15的片序列。扩频过程按表5-2进行,扩频后的序列使用BPSK调制方式调制到载波上。

表5-2 868/915MHz比特到片序列转换表

输入比特	片序列值($c_0c_1c_2 \cdots c_{14}$)
0	111101011001000
1	000010100110111

2.4GHz频段的处理过程如图5-12所示,首先将PPDU的二进制数据中每4位转换为一个符号(symbol),然后将每一个符号转换成长度为32的片序列。

图5-12 2.4GHz频段的调制过程

在符号到片序列的转换时,用符号在16个近似正交的伪随机噪声序列中选择一个作为该符号的片序列,表5-3是符号到伪随机噪声序列的映射表,这是一个直接序列扩频的过程。扩频后,信号通过O-QPSK调制方式调制到载波上。

表 5-3　2.4GHz 符号到片序列映射表

输入比特	二进制符号 ($b_0b_1b_2b_3$)	序列值 ($c_0c_1c_2 \cdots c_{30}c_{31}$)
0	0000	11011001110000110101001000101110
1	1000	11101101100111000011010100100010
2	0100	00101110110110011100001101010010
3	1100	00100010111011011001110000110101
4	0010	01010010001011101101100111000011
5	1010	00110100100010111011011001110000
6	0110	11000110101001000101110110110011
7	1110	10011100001101010010001011101101
8	0001	10001100100101100000011101111011
9	1000	10111000110010010110000001110111
10	0101	01111011000110010010110000000111
11	1101	01110111101100011001001011000000
12	0011	00000111011110110001100100100110
13	1011	01100000011101111011000110010001
14	0111	10010110000001110111101100011100
15	1111	11001001011000000111011110111000

3. 物理层的帧结构

图 5-13 描述了 IEEE 802.15.4 标准物理层数据帧格式,物理帧第一个字段是 4 个字节的前导码,收发器在接收前导码期间,会根据前导码序列的特征完成片同步和符号同步。帧起始分隔符(Start-of-Frame Delimiter, SFD)字段长度为一个字节,其固定值为 0xE7,标识一个物理帧的开始。收发器接收完前导码后只能做到数据位的同步,通过搜索 SFD 字段的值 0xE7 才能同步到字节上。帧长度(frame length)由一个字节的低 7 位表示,其值就是物理帧负载的长度,因此物理帧负载的长度不会超过 127 个字节,物理帧的负载长度可变,称之为物理服务数据单元(PHY Service Data Unit, PSDU),一般来承载 MAC 帧。

4 字节	1 字节	1 字节		长度可变
前导码 (preamble)	SFD	帧长度 (7 比特)	保留位	PSDU
同步头		物理帧头		PHY 负载

图 5-13　物理帧结构

5.4.5 IEEE 802.15.4 的 MAC 协议

IEEE 802.15.4 的 MAC 协议包括以下功能:设备间无线链路的建立、维护和结束;确认模式的帧传送与接收;信道接入控制;帧校验;预留时隙管理;广播信息管理。MAC 子层提供两个服务与高层联系,即通过两个服务访问点(SAP)访问高层。通过 MAC 通用部分子层 SAP(MAC Common Part Sublayer-SAP, MCPS-SAP)访问 MAC 数据服务,用 MAC

层管理实体 SAP(MLME-SAP)访问 MAC 管理服务。这两个服务为网络层和物理层提供了一个接口。除这些外部接口之外，MLME 和 MCPS 之间也有一个内部接口，允许 MLME 使用 MAC 数据服务。灵活的 MAC 帧结构适应了不同的应用及网络拓扑的需要，同时也保证了协议的简洁。图 5-14 描述了 MAC 子层的组成及接口模型。

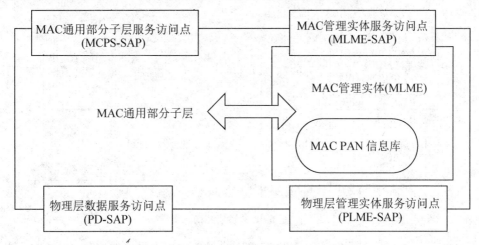

图 5-14　MAC 层参考模型

MAC 子层主要功能包括下面 6 个方面。

(1) 协调器产生并发送信标帧，普通设备根据协调器的信标帧与协调器同步。
(2) 支持 PAN 网络的关联(association)和取消关联(disassociation)操作。
(3) 支持无线信道通信安全。
(4) 使用 CSMA-CA 机制访问信道。
(5) 支持时隙保障(Guaranteed Time Slot，GTS)机制。
(6) 支持不同设备的 MAC 层间的可靠传输。

关联操作是指一个设备在加入一个特定的网络时，向协调器注册以及身份认证的过程。LR-WPAN(Low Rate Wireless Personal Area Networks，低速无线个域网)网络中的设备有可能从一个网络切换到另一个网络，这时需要进行关联和取消关联操作。

时隙保障机制和时分复用(Time Division Multiple Access，TDMA)机制相似，但可以动态地为有收发请求的设备分配时隙。使用时隙保障机制需要设备间的时间同步，IEEE 802.15.4 中的时间同步通过下面介绍的"超帧"机制实现。

1. 超帧

在 IEEE 802.15.4 中，可以选用以超帧为周期组织低速率无线个域网络(LR-WPAN)内设备间的通信。每个超帧都以网络协调器发出信标帧(beacon)为起始，在这个信标帧中包含了超帧将持续的时间以及对这段时间的分配等信息，其中，超帧是指时隙的集合，是按照周期不断循环的动态实体。网络中的普通设备接收到超帧开始时的信标帧后，就可以根据其中的内容安排自己的任务，如进入休眠状态直到这个信标帧结束。

超帧将通信时间划分为活跃和不活跃两个部分。在不活跃期间，PAN 网络中的设备不会相互通信，从而可以进入休眠状态以节省能量。超帧的活跃期间划分为3个阶段：信标帧发送时段、竞争访问时段(Contention Access Period，CAP)和非竞争访问时段(Contention-Free Period，CFP)。超帧的活跃部分被划分为16个等长的时槽，每个时槽的长度、竞争访问时段包含的时槽数等参数都由协调器设定，并通过超帧开始时发出的信标帧广播到整个网络。图5-15所示为典型超帧结构。

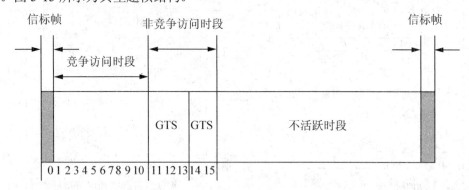

图5-15 超帧结构

在超帧的竞争访问时段，IEEE 802.15.4网络设备使用带时槽的CSMA-CA访问机制，并且任何通信都必须在竞争访问结束前完成。在超帧的非竞争时段，PAN主协调器为每一个设备分配时槽。时槽数目由设备申请时指定。如果申请成功，申请设备就拥有了指定的时槽数目。如图5-15中第一个GTS由11～13构成，第二个GTS由14、15构成。每个GTS中的时槽都指定分配了时槽申请设备，因而不需要竞争信道。IEEE 802.15.4标准要求任何通信都必须在自己分配的GTS内完成。

超帧中规定非竞争时段必须跟在竞争时段后面。竞争时段的功能包括网络设备可以自由收发数据、域内设备向协调者申请GTS时段、新设备加入当前PAN网络等。非竞争时段由协调器指定发送或者接收数据包。如果某个设备在非竞争时段一直处在接收状态，那么拥有GTS使用权的设备就可以在GTS阶段直接向该设备发送消息。

2. 数据传输模型

LR-WPAN网络中存在着3种数据传输方式：设备发送数据给协调器、协调器发送数据给设备、对等设备之间的数据传输。星型拓扑网络结构中只存在前两种数据传输方式，因为数据只在协调器和设备之间交换；而在点对点拓扑网络中，3种数据传输方式都存在。

在LR-WPAN网络中，有两种通信模式可供选择：信标使能通信(beacon-enabled)和信标不使能通信(non beacon-enabled)。

在信标使能的网络中，PAN网络协调器定时广播信标帧。信标帧表示着一个超帧的开始。设备之间通信使用基于时槽的CSMA-CA信道访问机制，PAN网络中设备都通过协调器发送的信标帧进行同步。在时槽CSMA-CA机制下，每当设备需要发送数据帧或者命令帧时，首先定位下一时槽的边界，然后等待随机数目个时槽。等待完毕后，设备开始检测信道状态：如果信道空闲，设备就在下一个可用时槽边界开始发送数据；如果信道忙，设备需要重新等待随机数目个时槽，再检查信道状态，重复这个过程直到有空闲信道出现。

在这种机制下,确认帧的发送不需要使用 CSMA-CA 机制,而是紧跟着发送回源设备。

在信标不使能的通信网络中,PAN 网络协调器不发送信标帧,各个设备使用非分时槽的 CSMA-CA 机制访问信道。该机制的通信过程如下:每当设备需要发送数据或者发送 MAC 命令时,首先等候一段随机长的时间然后开始检测信道状态,如果信道空闲,该设备开始立即发送数据;如果信道忙,设备需要重复上面等待一段随机时间和检测信道的过程,直到能够发送数据。在设备接收到数据帧或者命令帧的时候,确认帧应紧跟着接收帧发送,而不使用 CSMA-CA 机制竞争信道。

图 5-16 是一个信标使能网络中某一设备传送数据给协调器的例子。该设备首先侦听网络中的信标帧,如果接收到了信标帧,就同步到有这个信标帧开始的超帧上,然后应用时槽 CSMA-CA 机制选择一个合适的时机,把数据帧发送给协调器。协调器成功接收到数据以后,回送一个确认帧表示成功收到该数据帧。

图 5-17 是一个信标不使能的网络设备传输数据给协调器的例子,该设备应用无时槽的 CSMA-CA 机制,选择好发送时机后就发送数据帧,协调器成功接收到数据帧后,回送一个确认帧表示成功收到该数据帧。

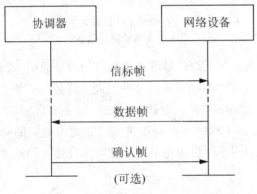

图 5-16　在信标使能网络中网络设备
　　　　发送数据给协调器

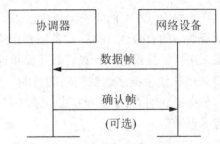

图 5-17　在信标不使能网络中网络设备
　　　　发送数据给协调器

图 5-18 是在信标使能网络中协调器发送数据帧给网络中某个设备的例子,当协调器需要向某个设备发送数据时,就在下一个信标帧中说明协调器拥有属于某个设备的数据正在等待发送。目标设备在周期性的侦听过程中会接收到这个信标帧,从而得知有属于自己的数据保存在协调器,这时就会向协调器发送请求传送数据的 MAC 命令。该命令帧发送的时机按照基于时槽的 CSMA-CA 机制来确定。协调器收到请求帧后,先回应一个确认帧表明收到请求命令,然后开始传送数据。设备成功接收到数据后再送回一个数据确认帧,协调器接收到这个确认帧后,才将消息从自己的消息队列中移走。

图 5-19 是在信标不使能网络中协调器发送数据帧给网络中某个设备的实例。协调器只是为相关的设备存储数据,被动地等待设备来请求数据,数据帧和命令帧的传送都使用无时槽的 CSMA-CA 机制。设备可能会根据应用程序事先定义好的时间间隔,周期性地向协调器发送请求数据的 MAC 命令帧,查询协调器是否存有属于自己的数据。协调器回应一个确认帧表示收到数据请求命令,如果有属于该设备的数据等待传送,利用无时槽的

CSMA-CA 机制选择时机开始传送数据帧；如果没有数据需要传送，则发送一个 0 长度的数据帧给设备，表示没有属于该设备的数据。设备成功收到数据帧后，回送一个确认帧，这时整个通信过程就完成了。

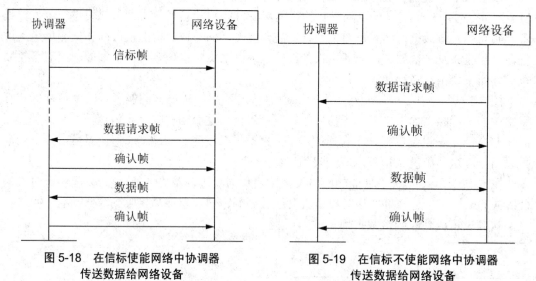

图 5-18　在信标使能网络中协调器传送数据给网络设备

图 5-19　在信标不使能网络中协调器传送数据给网络设备

在点对点 PAN 网络中，每个设备都可以与在其无线信号覆盖范围内的设备通信。为了保证通信的有效性，这些设备需要保持持续接收状态或者通过某些机制实现彼此同步。如果采用持续接收方式，设备只是简单地利用 CSMA-CA 收发数据；如果采用同步方式，需要采用其他措施来达到同步的目的。超帧在某个程度上可以用来实现点对点通信的同步，前面提到的 GTS 监听方式，或者在 CPA 期间进行自由竞争通信都可以直接实现同步的点对点通信。

3. MAC 层帧结构

MAC 层帧结构的设计目标是利用最低复杂度实现在多噪声无线信道环境下的可靠数据传输。每个 MAC 子层帧的帧都可以由帧头(MAC Header，MHR)、负载和尾帧(MAC Footer，MFR)三部分组成，如图 5-20 所示。帧头由帧控制信息(frame control)、帧序列号(sequence number)和地址信息(addressing fields)组成。MAC 子层负载长度可变，具体内容由帧类型决定，后面将详细解释各类负载字段的内容。帧尾是帧头和负载数据的 16 位 CRC 校验序列。

字节数：2	1	0/2	0/2/8	0/2	0/2/8	可变	2
帧控制信息	帧序列号	目的设备 PAN 标识符	目标地址	源设备 PAN 标识符	源设备地址	帧数据单元	FCS 校验码
		地址信息					
帧头						MAC 负载	MFR 帧尾

图 5-20　MAC 帧格式

在 MAC 子层中设备地址有两种格式：16 位(两个字节)的短地址和 64 位(8 个字节)的扩展地址。16 位短地址是设备与 PAN 网络协调器关联时，由协调器分配的网络局部地址；64 位扩展地址是全球唯一地址，在设备进入网络之前就分配好了。16 位短地址只能保证在 PAN 网络内部是唯一的，所以在使用 16 位短地址通信时需要结合 16 位的 PAN 网络标志符才有意义。两种地址类型的地址信息长度不同，从而导致 MAC 帧头的长度也是可变的。一个数据帧使用哪种地址类型由控制字符段的内容指示。在帧结构中没有表示帧长度的字段，这是因为在物理的帧里面有表示 MAC 帧长度的字段，MAC 负载长度可以通过物理层帧长度和 MAC 帧头的长度计算出来。

IEEE 803.15.4 网络定义了 4 种类型的帧：信标帧、数据帧、确认帧和 MAC 命令帧。

1) 信标帧

其中 SHR(Synchronization Header，同步头)包括前导码序列和帧开始分割符，完成接收设备的同步并锁定码流。PHR(PHY Header，物理层头)包括物理层负载的长度。信标帧的负载数据单元由四部分组成：超帧描述字段、GTS(Guaranteed Time Slot，保护时隙)分配字段、等待发送数据目标地址字段和信标帧负载数据，如图 5-21 所示。

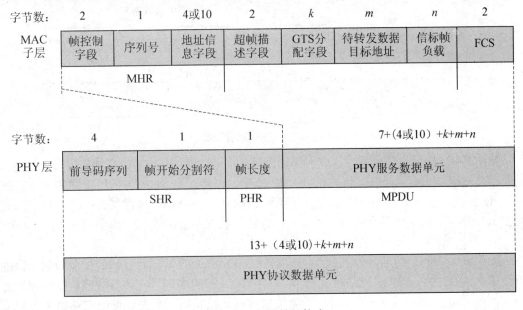

图 5-21 信标帧的格式

(1) 信标帧中超帧描述字段规定了这个超帧的持续时间，活跃部分持续时间以及竞争访问时段持续时间等信息。

(2) GTS 分配字段将无竞争时段划分为若干个 GTS，并把每个 GTS 分配给了某个具体设备。

(3) 转发数据目标地址列出了与协调器保存的数据相对应的设备地址。一个设备如果发现自己的地址出现在待转发数据目标地址字段里，则意味着协调器存有属于它的数据，所以他就会向协调器发出请求传送数据的 MAC 命令帧。

(4) 信标帧负载数据位上层协议提供数据传输接口。例如在使用安全机制的时候，这个负载域将根据被通信设备设定的安全通信协议填入相应的信息。通常情况下，这个字段可以忽略。

在信标不使能网络里，协调器在其他设备的请求下也会发送信标帧。此时信标帧的功能是辅助协调器向设备传输数据，整个帧只有待转发数据目标地址字段有意义。

2) 数据帧

数据帧用来传输上层发到 MAC 子层的数据，它的负载字段包含了上层需要传送的数据，数据负载传送至 MAC 子层时，被称之为 MAC 服务数据单元(MAC Service Data Unit, MSDU)。MAC 服务数据单元首尾被分别附加了 MHR 头信息和 MFR 尾信息后，就构成了 MAC 帧，如图 5-22 所示。

图 5-22 数据帧的格式

MAC 帧传送至物理层后，就成为了物理帧的负载 PSDU。PSDU 在物理层被"包装"，其首部增加了同步信息 SHR 和帧长度 PHR 字段。同步信息 SHR 包括用于同步的前导码和 SFD 字段，它们都是固定值。帧长度字段 PHR 标识了 MAC 帧的长度，为一个字节长而且只有其中的低 7 位是有效位，所以 MAC 帧的长度不会超过 127 个字节。

3) 确认帧

如果设备收到目的地址为其自身的数据域或 MAC 命令帧，并且帧的控制信息字段的确认请求位被置 1，设备需要回应一个确认帧。确认帧的序列号应该与被确认帧的序列号相同，并且负载长度应该为 0。确认帧紧接着被确认帧发送，不需要使用 CSMA-CA 机制竞争信道，如图 5-23 所示。(注：图中 MFR—MAC Footer 为 MAC 层帧尾；PSDU—PHY Service Data Unit 为物理层数据服务单元。)

4. 命令帧

MAC 命令帧用于组建 PAN 网络，传输同步数据等。目前定义好的命令帧有 9 种类型，主要完成三方面的功能：把设备关联到 PAN 网络，与协调器交换数据，分配 GTS。命令帧的格式上和其他类型的帧没有太多的区别，只是帧控制字段的帧类型位有所不同。帧头的控制字段的帧类型位 011b(b 表示二进制数据)表示这是一个命令帧。命令帧的具体功能由帧的负载数据表示。负载数据是一个变长结构，所有命令帧负载的第一个字节是命令类型字节，后面的数据针对不同的命令类型有不同的含义，如图 5-24 所示。

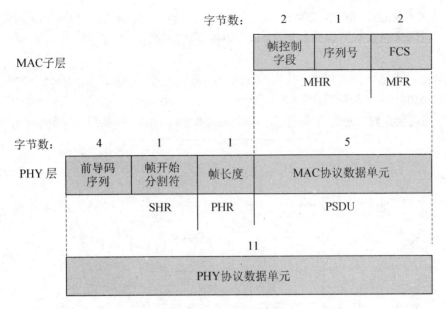

图 5-23　确认帧的格式

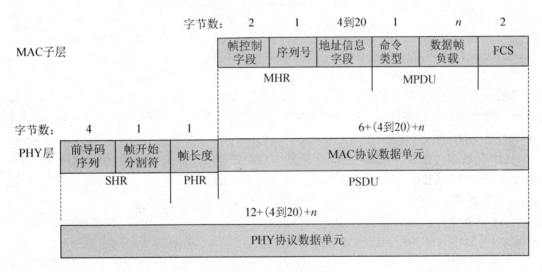

图 5-24　命令帧的格式

5.5　ZigBee 技术

5.5.1　ZigBee 技术的发展

ZigBee 一词源自蜜蜂群在发现花粉位置时，通过跳 ZigZag 形舞蹈来告知同伴，达到交换信息的目的。可以说是一种小的动物通过简捷的方式实现"无线"的沟通。人们借此称呼一种专注于低功耗、低成本、低复杂度、低速率的近程无线网络通信技术。于是，2001

年 8 月成立了 ZigBee 联盟，2002 年下半年，Invensys、Mitsubishi、Motorola 以及 Philips 半导体公司四大巨头共同宣布加盟 ZigBee 联盟，共同研发名为 ZigBee 的下一代无线通信标准。

ZigBee 技术是一种具有统一技术标准的短距离无线通信技术，其 PHY 层和 MAC 层协议为 IEEE 802.15.4 协议标准(图 5-25)，网络层由 ZigBee 技术联盟制定，应用层为用户根据自己的应用需要，对其进行开发利用，因此该技术能够为用户提供机动、灵活的组网方式。

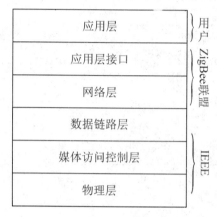

图 5-25 IEEE 802.15.4 和 ZigBee 的关系

ZigBee 技术的特点突出，尤其在低功耗、低成本上，主要有以下几个方面。

(1) 低功耗。ZigBee 设备为低功耗设备，其发射输出为 0～3.6dBm，具有能量检测和链路质量指示能力，根据这些检测结果，设备可自动调整发射功率，在保证链路质量的条件下，最小地消耗设备能量。在低耗电待机模式下，2 节 5 号干电池可支持 1 个节点工作 6～24 个月，甚至更长。

(2) 低成本。通过大幅简化协议，降低了对通信控制器的要求，按预测分析，以 8051 的 8 位微控制器测算，全功能的主节点需要 32KB 代码，子功能节点少至 4KB 代码，而且 ZigBee 免协议专利费。

(3) 低速率。ZigBee 工作在 20～250Kbps 的较低速率，分别提供 250Kbps(2.4GHz)、40Kbps(915MHz)和 20Kbps(868MHz)的原始数据吞吐率，满足低速率传输数据的应用需求。

(4) 近距离。传输范围一般为 10～100m，在增加 RF 发射功率后，亦可增加到 1～3km。这指的是相邻节点间的距离。如果通过路由和节点间通信的接力，传输距离将可以更远。

(5) 短时延。ZigBee 的响应速度较快，一般从睡眠转入工作状态只需 15ms，节点连接进入网络只需 30ms，进一步节省了电能，相比较，IEEE 需要 3～10s，WiFi 需要 3s。

(6) 高容量。ZigBee 可采用星状、片状和网状网络结构，由一个主节点管理若干子节点，最多一个主节点可管理 254 个子节点；同时主节点还可由上一层网络节点管理；最多可组成 65 000 个节点的大型网络。

(7) 高安全。ZigBee 提供了三级安全模式，包括无安全设定、使用接入控制清单(Access Control List，ACL)防止非法获取数据以及采用高级加密标准(Advanced Encryption

Standard-128,AES-128)的对称密码,以灵活确定其安全属性。

(8) 免执照频段。采用直接序列扩频在工业科学医疗(ISM)频段。2.4GHz(全球)、915MHz(美国)和868MHz(欧洲)。

5.5.2 ZigBee 协议体系

1. ZigBee 协议架构

在 ZigBee 技术中,每一层负责完成所规定的任务,并且向上层提供服务,各层之间的接口通过所定义的逻辑链路来提供服务。完整的 ZigBee 协议体系由高层应用规范、应用支持子层、网络层、数据链路层和物理层组成。其中 ZigBee 的物理层、MAC 层和链路层直接采用了 IEEE 802.15.4 协议标准。其网络层、应用支持子层和高层应用规范(APL)由 ZigBee 联盟进行了制定,整个协议架构如图 5-26 所示。

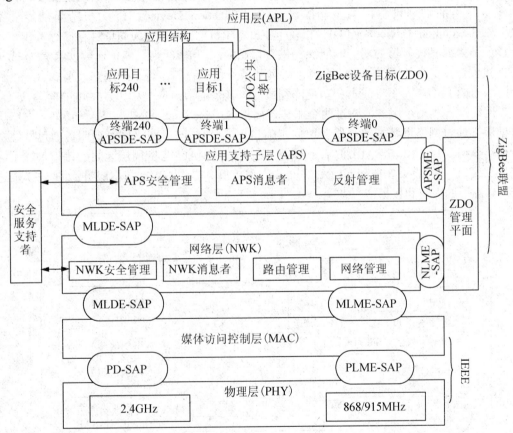

图 5-26 ZigBee 协议栈结构

其中,部分术语解释如下。

PD-SAP(Physical layer Data-Service Access Point):物理层数据服务访问点。

PLME-SAP(Physical Layer Management Entity-Service Access Point):物理层管理实体服务访问点。

MLDE-SAP(Medium Access Control Layer Data Entity -Service Access Point):介质访问

控制层数据实体服务访问点。

MLME-SAP(Medium Access Control Sub-layer Management Entity-Service Access Point)：介质访问控制子层管理实体服务访问点。

NLME-SAP(Network Layer Management Entity-Service Access Point)：网络层管理实体服务访问点。

APSDE-SAP(APS Data Entity-Service Access Point)：应用支持子层数据实体服务访问点。

APSME-SAP(APS Management Entity-Service Access Point)：应用支持子层管理实体服务访问点。

2. 网络层

ZigBee 网络层(Network layer，NWK)负责发现设备和配置网络。ZigBee 允许使用星型结构和网状结构，也允许使用两者的组合(称为集群树网络)。ZigBee 网络层定义了两种相互配合使用的物理设备，为全功能设备(Full-Function Device，FFD)与精简功能设备(Reduced-Function Device，RFD)。相较于 FFD，RFD 的电路较为简单且存储容量较小。FFD 的节点具备控制器的功能，能够提供数据交换，而 RFD 则只能传送数据给 FFD 或从 FFD 接收数据。为了提供初始化、节点管理和节点信息存储，每个网络必须至少有一个称为协调器的 FFD。为了将成本和功耗降到最低，其余的节点应是由电池供电的简单 RFD。

网络层提供两个服务，通过两个服务访问点(Service Access Point，SAP)访问。网络层数据服务通过网络层数据实体服务访问点(NLDE-SAP)访问，网络层管理服务通过网络层管理实体访问点(NLME-SAP)访问，这两种服务提供 MAC 与应用层之间的接口，除了这些外部接口，还有 NLME 和 NLDE 之间的内部接口，提供 NWK 数据服务。图 5-27 描述了 NWK 层的内容和接口。

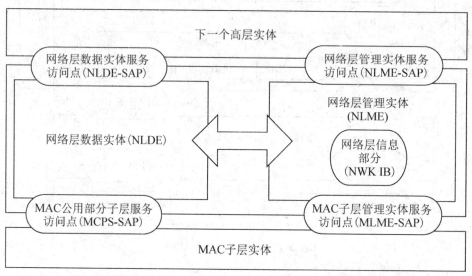

图 5-27　网络层接口模型

网络层包括逻辑链路控制子层。IEEE 802.2 标准定义了 LLC，并且通用于诸如 IEEE 802.3、IEEE 802.11 及 IEEE 802.15.1 等系列标准中。而 MAC 子层与硬件联系较为紧密，随不同的物理层实现而变化。网络层负责拓扑结构的建立和维护、命名和绑定服务，它们协同完成寻址、路由及安全这些必需的任务。

1) 网络层数据实体

网络层数据实体(Network Layer Data Entity，NLDE)为数据提供服务，在两个或者更多的设备之间传送数据时，将按照应用协议数据单元(Application Protocol Data Unit，APDU)的格式进行传送，并且这些设备必须在同一个网络中，即在同一个个域网内部中。网络层数据实体提供如下的服务。

(1) 生成网络层协议数据单元(NetWork Protocol Data Unit，NPDU)，网络层数据实体通过增加一个适当的协议头，从应用支持层协议数据单元中生成网络层的协议数据单元。

(2) 指定拓扑传输路由，网络层数据实体能够发送一个网络层的协议数据单元到一个合适的设备，该设备可能是最终目的通信设备，也可能是在通信链路中的一个中间通信设备。

2) 网络层管理实体

网络层管理实体(Network Layer Management Entity，NLME)提供网络管理服务，允许应用与堆栈相互作用。网络层管理实体应该提供如下服务。

(1) 配置一个新的设备。为保证设备正常的工作需要，设备应有足够堆栈，以满足配置的需要。配置选项包括对一个 ZigBee 协调器和连接一个现有的网络设备的初始化操作。

(2) 初始化一个网络。使之具有建立一个新网络的能力。

(3) 加入或离开网络。具有连接或断开一个网络的能力，以及为建立一个 ZigBee 协调器或 ZigBee 路由器，具有要求设备同网络断开的能力。

(4) 寻址。ZigBee 协调器和路由器具有为新加入网络的设备分配地址的能力。

(5) 邻居设备发现。具有发现、记录和汇报有关一跳邻居设备信息的能力。

(6) 路由发现。具有发现和记录有效地传送信息的网络路由的能力。

(7) 接收控制。具有控制设备接收机接收状态的能力，即控制接收机什么时间接收、接收时间的长短，以保证 MAC 层的同步或者正常接收等。

网络层将主要考虑采用基于 Ad Hoc 技术的网络协议，应包含以下功能：拓扑结构的搭建和维护，命名和关联业务，包含了寻址、路由和安全；有自组织、自维护功能，以最大程度减少消费者的开支和维护成本。图 5-28 描述了 ZigBee 支持的网络结构，包括星型、网状结构、树型结构。

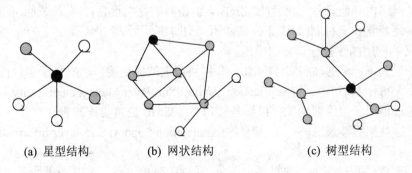

(a) 星型结构　　　(b) 网状结构　　　(c) 树型结构

图 5-28　ZigBee 网络结构示意图

● 协调器　　　◐ 全功能器件　　　○ 精简的功能器件

ZigBee 网络针对时延敏感的应用做了优化，通信时延和从休眠状态激活的时延都非常短。设备搜索时延典型值为 30ms，休眠激活时延典型值是 15ms，活动设备信道接入时延为 15ms；上述参数均远优于其他标准，如 Bluetooth，这也有利于降低功耗。

网络层通用帧格式如图 5-29 所示，网络层路由子域见表 5-4。

字节：2	2	2	1	1	可变
帧控制	目的地址	源地址	广播半径	广播序列号	净荷
	路由子域				
网络层数据头					网络层净荷

图 5-29　网络层通用数据格式

表 5-4　网络层路由子域

子　域	长度	说　明
路由请求 ID	1	路由请求命令帧的序列号，每次器件在发送路由请求后自动加一
源地址	2	路由请求发送方的 16 位网络地址
发送方地址	2	这个子域用来决定最终重发命令帧的路径
前面代价	1	路由请求源器件到当前器件的路径开销
剩余代价	1	当前器件到目的器件的开销
截止时间	2	以 ms 为单位，从初始值 nwkcRouteDiscoveryTime 开始倒计数，直至路由发现的终止

3．应用层

应用层主要负责把不同的应用映射到 ZigBee 网络上，具体而言包括：安全与鉴权、多个业务数据流的会聚、设备发现、业务发现。

应用层包含应用支持子层(Application Support Sub-layer，APS)、ZigBee 设备对象(ZigBee Device Object，ZDO)及商家定义的应用对象。应用支持子层(APS)的作用是维护设备绑定表，具有根据服务及需求匹配两个设备的能力，且通过边界的设备转发信息。应用支持子层(APS)的另一个作用是设备发现，能发现在工作范围内操作的其他设备。ZDO 的职责是定义网络内其他设备的角色(如 ZigBee 协调器或终端设备)、发起或回应绑定请求、在网络设备间建立安全机制(如选择公共密钥、对称密钥等)等。厂商定义的应用对象根据 ZigBee 定义的应用描述执行具体的应用。

APS 子层为下一个的高层实体(NHLE)和网络层之间提供接口。APS 子层包括一个管理实体，叫做 APS 子层管理实体(Application Support Sub-layer Management Entity，APSME)。这个实体通过调用子层管理功能提供服务接口。APSME 也负责维护管理有关 APS 子层的数据库。这些数据库涉及 APS 子层信息库(Application Support Sub-layer Information Base，APSIB)。

APS 子层提供两种服务，通过两个服务访问点(SAP)访问。APS 数据服务是通过 APS 子层数据实体 SAP(Application Support Sub-layer Data Entity，APSDE-SAP)访问，APS 管理服务通过 APS 子层管理实体 SAP(APSME-SAP)访问。这两种服务经过 NLDE-SAP 和

NLME-SAP 接口提供了 NHLE 和 NWK 层之间的接口。除了这些外部接口,还有一些 APSME 和 APSDE 之间的内部接口,这些内部接口允许 APSME 使用 APS 数据服务。图 5-30 描述了 APS 子层的内容和接口。

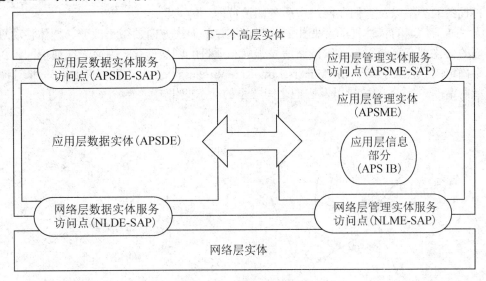

图 5-30　应用层接口模型

应用层 APDU(Application Protocol Data Unit,应用支持子层协议数据单元)帧格式如图 5-31 所示。

字节:1	0/1	0/1	0/2	0/1	可变
帧控制	目的端点	簇标示符	协议子集标示符	源端点	净荷
	地址子域				
应用层数据头					应用层净荷

图 5-31　应用层 APDU 帧格式

5.5.3　ZigBee 网络的构成

1. 设备分类及功能

在 ZigBee 网络中,支持两种相互配合使用的物理设备:全功能设备和精简功能设备。

(1) 全功能设备(Full Function Device,FFD),可以支持任何一种拓扑结构,可以作为网络协商者和普通协商者,并且可以和任何一种设备进行通信。

(2) 精简功能设备(Reduced Function Device,RFD),只支持星型结构,不能成为任何协商者,可以和网络协商者进行通信,实现简单。

FFD 设备与 RFD 设备之间都可以通信。RFD 设备之间不能直接通信,只能与 FFD 设备通信,或者通过一个 FFD 设备向外转发数据。这个与 RFD 相关联的 FFD 设备称为该 RFD 的协调器(Coordinator)。RFD 设备主要用于简单的控制应用,如灯的开关、被动式红外线传感器等,传输的数据量少,对传输资源和通信资源占用不多,这样 RFD 设备可以采用非常廉价的实现方案。

在 ZigBee 网络中，有一个称为 PAN 网络协调器的 FFD 设备，是网络中的主控制器。PAN 网络协调器(以后简称网络协调器)除了直接参与应用之外，还要完成成员身份管理、链路状态信息管理以及分组转发等任务。图 5-32 是 ZigBee 网络的一个例子，给出了网络中各种设备的类型以及它们在网络中所处的地位。

无线通信信道的特性是动态变化的。节点位置或天线方向的微小改变、物体移动等周围环境的变化都有可能引起通信链路信号强度和质量的剧烈变化，因而无线通信的覆盖范围是不确定的。这就造成了 LR-WPAN(Low-Rate Wireless Personal Area Network，低速率无线个域网)网络中设备的数量以及它们之间关系的动态变化。

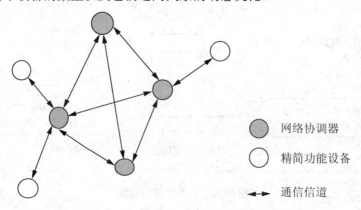

图 5-32　LR-WPAN 网络组件和拓扑关系

2. ZigBee 的拓扑结构

ZigBee 网络要求至少一个全功能设备作为网络协调器，网络协调器要存储以下的基本信息：节点设备数据、数据转发表、设备关联表。终端设备可以是精简设备，用来降低系统成本。网络协调器和网络节点有以下的功能。

(1) ZigBee 网络协调器建立网络、传输网络信标、管理网络节点、存储网络节点信息和关联节点之间路由信息。

(2) ZigBee 网络节点为电池供电和节能设计，搜索可用的网络、按需传输数据、向网络协调器请求数据。

在 ZigBee 网络中，所有 ZigBee 终端设备均将有一个 64bit 的 IEEE 地址，这是一个全球唯一的设备地址，需要得到 ZigBee 联盟的许可和分配。在子网内部，可以分配一个 16bit 的地址，作为网内通信地址，以减小数据报的大小。地址模式有以下两种。

(1) 星型拓扑：网络号＋设备标识。
(2) 点对点拓扑：直接使用源/目的地址。

这种地址分配模式决定了每个 ZigBee 网络协调器可以支持多于 64 000 个设备，而多个协调器可以互连从而可以构成更大规模的网络，逻辑上网络规模取决于频段的选择、节点设备通信的频率以及该应用对数据丢失和重传的容纳程度。

ZigBee 网络根据应用的需要可以组织成星型网络，也可以组织成点对点网络，如图 5-33 所示。在星型结构中，所有设备都与中心设备 PAN 网络协调器通信。在这种网络中，网络协调器一般使用持续电力系统供电，而其他设备采用电池供电。星型网络适合家庭自动化、个人计算机的外设以及个人健康护理等小范围的室内应用。

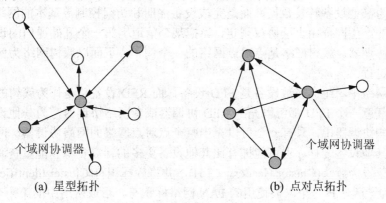

图 5-33 星型拓扑与点对点拓扑

● 全功能设备　　○ 简化功能设备　　←→ 通信流

与星型网不同,点对点网络只要彼此都在对方的无线信号辐射范围之内,任何两个设备之间都可以直接通信。点对点网络中也需要网络协调器,负责实现管理链路状态信息,认证设备身份等功能。点对点网络模式可以支持 Ad Hoc 网络,允许通过多跳路由的方式在网络中传输数据。不过一般认为自组织问题由网络层来解决,不在 ZigBee 标准讨论范围之内。点对点网络可以构造更复杂的网络结构,适合于设备分布范围广的应用,如在工业检测与控制、货物库存跟踪和智能农业等方面有非常好的应用前景。

3. ZigBee 网络拓扑的形成过程

1) 星型网络的形成

星型网络以网络协调器为中心,所有设备只能与网络协调器进行通信,因此在星型网络的形成过程中,第一步就是建立网络协调器。任何一个 FFD 设备都有成为网络协调器的可能,一个网络如何确定自己的网络协调器由上层协议决定。一种简单的策略是:一个 FFD 设备在第一次被激活后,首先广播查询网络协调器的请求,如果接收到回应说明网络中已经存在网络协调器,再通过一系列认证过程,设备就成为了这个网络中的普通设备。如果没有收到回应,或者认证过程不成功,这个 FFD 设备就可以建立自己的网络,并且成为这个网络的网络协调器。当然,这里还存在一些更深入的问题,一个是网络协调器过期问题,如原有的网络协调器损坏或者能量耗尽;另一个是偶然因素造成多个网络协调器竞争问题,如移动物体阻挡导致一个 FFD 自己建立网络,当移动物体离开的时候,网络中将出现多个协调器。

网络协调器要为网络选择一个唯一的标识符,所有该星型网络中的设备都是用这个标识符来规定自己的主从关系。不同星型网络之间的设备通过设置专门的网关完成相互通信。选择一个标识符后,网络协调器就容许其他设备加入自己的网络,并为这些设备转发数据分组。

星型网络中的两个设备如果需要相互通信,都是先把各自的数据包发送给网络协调器,然后由网络协调器转发给对方。

2) 点对点网络的形成

点对点网络中,任意两个设备只要能够彼此收到对方的无线信号,就可以进行直接通

信,不需要其他设备的转发。但点对点网络中仍然需要一个网络协调器,不过该协调器的功能不再是为其他设备转发数据,而是完成设备注册和访问控制等基本的网络管理功能。网络协调器的产生同样由上层协议规定,如把某个信道上第一个开始通信的设备作为该信道上的网络协调器。簇树网络是点对点网络的一个例子,下面以簇树网络为例描述点对点网络的形成过程。

在簇树网络中,绝大多数设备是 FFD 设备,而 RFD 设备总是作为簇树的叶设备连接到网络中。任意一个 FFD 都可以充当 RFD 协调器或者网络协调器,为其他设备提供同步信息。在这些协调器中,只有一个可以充当整个点对点网络的网络协调器。网络协调器可能和网络中其他设备一样,也可能拥有比其他设备更多的计算资源和能量资源。网络协调器首先将自己设为簇头(Cluster Header,CLH),并将簇标识符(Cluster Identifier,CID)设置为 0,同时为该簇选择一个未被使用的 PAN 网络标识符,形成网络中的第一个簇。接着,网络协调器开始广播信标帧。邻近设备收到信标帧后,就可以申请加入该簇。设备可否成为簇成员,由网络协调器决定。如果请求被允许,则该设备将作为簇的子设备加入网络协调器的邻居列表。新加入的设备会将簇头作为父设备加入到自己的邻居列表中。

上面讨论的只是一个由单簇构成的最简单簇树。PAN 网络协调器可以指定另一个设备成为邻接的新簇头,以此形成更多的簇。新簇头同样可以选择其他设备成为簇头,进一步扩大网络的覆盖范围。图 5-34 是一个多级簇树网络的例子。但是过多的簇头会增加簇间消息传递的延迟和通信开销。为了减少延迟和通信开销,簇头可以选择最远的通信设备作为相邻簇的簇头,这样可以最大限度地缩小不同簇间消息传递的跳数,达到减少延迟和开销的目的。

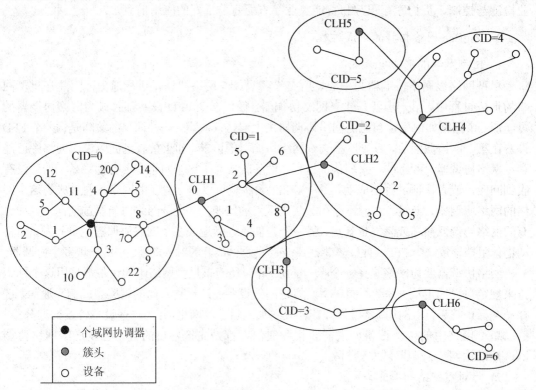

图 5-34　多级簇树网络

5.6 6LoWPAN 技术

5.6.1 6LoWPAN 技术的发展

IETF 在 2005 年成立了 6LoWPAN 工作组，制定适用于 IPv6 的低功耗、无线 Mesh 网络标准。6LoWPAN 旨在 IEEE 802.15.4 的网络中传输 IPv6 报文，但是底层标准并不局限于 IEEE 802.15.4 标准，也支持其他的链路层标准，6LoWPAN 的这些特性为其标准扩展提供了保证。

6LoWPAN 标准是由 IETF 制定的，目前 IETF 有 4 个工作组在从事 6LoWPAN 相关的研究工作，表 5-5 展示了 6LoWPAN 相关的各个工作组的主要研究内容。

表 5-5 与 6LoWPAN 相关的 IETF 工作组的主要研究内容

工作组	研究内容和现存标准文档
6LoWPAN 工作组	为了解决将 IPv6 技术应用到低速率无线个域网而成立；目前已经提出了 3 个 RFC 标准文档(RFC4919、RFC4944、RFC6282)；并针对低功耗有损耗网络提出了一些改进的 draft 文档
ROLL 工作组	针对工业应用、城市应用、家居自动化和楼宇自动化应用的低功耗有损耗网络路由需求提出了 4 个 RFC 文档；4 个关于 RPL 的 RFC，分别介绍了 RPL 框架、指标、机制以及目标函数；跟进提出了一些针对低功耗有损耗网络路由技术的 draft 文档
CORE 工作组	提出的草案开始考虑对 6LoWPAN 网络提供支持；提出了适应 6LoWPAN 网络应用的改进的 COAP 协议、IPFIX 协议压缩方法以及安全模式下的资源受限设备自举方法
LWIG 工作组	刚成立，为 Internet 协议的轻量化、在 DNS 实施轻量化服务以及设计轻量级嵌入式 IP 编程接口提供指导

与现存的其他传感器网络技术相比，6LoWPAN 具有以下明显的技术优势。

(1) 地址空间方面，6LoWPAN 网络基于 IPv6 地址，拥有广阔的地址空间，可以满足海量节点的部署需要，这也是 6LoWPAN 相对于其他标准最重要的技术优势。

(2) 网络互联方面，6LoWPAN 网络为每个设备配置了 IP 地址，因此 6LoWPAN 网络可以方便地与其他基于 IP 的网络(如 3G 网络、Internet 网络)互联，构建异构网络，实现互相通信。

(3) 重用和基础验证方面，IP 网络可以保证 6LoWPAN 重用其他 IP 网络的设施和 IP 调试、诊断工具，并且 IP 技术已经稳定运行多年，为 6LoWPAN 标准提供了基础验证。

(4) 标准开放性方面，6LoWPAN 是 IETF 制定的开放标准，应用广泛，全世界的开发人员都可以为其改进和完善而努力，为其快速发展、完善提供了保障。

5.6.2　6LoWPAN 标准协议栈架构

6LoWPAN 的标准草案主要描述了适配层和 IP 层的帧格式和关键技术，而对底层和上层协议没有做过多的介绍，只是在标准中声明底层参照 IEEE 802.15.4 标准，传输层采用 TCP 或者 UDP 的传输协议。图 5-35 展示了 6LoWPAN 协议栈架构和网络层功能。

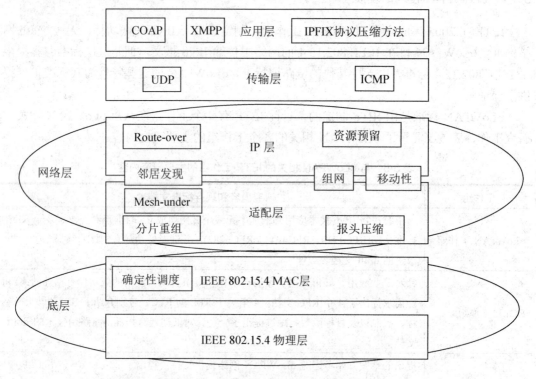

图 5-35　6LoWPAN 协议栈架构和网络层功能

6LoWPAN 协议栈各协议层支持的功能如下。

(1) 应用层：IETF 专门成立了 CORE 工作组改进应用层协议(如 COAP 协议、IPFIX 压缩方法等)，使其适应低功耗有损耗网络的应用；而重邮-思科绿色科技联合研发中心正在从事将 XMPP 协议应用于无线传感网的相关研究，已经初步验证了 XMPP 协议应用于无线传感器网络的可行性。

(2) 传输层：6LoWPAN 协议栈同时支持 TCP 和 UDP 协议，因为设备资源有限，并且 TCP 协议较复杂，实际应用中多采用 UDP 的传输方式，并且[RFC 4944]标准和最新的[RFC 6282]标准都设计了针对 UDP 的压缩机制。此外，传输层一般采用 ICMPv6(互联网控制消息协议，参照[RFC4443])作为传输层的控制消息协议，例如 ICMP 目的不可达报文。

(3) IP 层：6LoWPAN 的 IP 层一般采用标准的 IP 协议，方便与其他的 IP 协议互联互通。邻居发现的部分功能、组网的部分功能、移动性的部分功能都可以在 IP 层实现。而 Route-over 路由(例如：RPL 路由协议[14-22])和资源预留一般在 IP 层实现。

(4) 适配层：适配层是 6LoWPAN 非常重要的一个协议层，其存在主要是为了协调 IP

层和 IEEE 802.15.4 底层之间的不一致，使 1280 个字节的 IPv6 报文可以在 127 个字节的 IEEE 802.15.4 封装包中传送。为了给 IP 层提供支持，适配层设计了分片重组、报头压缩机制，并承担了部分邻居发现、组网和移动性支持功能，6LoWPAN Mesh-under 路由一般也在这一层实现。

(5) IEEE 802.15.4 底层：6LoWPAN 协议最初制定的时候，底层标准参照的是 IEEE 802.15.4-2003 标准，但是 6LoWPAN 并不仅限于支持 IEEE 802.15.4 标准，也支持其他的链路层技术，例如，低功率的 WiFi 标准、IEEE P1901.2 的电力线标准 PLC 等。因此，6LoWPAN 网络可以泛指应用 6LoWPAN 机制的低功率、有损耗 Mesh 网络。

5.6.3 6LoWPAN 网络拓扑和路由协议

1. 6LoWPAN 网络拓扑

6LoWPAN 支持 Mesh、Star 等多种拓扑结构。Mesh 拓扑比 Star 拓扑的网络可靠性高。图 5-36 所示为一个典型的 6LoWPAN Mesh 拓扑结构，每个 6LoWPAN 网络包含了多个 Mesh 子网，Mesh 子网有一个被称为 6LoWPAN 边界路由器(6LBR)的出口路由器，在 Mesh 子网内，所有的子网节点位于同一条链路上，共享 IPv6 前缀等网络信息，路由器可以根据链路参数、节点特性进行链路层路由选择，节点地址采用链路层地址。6LoWPAN 网关实现了 6LoWPAN 网络与其他 IP 网络的互联互通。

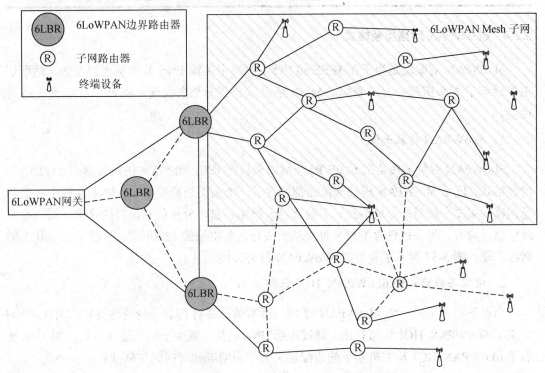

图 5-36 6LoWPAN Mesh 拓扑结构

2. 路由机制

在 6LoWPAN 网络中，根据实现路由选择的协议层不同，可以分为两种路由机制：Mesh-under 机制和 Route-over 机制。Mesh-under 指基于链路的 Mesh 路由机制，包括 LoWPAN Mesh 路由和链路层 Mesh 路由；而基于 IP 地址的路由机制被称为 Route-over。表 5-6 展示了 Mesh-under 和 Route-over 两种路由算法的特性对比。

表 5-6 Mesh-under 和 Route-over 特性对比

类别 条目	不同点		相同点	优势	IETF 路由协议
	链路特性	IPv6 路由器	节点特性		
Mesh-under	节点位于一条链路上	6LoWPAN 边界路由器(6LBR)	节点不参与路由选择和报文转发，只是普通的主机	模拟广播域，在同一个链路范围内高效；可以应用较短的链路层地址	目前 IETF 没有定义基于 Mesh-under 的路由协议
Router-over	节点位于多条链路上，链路环境复杂、多变，可能包含了多个重复的本地链路范围	6LoWPAN 边界路由器 (6LBR) 和 6LoWPAN 路由器 (6LR)		依赖邻居发现形成的本地 Mesh 拓扑，为 IP 网络互连提供了可能	RPL 路由协议

5.6.4 6LoWPAN 网络层帧格式

6LoWPAN 适配层是为了在 IEEE 802.15.4 网络中传输 IPv6 数据包而存在的，适配层主要承担了报头压缩、分片重组、Mesh 路由以及部分邻居发现、组网、移动性支持等功能。

1. 6LoWPAN 封装头栈

6LoWPAN 封装头栈是指 6LoWPAN 网络负载在 IEEE 802.15.4 协议数据单元(PDU)的封装格式。位于 6LoWPAN 栈的头前面都包含了一个头类型说明字节。IPv6 头栈中各类信息的排列顺序一般是：寻址信息、多跳选项、路由信息、分片信息、目的选项，最后是负载信息。同时，当头栈包含不只一种类型的头时，头将按照 Mesh 头、广播头、分片头的顺序出现。图 5-37 展示了典型的 6LoWPAN 封装头栈。

2. 适配层帧格式和 6LoWPAN_HC1 压缩

当设备加入了同一个 6LoWPAN 子网，所有的设备将共享一些链路信息，[RFC4944] 定义了 6LoWPAN_HC1 压缩算法，通过压缩 IPv6 帧头，减少子网的通信负担。图 5-38 展示了 6LoWPAN_HC1 压缩机制下的适配层头类型说明域和对应的头格式。

6LoWPAN头顺序	Mesh头	广播头	分片头					

完整的6LoWPAN帧格式举例

IPv6标准报文	IPv6头类型说明	IPv6头	负载					
HC1压缩报文	HC1头类型说明	HC1头	负载					
Mesh+HC1压缩报文	Mesh类型说明	Mesh头	HC1头类型说明	HC1头	负载			
Frag+HC1压缩报文	Frag类型说明	Frag头	HC1头类型说明	HC1头	负载			
Mesh+Frag+HC1报文	Mesh类型说明	Mesh头	Frag类型说明	Frag头	HC1头类型说明	HC1头	负载	
Mesh+BC0+HC1报文	Mesh类型说明	Mesh头	BC0类型说明	BC0头	HC1头类型说明	HC1头	负载	

图 5-37 典型的 6LoWPAN 封装头栈格式

HC1 压缩算法采用一个字节的编码字段 HC1 Encoding 对标准的 IPv6 报头进行压缩。具体的压缩思路如下。

(1) 地址压缩：在 IPv6 包头中，128 位的源地址和 128 位的目的地址占了绝大多数空间，因此对地址压缩变得非常必要。IPv6 地址一般由前缀和接口标识组成，因为子网内设备的默认前缀相同(FE80::/64)，因此可以省去 64 位前缀；同时，因为 64 位接口标识可以由 16 位的 MAC 地址映射生成，而子网内的设备一般采用 16 位的短地址进行通信，所以 64 位的短地址也可以省去。

(2) Next Header 压缩：因为上层协议一般选用 UDP、TCP、ICMP，没有必要采用一个字节来区分，所以可以压缩为 2 位。

(3) 其他域压缩：由于 IEEE 802.15.4 MAC 协议包含了子网通信的必要信息，IPv6 中的数据流通信类别、优先级等信息如果在此处不需要扩展的话，则 Version 域、Traffic Class 域、Flow Label 域可以省去。

在最大压缩程度下，6LoWPAN_HC1 的压缩算法可以将原本 40 个字节的 IPv6 帧头压缩成 2~4 个字节，大大减小了头部开销。但是，这种压缩算法仅仅只用于子网内，当设备的前缀信息不一致时，压缩效率就会降低。因此，IETF 制定了另一种基于 IP 的压缩算法 6LoWPAN_IPHC，此算法的详细机制可以参照[RFC6282]，因为本文研究重点不是针对 6LoWPAN 压缩算法的，所以此处不再详细介绍任意前缀下的 IPv6 压缩算法。6LoWPAN 网络层帧格式如图 5-38 所示。

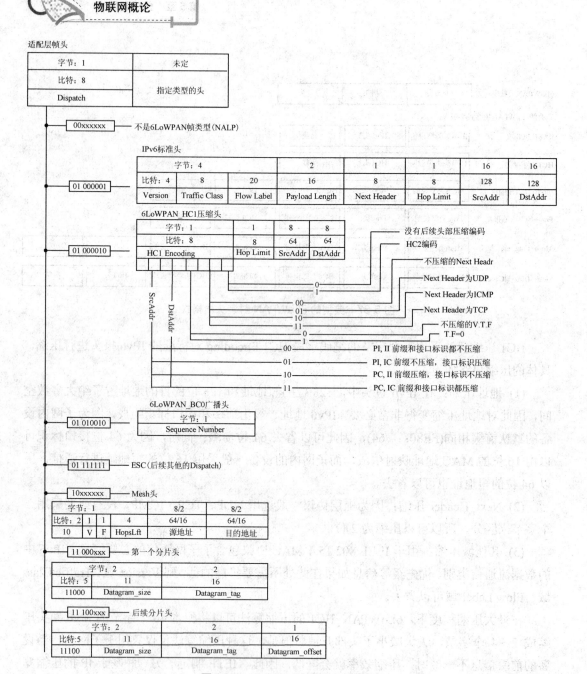

图 5-38　6LoWPAN 网络层帧格式

5.6.5　IPv6 邻居发现协议

1. 邻居发现协议的主要功能

邻居发现协议的操作对象是位于同一条链路上的节点，实现了这些设备的互操作性问题。表 5-7 展示了邻居发现主要实现的功能。

表 5-7　邻居发现的功能

功　　能	具体描述
路由发现功能	主机发现的可达的路由器节点
前缀发现功能	节点通过查找地址前缀信息来确定哪些目的节点位于同一条链路上
参数发现功能	节点怎样通过类似链路最大传输单元等链路参数和类似跳限制的 Internet 参数处理出网报文
地址自动配置功能	配置接口地址的机制
地址解析功能	节点怎样通过同一链路上目的节点的 IP 地址获得其链路地址
下一跳决定功能	节点通过这种机制找到通往目的节点的邻居节点的 IP 地址，下一跳的节点可以是一个路由器节点或者目的节点本身
邻居不可达检测功能	节点怎样确认邻居节点已经不能与自己进行通信。如果邻居节点扮演的是路由器角色，当发现其不可达时，节点会用默认路由器代替；路由器节点和主机会重新进行地址解析
重复地址检测功能	节点怎样判定自己通过无状态自动配置机制的选用的地址已经被其他节点占用
重定向功能	路由器怎样通知主机通往目的节点的更优下一跳节点

2. 邻居发现协议报文和报文交互

1) 邻居发现报文

IPv6 邻居发现机制定义了 5 种不同的 ICMP 报文类型：一对 RS/RA 报文、一对 NS/NA 报文以及一个重定向报文。表 5-8 展示了邻居发现协议每个报文的功能。

表 5-8　IPv6 邻居发现报文的功能

报文类型	报文功能
RS	主机发送 RS 报文，请求路由器在本调度时间内立即回复一个 RA 报文
RA	路由器广播其存在信息和各种链路、网络参数，可以周期性广播或者用来响应 RS 报文；RA 包含了前缀信息(用来配置位于同一链路的其他节点地址)、地址配置信息，跳数限制等相关信息
NS	节点发送 NS 报文确定邻居节点的链路层地址，或者验证邻居节点是否可达；此外 NS 可以用作重复地址检测
NA	NA 报文用来响应 NS 报文，此外邻居节点也可以发送非恳求的 NA 报文声明链路层地址改变
重定向报文	重定向功能

2) 邻居发现交互过程

图 5-39 展示了 IPv6 邻居发现方法基本的报文交互过程。在报文交互过程中，IPv6 邻居发现方法多次采用多播的方式实现邻居发现的功能。

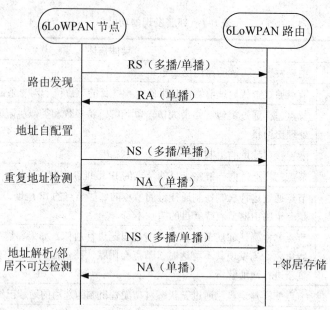

图 5-39 邻居发现基本的报文交互

3. 邻居发现协议 ICMP 报文

图 5-40 展示 IPv6 邻居发现方法定义的 ICMP 报文格式。

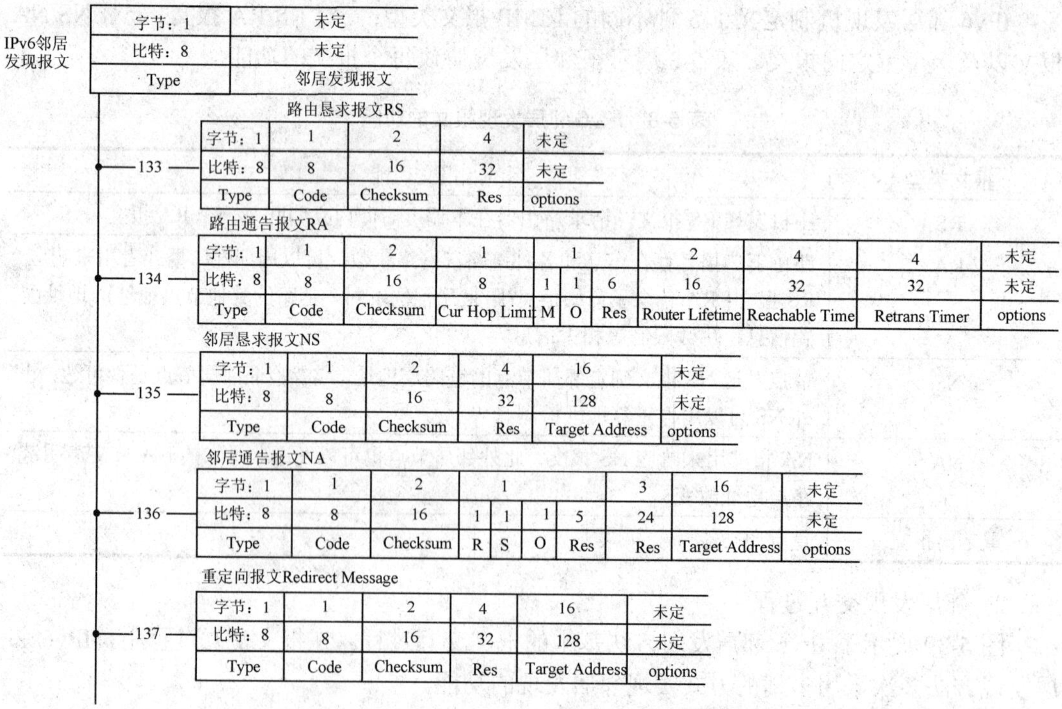

图 5-40 IPv6 邻居发现 ICMP 报文格式

图 5-41 展示了 IPv6 邻居发现方法定义的选项。

IPv6邻居发现选项	字节:1	未定
	比特:8	未定
	Type	邻居发现基本选项

源链路层地址选项SLLAO

	字节:1	1	2/8
1	比特:8	8	16/64
	Type	Length	Source Link-layer Address

目标链路层地址选项TLLAO

	字节:1	1	2/8
2	比特:8	8	16/64
	Type	Length	Target Link-layer Address

前缀信息选项PIO

	字节:1	1	1			4	4	4	8/16
3	比特:8	8	1	1	6	32	32	32	64/128
	Type	Length	L	A	Res	Valid Lifetime	Preferred Lifetime	Res	Prefix

重定向头选项Redirect header

	字节:1	1	2	4	未定
4	比特:8	8	16	32	未定
	Type	Length	Res	Res	IP header+ data

最大传输单元选项MTUO

	字节:1	1	2	4
5	比特:8	8	16	32
	Type	Code	Res	MTU

图 5-41 IPv6 邻居发现方法定义的选项格式

第三篇 物联网传输层

第6章 因特网

因特网是计算机技术、通信技术和网络技术相结合的产物,是现代社会重要的基础设施,为人类获取和传播信息发挥了巨大的作用。因特网的组成结构与类型是什么?TCP/IP 的体系结构与 ISO 的 OSI 七层参考模型是何关系?TCP/IP 协议集有哪些内容?IPv4 协议与 IPv6 协议如何构成?这些问题都可以在本章找到答案。

教学目标

了解因特网的组成结构与发展趋势;
掌握 TCP/IP 协议集的组成;
了解 ISO 的 OSI 七层参考模型;
理解 IPv4 协议与 IPv6 协议的内容。

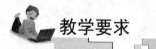

教学要求

知识要点	能力要求
因特网的组成结构	(1) 掌握通信子网和资源子网的概念 (2) 了解通信子网和资源子网的设备构成
因特网的协议结构	(1) 掌握网络协议的 3 个要素 (2) 理解 OSI 基本参考模型 (3) 了解网络中数据的实际传递过程
TCP/TP 协议	(1) 掌握 TCP/IP 协议集的组成内容 (2) 了解 IP 协议数据传输过程 (3) 理解 IPv4 协议与 IPv6 协议的主要内容 (4) 了解 TCP 传输控制协议的作用

第 6 章 因 特 网

推荐阅读资料

1. 计算机网络标准教程. 倪宝童，马海军，等. 清华大学出版社. 2013-1
2. 世界著名计算机教材精选·TCP/IP 协议族(第 4 版). 福罗赞(Behrouz A.Forouzan). 谢希仁，等译. 清华大学出版社. 2011-1
3. TCP/IP 协议简介. http://course.cug.edu.cn/netinfo/Chapter06/6.4.htm

6.1　因特网概述

早在 1951 年，美国麻省理工学院林肯实验室就开始为美国空军设计名为 SAGE 的自动化地面防空系统，该系统最终于 1963 年建成，被认为是计算机和通信技术结合的先驱。

1966 年，罗伯茨开始全面负责 ARPA 网的筹建。经过近一年的研究，罗伯茨选择了一种名为 IMP(Interface Message Processor，接口报文处理机，是路由器的前身)技术，来解决网络间计算机的兼容问题，并首次使用了"分组交换"(Packet Switching)作为网间数据传输的标准。这两项关键技术的结合为 ARPA 网奠定了重要的技术基础，创造了一种更高效、更安全的数据传递模式。

1968 年，一套完整的设计方案正式启用，同年，首套 ARPA 网的硬件设备问世。1969 年 10 月，罗伯茨完成了首个数据包通过 ARPA 网由 UCLA(加州大学洛杉矶分校)出发，经过漫长的海岸线，完整无误地抵达斯坦福大学的实验。

在这之后，罗伯茨还不断地完善 ARPA 网技术，从网络协议、操作系统再到电子邮件。1969 年 12 月，Internet 的前身——美国的 ARPA 网投入运行，它标志着计算机网络的兴起。该计算机网络系统是一种分组交换网。分组交换技术使计算机网络的概念、结构和网络设计方面都发生了根本性的变化，并为后来的计算机网络打下了坚实的基础。

20 世纪 80 年代初，随着个人计算机的推广，各种基于个人计算机的局域网纷纷出台。这个时期计算机局域网系统的典型结构是在共享介质通信网平台上的共享文件服务器结构，即为所有联网个人计算机设置一台专用的可共享的网络文件服务器。每台个人计算机用户的主要任务仍在自己的计算机上运行，仅在需要访问共享磁盘文件时才通过网络访问文件服务器，体现了计算机网络中各计算机之间的协同工作。由于使用比 PSTN(Public Switched Telephone Network，公共交换电话网络)速率高得多的同轴电缆、光纤等高速传输介质，个人计算机网上访问共享资源的速率和效率大大提高。这种基于文件服务器的计算机网络对网内计算机进行了分工：个人计算机面向用户，计算机服务器专用于提供共享文件资源。所以它就形成了客户机/服务器模式。

计算机网络系统是非常复杂的系统，计算机之间相互通信涉及许多复杂的技术问题，为实现计算机网络通信，计算机网络采用的是分层解决网络技术问题的方法。但是，由于存在不同的分层网络系统体系结构，它们的产品之间很难实现互联。为此，在 20 世纪 80 年代早期，国际标准化组织 ISO 正式颁布了"开放系统互联基本参考模型"OSI 国际标准，使计算机网络体系结构实现了标准化。

20 世纪 90 年代，计算机技术、通信技术以及建立在计算机和网络技术基础上的计算机网络技术得到了迅猛的发展。特别是 1993 年美国宣布建立国家信息基础设施 NII(National Information Infrastructure，国家信息基础设施)后，全世界许多国家纷纷制定和建立本国的 NII，从而极大地推动了计算机网络技术的发展，使计算机网络进入了一个崭新的阶段。目前，全球以美国为核心的高速计算机互联网络即 Internet 已经形成，Internet 已经成为人类最重要的、最大的知识宝库。

一般来说，网络是将两台计算机或者是两台以上的计算机连接在一起，面因特网则将许多网络连接在一起。与此相关的几个网络概念如下。

(1) 凡是能彼此通信的设备组成的网络就叫互联网(internet)。所以，即使仅有两台机器，不论用何种技术使其彼此通信，也叫互联网。国际标准的互联网写法是 internet，字母 i 一定要小写！

(2) 因特网是互联网的一种。但它是特指使用 TCP/IP 协议进行通信，且由上千万台设备组成的互联网。判断是否因特网一是看是否安装了 TCP/IP 协议，其次看是否拥有一个公网地址(所谓公网地址就是 IP 地址)。国际标准的因特网写法是 Internet，字母 I 一定要大写！

(3) 万维网是基于 TCP/IP 协议实现的，TCP/IP 协议由很多协议组成，不同类型的协议又被放在不同的层，其中，位于应用层的协议就有很多，如 FTP、SMTP、HTTP 等。只要应用层使用的是 HTTP 协议，就称为万维网(World Wide Web)。之所以在浏览器里输入网址时，能看见某网站提供的网页，就是因为用户个人浏览器和某网站的服务器之间使用的是 HTTP 协议在交流。

6.2 因特网的组成结构

人们组建因特网的目的是实现不同位置计算机间的相互通信和资源共享，如果从因特网各组成部件所完成的功能来划分的话，可以将因特网分为通信子网和资源子网两大部分，如图 6-1 所示。

1. 通信子网

多台计算机间的相互联通是组成因特网的前提，通信子网的目的在于实现网络内多台计算机间的数据传输。通常情况下，通信子网由以下几部分组成。

1) 传输介质

传输介质是数据在传输过程中的载体，计算机网络内常见的传输介质分为有线传输介质和无线传输介质两种类型。

有线传输介质是指能够使两个通信设备实现互联的物理连接部分。计算机网络发展至今，共使用过同轴电缆、双绞线和光纤 3 种不同的有线传输介质。

无线传输是一种不使用任何物理连接，而是通过空间进行数据传输，以实现多个通信设备互联的技术，其传输介质主要有红外线、激光、微波等。

2) 中继器

中继器安装于传输介质之间,其作用是再生放大数字信号,以扩大网络的覆盖范围。

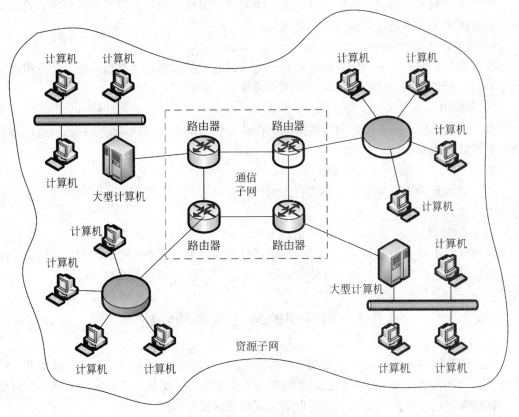

图 6-1　通信子网与资源子网

3) 集线器和交换机

集线器也叫集中器,在网络内主要用于连接多台计算机。随着网络技术的发展和应用需求的不断变化,具有更多功能及更高工作效率的交换机已经逐渐取代了集线器。

4)网络互联设备

随着网络数量的增多,人们开始利用网桥、网关和路由器等网络互联设备来连接位于不同地理位置的计算机网络,以扩大计算机网络的规模,提高网络资源的利用率。

(1) 网桥用于连接相同结构的局域网,以扩大网络的覆盖范围,并通过降低网络内冗余信息的通信流量,来提高计算机网络的运行效率。

(2) 网关通常位于不同类型的网络之间,以实现不同网络内计算机之间的相互通信。

(3) 路由器一般用于连接较大范围的计算机网络,其作用是在复杂的网络环境中,为数据选择传输路径。

5) Modem

Modem(调制解调器)的功能是实现数字信号与模拟信号之间的相互转换,主要用于传统的拨号上网方式。

2. 资源子网

对于因特网用户而言，资源子网实现了面向用户提供和管理共享资源的目的，是因特网的重要组成部分，通常由以下几部分组成。

1) 服务器

服务器是计算机网络中向其他计算机或网络设备提供服务的计算机，通常会按照所提供服务的类型被冠以不同的名称，如数据库服务器、邮件服务器等。

2) 客户机

客户机是一种与服务器相对应的概念。在计算机网络中，享受其他计算机所提供服务的计算机就称为客户机。

3) 打印机、传真机等共享设备

共享设备是计算机网络共享硬件资源的一种常见方式，而打印机、传真机等设备则是较为常见的共享设备。

4) 网络软件

网络软件主要分为服务软件和网络操作系统两种类型。其中，网络操作系统管理着网络内的软、硬件资源，并在服务软件的支持下为用户提供各种服务项目。

6.3 因特网的协议及体系结构

通过通信信道和设备互连起来的多个不同地理位置的计算机系统，要使其能协同工作实现信息交换和资源共享，它们之间必须具有共同的语言。交流什么、怎样交流及何时交流，都必须遵循某种互相都能接受的规则，这种规则就是协议。

6.3.1 网络协议

网络协议(Protocol)为进行计算机网络中的数据交换而建立的规则、标准或约定的集合。协议总是指某一层协议，准确地说，它是对同等实体之间的通信制定的有关通信规则约定的集合。

网络协议的3个要素。

(1) 语义(Semantics)。涉及用于协调与差错处理的控制信息。

(2) 语法(Syntax)。涉及数据及控制信息的格式、编码及信号电平等。

(3) 定时(Timing)。涉及速度匹配和排序等。

6.3.2 网络的体系结构

所谓网络的体系结构(Architecture)就是计算机网络各层次及其协议的集合。层次结构一般以垂直分层模型来表示(图6-2)。

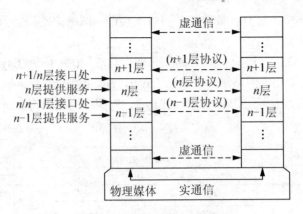

图 6-2 计算机网络的层次模型

层次结构的要点如下。
(1) 除了在物理媒体上进行的是实通信之外，其余各对等实体间进行的都是虚通信。
(2) 对等层的虚通信必须遵循该层的协议。
(3) n 层的虚通信是通过 $n/n-1$ 层间接口处 $n-1$ 层提供的服务以及 $n-1$ 层的通信(通常也是虚通信)来实现的。

层次结构划分的原则如下。
(1) 每层的功能应是明确的，并且是相互独立的。当某一层的具体实现方法更新时，只要保持上、下层的接口不变，便不会对邻居产生影响。
(2) 层间接口必须清晰，跨越接口的信息量应尽可能少。
(3) 层数应适中。若层数太少，则造成每一层的协议太复杂；若层数太多，则体系结构过于复杂，使描述和实现各层功能变得困难。

网络的体系结构的特点如下。
(1) 以功能作为划分层次的基础。
(2) 第 n 层的实体在实现自身定义的功能时，只能使用第 $n-1$ 层提供的服务。
(3) 第 n 层在向第 $n+1$ 层提供服务时，此服务不仅包含第 n 层本身的功能，还包含由下层服务提供的功能。
(4) 仅在相邻层间有接口，且所提供服务的具体实现细节对上一层完全屏蔽。

6.3.3 OSI 基本参考模型

(1) 开放系统互连(Open System Interconnection)基本参考模型是由国际标准化组织(ISO)制定的标准化开放式计算机网络层次结构模型，又称 ISO's OSI 参考模型。"开放"这个词表示能使任何两个遵守参考模型和有关标准的系统进行互连。

OSI 包括了体系结构、服务定义和协议规范三级抽象。OSI 的体系结构定义了一个七层模型，用以进行进程间的通信，并作为一个框架来协调各层标准的制定；OSI 的服务定义描述了各层所提供的服务，以及层与层之间的抽象接口和交互用的服务原语；OSI 各层的协议规范，精确地定义了应当发送何种控制信息及何种过程来解释该控制信息。

需要强调的是，OSI 参考模型并非具体实现的描述，它只是一个为制定标准而提供的概念性框架。在 OSI 中，只有各种协议是可以实现的，网络中的设备只有与 OSI 和有关协议相一致时才能互连。

如图 6-3 所示，OSI 七层模型从下到上分别为物理层(Physical Layer，PH)、数据链路层(Data Link Layer，DL)、网络层(Network Layer，N)、运输层(Transport Layer，T)、会话层(Session Layer，S)、表示层(Presentation Layer，P)和应用层(Application Layer，A)。

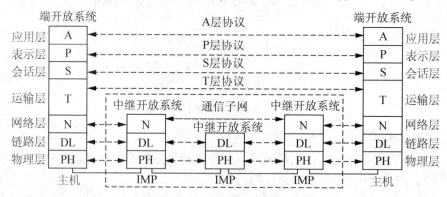

图 6-3 ISO 的 OSI 参考模型

从图 6-3 中可见，整个开放系统环境由作为信源和信宿的端开放系统及若干中继开放系统通过物理媒体连接构成。这里的端开放系统和中继开放系统，都是国际标准 OSI 7498 中使用的术语。通俗地说，它们相当于资源子网中的主机和通信子网中的节点机(IMP)。只有在主机中才可能需要包含所有 7 层的功能，而在通信子网中的 IMP 一般只需要最低 3 层甚至只要最低两层的功能就可以了。

(2) 层次结构模型中数据的实际传送过程如图 6-4 所示。图中发送进程送给接收进程和数据，实际上是经过发送方各层从上到下传递到物理媒体；通过物理媒体传输到接收方后，再经过从下到上各层的传递，最后到达接收进程。

在发送方从上到下逐层传递的过程中，每层都要加上适当的控制信息，即图中和 H7、H6、…、H1，统称为报头。到最底层成为由"0"或"1"组成和数据比特流，然后再转换为电信号，在物理媒体上传输至接收方。接收方在向上传递时过程正好相反，要逐层剥去发送方相应层加上的控制信息。

因接收方的某一层不会收到底下各层的控制信息，而高层的控制信息对于它来说又只是透明的数据，所以它只阅读和去除本层的控制信息，并进行相应的协议操作。发送方和接收方的对等实体看到的信息是相同的，就好像这些信息通过虚通信直接给了对方一样。

各层功能简要介绍如下。

(1) 物理层——定义了为建立、维护和拆除物理链路所需的机械的、电气的、功能的和规程的特性，其作用是使原始的数据比特流能在物理媒体上传输。具体涉及接插件的规格、"0"、"1"信号的电平表示、收发双方的协调等内容。

(2) 数据链路层——比特流被组织成数据链路协议数据单元(通常称为帧)，并以其为单位进行传输，帧中包含地址、控制、数据及校验码等信息。数据链路层的主要作用是通过校验、确认和反馈重发等手段,将不可靠的物理链路改造成对网络层来说无差错的数据链路。数据链路层还要协调收发双方的数据传输速率,即进行流量控制,以防止接收方因来不及处理发送方来的高速数据而导致缓冲器溢出及线路阻塞。

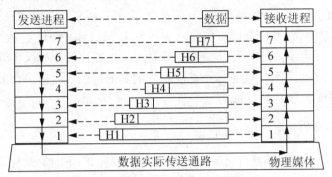

图 6-4 数据的实际传递过程

(3) 网络层——数据以网络协议数据单元(分组)为单位进行传输。网络层关心的是通信子网的运行控制,主要解决如何使数据分组跨越通信子网从源传送到目的地的问题,这就需要在通信子网中进行路由选择。另外,为避免通信子网中出现过多的分组而造成网络阻塞,需要对流入的分组数量进行控制。当分组要跨越多个通信子网才能到达目的地时,还要解决网际互联的问题。

(4) 运输层——第一个端—端,也即主机—主机的层次。运输层提供的端—端的透明数据运输服务,使高层用户不必关心通信子网的存在,由此用统一的运输原语书写的高层软件便可运行于任何通信子网上。运输层还要处理端到端的差错控制和流量控制问题。

(5) 会话层——进程—进程的层次,其主要功能是组织和同步不同的主机上各种进程间的通信(也称为对话)。会话层负责在两个会话层实体之间进行对话连接的建立和拆除。在半双工情况下,会话层提供一种数据权标来控制某一方何时有权发送数据。会话层还提供在数据流中插入同步点的机制,使得数据传输因网络故障而中断后,可以不必从头开始而仅重传最近一个同步点以后的数据。

(6) 表示层——为上层用户提供共同的数据或信息的语法表示变换。为了让采用不同编码方法的计算机在通信中能相互理解数据的内容,可以采用抽象的标准方法来定义数据结构,并采用标准的编码表示形式。表示层管理这些抽象的数据结构,并将计算机内部的表示形式转换成网络通信中采用的标准表示形式。数据压缩和加密也是表示层可提供的表示变换功能。

(7) 应用层——开放系统互连环境的最高层。不同的应用层为特定类型的网络应用提供访问 OSI 环境的手段。网络环境下不同主机间的文件传送访问和管理(FTAM)、传送标准电子邮件的文电处理系统(MHS)、使不同类型的终端和主机通过网络交互访问的虚拟终端(VT)协议等都属于应用层的范畴。

6.4 TCP/TP 协议

TCP/IP 协议其实是一个协议集合,内含了许多协议。TCP(Transmission Control Protocol,传输控制协议)和 IP(Internet Protocol,互联协议)是其中最重要的、确保数据完整传输的两个协议,IP 协议用于在主机之间传送数据,TCP 协议则确保数据在传输过程中不出现错误和丢失。除此之外,还有多个功能不同的其他协议。目前,众多的网络产品厂家都支持 TCP/IP 协议,TCP/IP 已成为一个事实上的工业标准。

6.4.1 TCP/IP 协议的分层结构

目前,因特网上使用的通信协议——TCP/IP 协议与 OSI 相比,简化了高层的协议,简化了会话层和表示层,将其融合到了应用层,使得通信的层次减少,提高了通信的效率。图 6-5 示意了 TCP/IP 与 ISO OSI 参考模型之间的对应关系。

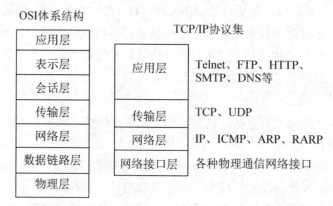

图 6-5 TCP/IP 的体系结构与 ISO 的 OSI 七层参考模型的对应关系

从协议分层模型方面来讲,TCP/IP 由 4 个层次组成:网络接口层、网络层、传输层、应用层。

在 TCP/IP 层次模型中,第二层为 TCP/IP 的实现基础,其中可包含 MILNET、IEEE 802.3 的 CSMA/CD、IEEE 802.5 的 TokenRing。

在第三层网络中,IP 为网际协议、ICMP 为网际控制报文协议(Internet Control Message Protocol)、ARP 为地址转换协议(Address Resolution Protocol)、RARP 为反向地址转换协议(Reverse ARP)。

第四层为运输层,TCP 为传输控制协议、UDP 为用户数据报协议(User Datagram Protocol)。

第五—七层中,SMTP 为简单邮件传送协议(Simple Mail Transfer Protocol)、DNS 为域名服务(Domain Name Service)、FTP 为文件传输协议(File Transfer Protocol)、Telnet 为远程终端访问协议。

6.4.2 TCP/IP 协议集

因特网的协议集称为 TCP/IP 协议集(图 6-6)，协议集的取名表示了 TCP 和 IP 协议在整个协议集中的重要性。因特网协议集主要功能集中在 OSI 的第 3～4 层，通过增加软件模块来保证和已有系统的最大兼容性，基于因特网的信息流如图 6-7 所示。

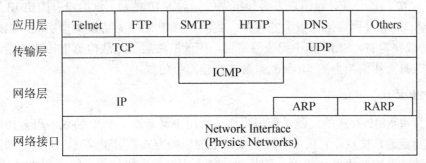

图 6-6 TCP/IP 协议集

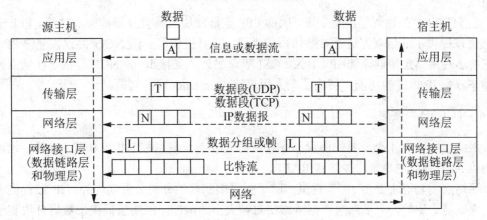

图 6-7 基于因特网的信息流示意图

6.4.3 TCP/IP 的数据链路层

数据链路层不是 TCP/IP 协议的一部分，但它是 TCP/IP 赖以存在的各种通信网和 TCP/IP 之间的接口，这些通信网包括多种广域网如 ARPANFT、MILNET 和 X.25 公用数据网，以及各种局域网，如 Ethernet、IEEE 的各种标准局域网等。IP 层提供了专门的功能，解决与各种网络物理地址的转换。

一般情况下，各物理网络可以使用自己的数据链路层协议和物理层协议，不需要在数据链路层上设置专门的 TCP/IP 协议。但是，当使用串行线路连接主机与网络，或连接网络与网络时，例如用户使用电话线和 Modem 接入或两个相距较远的网络通过数据专线互联时，则需要在数据链路层运行专门的 SLIP(Serial Line IP)协议的 PPP(Point to Point Protocal)协议。

1. SLIP 协议

SLIP 提供在串行通信线路上封装 IP 分组的简单方法,用以使远程用户通过电话线和 Modem 能方便地接入 TCP/IP 网络。

SLIP 是一种简单的组帧方式,使用时还存在一些问题。首先,SLIP 不支持在连接过程中的动态 IP 地址分配,通信双方必须事先告知对方 IP 地址,这给没有固定 IP 地址的个人用户接入 Internet 网带来了很大的不便;其次,SLIP 帧中无协议类型字段,因此它只能支持 IP 协议;再有,SLIP 帧中无校验字段,因此链路层上无法检测出传输差错,必须由上层实体或具有纠错能力的 Modem 来解决传输差错问题。

2. PPP 协议

为了解决 SLIP 存在的问题,在串行通信应用中又开发了 PPP 协议。PPP 协议是一种有效的点对点通信协议,它由串行通信线路上的组帧方式,用于建立、配制、测试和拆除数据链路的链路控制协议 LCP 及一组用以支持不同网络层协议的网络控制协议 NCPs 三部分组成。

由于 PPP 帧中设置了校验字段,因而 PPP 在链路层上具有差错检验的功能。PPP 中的 LCP 协议提供了通信双方进行参数协商的手段,并且提供了一组 NCPs 协议,使得 PPP 可以支持多种网络层协议,如 IP、IPX、OSI 等。另外,支持 IP 的 NCP 提供了在建立连接时动态分配 IP 地址的功能,解决了个人用户接入 Internet 网的问题。

6.4.4 TCP/IP 网络层

网络层中含有 4 个重要的协议:互联网协议 IP、互联网控制报文协议 ICMP、地址转换协议 ARP 和反向地址转换协议 RARP。

网络层的功能主要由 IP 来提供。除了提供端到端的分组分发功能外,IP 还提供了很多扩充功能。例如,为了克服数据链路层对帧大小的限制,网络层提供了数据分块和重组功能,这使得很大的 IP 数据报能以较小的分组在网上传输。

网络层的另一个重要服务是在互相独立的局域网上建立互联网络,即网际网。网间的报文来往根据它的目的 IP 地址通过路由器传到另一个网络。

1. 互联网协议 IP

网络层最重要的协议是 IP,它将多个网络联成一个互联网,可以把高层的数据以多个数据报的形式通过互联网分发出去。

IP 协议是 TCP/IP 协议使用的传输机制,它是一种不可靠的无连接数据报协议——尽最大努力服务。尽最大努力的意思是 IP 不提供差错检测或跟踪。IP 假定了底层是不可靠的,因此尽最大努力传输到目的地,但没有保证。当可靠性很重要时,IP 必须与一个可靠的协议(如 TCP)配合起来使用。

IP 协议用来封装 TCP 和 UDP 消息段(图 6-8)。IP 为网络硬件提供了一个逻辑地址。这一逻辑地址是一个 32 位的地址,即 IP 地址,可以用来将由路由器连接在一起的各个物理网络区分开。IP 协议所提供的逻辑 IP 地址还表示了数据发往的目的网络及在那一网络上的主机地址。这样它就可以用于将数据单元(称为"数据报")引向正确的目的地。IP 协议是一个无连接的协议，它无须为发送数据报建立虚电路。

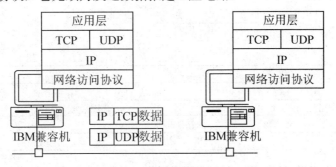

图 6-8　IP 协议数据传输示意图

IP 的基本任务是通过互联网传送数据报，各个 IP 数据报之间是相互独立的。主机上的 IP 层向运输层提供服务。IP 从源运输实体取得数据，通过它的数据链路层服务传给目的主机的 IP 层。IP 不保证服务的可靠性，在主机资源不足的情况下，它可能丢弃某些数据报，同时 IP 也不检查被数据链路层丢弃的报文。

在传送时，高层协议将数据传给 IP，IP 再将数据封装为互联网数据报，并交给数据链路层协议通过局域网传送。若目的主机直接连在本网中，IP 可直接通过网络将数据报传给目的主机；若目的主机在远程网络中，则 IP 路由器传送数据报，而路由器则依次通过下一网络将数据报传送到目的主机或下一个路由器。也即一个 IP 数据报是通过互联网络，从一个 IP 模块传到另一个 IP 模块，直到终点为止。

需要连接独立管理的网络的路由器，可以选择它所需的任何协议，这样的协议称为内部网间连接器协议 IGP(Interior Gateway Protocol)。在 IP 环境中，一个独立管理的系统称为自治系统。

跨越不同的管理域的路由器(如从专用网到 PDN)所使用的协议，称为外部网间连接器协议 EGP(Exterior Gateway Protocol)，EGP 是一组简单的定义完备的正式协议。

1) IPv4 协议

目前因特网上广泛使用的 IP 协议为 IPv4，IPv4 协议的设计目标是提供无连接的数据报尽力投递服务。

在一个物理网络上传送的单元是一个包含首部和数据的帧，首部给出了诸如(物理)原网点和目的网点的地址。互联网则把它的基本传输单元叫做一个 Internet 数据报(datagram)，有时称为 IP 数据报或仅称为数据报。像一个典型的物理网络帧一样，数据报被分为首部和数据区。而且，数据报首部也包含了原地址和目的地址以及一个表示数据报内容的类型字段。数据报与物理网络帧的区别在于：数据报首部包含的是 IP 地址，而帧的首部包含的是物理地址。图 6-9 显示了一个数据报的一般格式。

数据报首部	数据报的数据区

图 6-9　IP 数据报的一般格式

IP 规定数据报首部格式,包括源 IP 地址和目的 IP 地址。IP 不规定数据区的格式,它可以用来传输任意数据。图 6-10 显示了在一个数据报中各字段的安排。

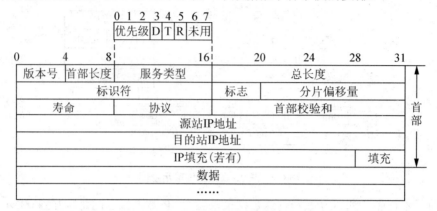

图 6-10 IPv4 数据报文格式

总长度:16 位长的字段定义了包括首部在内的数据报总长度。IP 数据报的长度限制在 65 535(即 $2^{16}-1$)字节。

数据长度=总长度-首部长度

第 0~2 比特为优先比特;IPv4 未使用。

第 3 比特为最小时延比特 D。

第 4 比特为最大吞吐量比特 T。

第 5 比特为最高可靠性比特 R。

第 6 比特为最小代价比特 C。

第 7 比特为未用比特。

首部长度:用 4 比特字段定义数据报以 4 字节计算的总长度。首部长度是可变的,在 20 至 60 字节之间。

版本号:4 比特字段的版本号。说明对应协议的版本号。目前的版本号是 4。所有的字段都要按照版本 4 的协议所指明的来解释。如果机器使用其他版本的 IP,则应丢弃该数据报而不是错误地进行解释。

标识符(Identifiers):唯一地标识了本份 IP 数据报。数据报发送时,可能将一个体积较大的数据报划分为若干个小的数据报。为了便于接收方 IP 模块的组装,所有小数据报的标识符域具有相同的值。

标志(Flag):说明本 IP 数据报是否允许分段。

分片偏移量(Fragment Offset):说明本数据报分段在整个数据报中的起始位置。

生存时间:或数据报寿命 TTL,表明一个数据报在它通过网络时必须具有的受限的寿命。避免 IP 数据报在网络中无限制的转发。本字段由源发端设置,并且,每经过一个路由器,数值减一;结果为 0 时,表示该数据报在网络中的生存期已满,则丢弃本数据报。

协议:这个 8 比特字段定义使用此 IP 层服务的高层协议,如 TCP、UDP、ICMP 和 IGMP 等。这个字段指明 IP 数据报必须交付到的最终目的协议。

第6章 因特网

首部校验和:用于路由器检测 IP 数据报报头的正确性;该域的值在 IP 数据报途经的每个路由器上重新生成,并由下一跳的路由器验证;路由器的 IP 处理模块丢弃报头出错的数据报,并通过 ICMP 告知发送方。

源站 IP 地址:这个 32 比特字段定义源站的 IP 地址,即 IP 数据报的发送方 IP 地址。

目的站 IP 地址:这个 32 比特字段定义目的站的 IP 地址,即 IP 数据报的接收方 IP 地址。

IP 选项(Options):用于对 IPv4 的功能扩充。主要有:安全选项(Security)、源路由选项(Strict Source Routing)、有限源路由选项(Loose Source Routing)、记录路由选项(Record Route)、时标选项(Timestamp)。

填充域:保证整个 IP 数据报报头的长度为 32 位字的整数倍。

服务类型:这个 8 比特字段定义了路由器应如何处理此数据报。这个字段分为两个子字段:优先(3 比特)和服务类型(4 比特)。剩下的一个比特未使用。

IP 地址按作用范围可分成两类:一类是在大网使用的公共 IP 地址,另一类是只在内网使用的私有地址。

IP 按用途可分五大类:A 类(政府)、B 类(公司)、C 类(公用)、D 类(组播)和 E 类(实验),地址格式为网络地址+主机地址或网络地址+子网地址+主机地址。它们之间的区别和特征见表 6-1。

表 6-1 IPv4 地址分类

地址类型	特 征	介 绍
A 类地址	第一位为 0,注意是位	(1) 第 1 字节为网络地址,其他 3 个字节为主机地址 (2) 地址范围:1.0.0.1~126.255.255.254 (3) 10.X.X.X 是私有地址,范围:10.0.0.0~10.255.255.255 (4) 127.X.X.X 是保留地址,用做环回测试。
B 类地址	前两位为 10,注意是位	(1) 第 1 字节和第 2 字节为网络地址,后 2 个字节为主机地址 (2) 地址范围:128.0.0.1~191.255.255.254 (3) 私有地址范围:172.16.0.0~172.31.255.255 (4) 保留地址:169.254.X.X
C 类地址	前三位为 110,注意是位	(1) 前 3 个字节为网络地址,最后字节为主机地址 (2) 地址范围:192.0.0.1~223.255.255.254 (3) 私有地址:192.168.X.X,范围:192.168.0.0~192.168.255.255
D 类地址	前四位为 1110,注意是位	(1) 不分网络地址和主机地址 (2) 地址范围:224.0.0.1~239.255.255.254
E 类地址	前五位为 11110,注意是位	(1) 不分网络地址和主机地址 (2) 地址范围:240.0.0.1~255.255.255.254

此外还有几个特殊 IP 地址。

(1) 0.0.0.0 只能作源地址。

(2) 255.255.255.255 是广播地址。

(3) 127.X.X.X 为环回地址,本机使用。

2) IPv6 协议

IPv4 存在以下局限性。

(1) IPv4 是两级地址结构(网络地址和主机地址),分为 5 类(A、B、C、D、E)。地址空间的使用是低效率的,浪费较大。目前可用的 IPv4 地址已到了耗尽的边缘。虽然划分子网策略可以减轻编址所遇到的困难,但却使路由选择变得更为复杂了。

(2) 因特网必须能适应实时音频和视频的传输。这种类型的传输需要最小时延的策略和预留资源。而这些在 IPv4 的设计中并没有提供。

(3) 对于某些应用,因特网必须能够对数据进行加密和鉴别,IPv4 不提供数据的加密和鉴别功能。

为了克服这些缺点,提出的 IPv6 或 IPNG(IP Next Generation)已成为标准。与 IPv4 相比,IPv6 具有如下优点。

(1) 更大的地址空间:IPv6 地址为 128 比特长,与 32 比特的 IPv4 地址相比,其地址空间要增大很多倍。

(2) 更灵活的首部格式:IPv6 使用了新的首部格式,其选项与基本首部分开,并且插入到(当需要时)基本首部与上层数据之间。简化和加速了路由选择过程。且允许与 IPv4 在若干年内共存。

(3) 简化了协议:加快了分组的转发。如取消了首部检验和字段,分片只在源站进行。

(4) 允许对网络资源的预分配:支持实时音频与视频等要求,保证一定的带宽和时延的应用。

(5) 允许扩充:若新的技术或应用需要时,IPv6 允许协议进行扩充。

(6) 支持更多的安全性:在 IPv6 中的加密和鉴别选项提供了分组的保密性和完整性。

IPv6 的分组格式如图 6-11 所示。

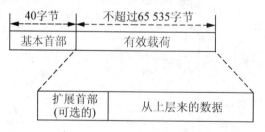

图 6-11 IPv6 的分组格式

每一个分组由必须要有的基本首部和跟随在后面的有效载荷组成。有效载荷由两部分组成:可选的扩展首部和从上层来的数据(不超过 65 535 字节)。图 6-12 给出了具有 8 个字段的基本首部,表 6-2 为下一个部首的代码表。

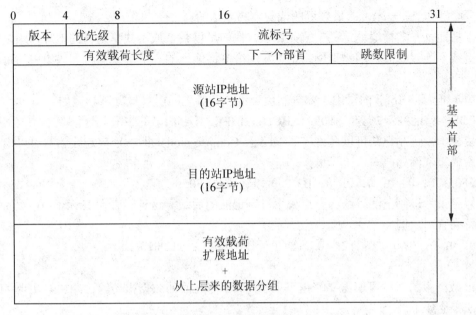

图 6-12　IP 数据报文 8 个字段的基本首部

注意：这个 4 比特字段定义 IP 的版本号。对于 IPv6，这个数值是 6。

表 6-2　下一个部首的代码表

代　码	下一个部首	代　码	下一个部首
0	逐级跳项	44	分片
2	ICMP	50	加密的安全有效载荷
6	TCP	51	鉴别
17	UDP	59	空(没有下一个部首)
43	源路由选择	60	目的地选项

IPv6 地址包括 16 个字节(8 位组)；它共有 128 比特长(图 6-13)。

图 6-13　IPv6 的地址

IPv6 定义了 3 种类型的地址：单播、任播和多播。

单播地址：单播就是传统的点对点通信。单播地址定义一个单独的计算机，发送到一个单播地址的分组必须交付给这个指定的计算机。

任播地址：任播地址定义一组计算机，他们的地址具有相同的前缀。例如，连接到同样的物理网络的计算机共享相同的前缀地址。发送到任播地址的分组必须交付给该组成员中的一个(只能是一个)，即最靠近的或最容易到达的。

多播地址：多播地址定义一组计算机，他们可以共享或不共享同样的地址前缀，可以连接到或不连接到同样的物理网络上，发送给多播地址的分组必须交付到该组中的每一个成员。

IPv6 把每隔 16bit 的量用十六进制值表示，各量之间用冒号分割。例如：

FDEC：BA98：7689：3105：ABCD：BBEE：1A5E：FFFF

冒号十六进制记法可以允许零压缩(Zero Compression)，即一连串连续的零可以用一对冒号所代替，例如：

FF05：0：0：0：0：0：0：B3　可以写成：FF05：：B3

冒号十六进制记法可结合有点分十进制记法的后缀。这种结合在 IPv4 向 IPv6 的转换阶段特别有用。例如：

0：0：0：0：0：0：128.10.2.1　也可以写成：：：128.10.2.1

3) IP 路由

IP 数据报的传输可能需要跨越多个子网，子网之间的数据报传输由路由器实现。IP 路由算法描述如下。

IP 模块根据 IP 数据报中的收方 IP 地址确定是否为本网投递。

(1) 本网投递：收发方的 IP 地址具有相同的 IP 网络标识 Netid。

① 利用 ARP 协议，取得对应 IP 地址的物理地址。

② 将 IP 数据报进行分段和封装。

③ 将封装后的数据帧(或分组)发往目的地；结束 IP 路由算法。

(2) 跨网投递：收发方的 IP 地址具有不同的 IP 网络标识 Netid。

① 利用 ARP 协议，获得路由器的对应端口的物理地址。

② 将 IP 数据报进行分段和封装。

③ 将数据帧(或分组)发往路由器。

④ 路由器软件取出 IP 数据报，重复 IP 路由算法，将 IP 数据报向前传递。

2. 互联网控制报文协议 ICMP

从 IP 互联网协议的功能可知，IP 提供的是一种不可靠的无连接报文分组传送服务。若路由器或某种故障使网络阻塞，就需要通知发送主机采取相应措施。

为了使互联网能报告差错，或提供有关意外情况的信息，在 IP 层加入了一类特殊用途的报文机制，即互联网控制报文协议 ICMP。

分组接收方利用 ICMP 来通知 IP 模块发送方某些方面所需的修改。ICMP 通常是由发现别的站发来的报文有问题的站产生的，例如，可由目的主机或中继路由器来发现问题并产生有关的 ICMP。如果一个分组不能传送，ICMP 便可以被用来警告分组源，说明有网络、主机或端口不可达。ICMP 也可以用来报告网络阻塞。ICMP 是 IP 正式协议的一部分，ICMP 数据报通过 IP 送出，因此它在功能上属于网络第三层，但实际上它是像第四层协议一样被编码的。

3. 地址转换协议 ARP

在 TCP/IP 网络环境下,每个主机都分配了一个 32 位的 IP 地址,这种互联网地址是在国际范围标识主机的一种逻辑地址。为了让报文在物理网上传送,必须知道彼此的物理地址。这样就存在把互联网地址变换为物理地址的地址转换问题。以以太网(Ethernet)环境为例,为了正确地向目的站传送报文,必须把目的站的 32 位 IP 地址转换成 48 位以太网目的地址 DA。这就需要在网络层有一组服务将 IP 地址转换为相应物理网络地址,这组协议即是 ARP。

在进行报文发送时,如果源网络层给的报文只有 IP 地址,而没有对应的以太网地址,则网络层广播 ARP 请求以获取目的站信息,而目的站必须回答该 ARP 请求。这样源站点可以收到以太网 48 位地址,并将地址放入相应的高速缓存(cache)。下一次源站点对同一目的站点的地址转换可直接引用高速缓存中的地址内容。地址转换协议 ARP 使主机可以找出同一物理网络中任一个物理主机的物理地址,只需给出目的主机的 IP 地址即可。这样,网络的物理编址可以对网络层服务透明。

在互联网环境下,为了将报文送到另一个网络的主机,数据报先定向发送方所在网络 IP 路由器。因此,发送主机首先必须确定路由器的物理地址,然后依次将数据发往接收端。除基本 ARP 机制外,有时还需在路由器上设置代理 ARP,其目的是由 IP 路由器代替目的站对发送方 ARP 请求作出响应。

4. 反向地址转换协议 RARP

反向地址转换协议用于一种特殊情况,如果站点初始化以后,只有自己的物理地址而没有 IP 地址,则它可以通过 RARP 协议,发出广播请求,征求自己的 IP 地址,而 RARP 服务器则负责回答。这样,无 IP 地址的站点可以通过 RARP 协议取得自己的 IP 地址,这个地址在下一次系统重新开始以前都有效,不需要连续广播请求。RARP 广泛用于获取无盘工作站的 IP 地址。

6.4.5 TCP/IP 的传输层

TCP/IP 在这一层提供了两个主要的协议:传输控制协议(TCP)和用户数据协议(UDP),另外还有一些别的协议,例如用于传送数字化语音的 NVP 协议。

1. 传输控制协议 TCP

TCP 提供的是一种可靠的数据流服务。当传送受差错干扰的数据,或基础网络故障,或网络负荷太重而使网际基本传输系统(无连接报文递交系统)不能正常工作时,就需要通过其他协议来保证通信的可靠。TCP 就是这样的协议,它对应于 OSI 模型的运输层,它在 IP 协议的基础上,提供端到端的面向连接的可靠传输。

TCP 采用"带重传的肯定确认"技术来实现传输的可靠性。简单的"带重传的肯定确认"是指与发送方通信的接收者,每接收一次数据,就送回一个确认报文,发送者对每个发出去的报文都留一份记录,等到收到确认之后再发出下一报文分组。发送者发出一个报文分组时,启动一个计时器,若计时器计数完毕,确认还未到达,则发送者重新发送该报文分组。

简单的确认重传严重浪费带宽,TCP 还采用一种称之为"滑动窗口"的流量控制机制来提高网络的吞吐量,窗口的范围决定了发送方发送的但未被接收方确认的数据报的数量。每当接收方正确收到一则报文时,窗口便向前滑动,这种机制使网络中未被确认的数据报数量增加,提高了网络的吞吐量。

TCP 通信建立在面向连接的基础上,实现了一种"虚电路"的概念。双方通信之前,先建立一条连接,然后双方就可以在其上发送数据流。这种数据交换方式能提高效率,但事先建立连接和事后拆除连接需要开销。TCP 连接的建立采用 3 次握手的过程,整个过程由发送方请求连接、接收方再发送一则关于确认的确认 3 个过程组成。

TCP 允许一台机器上的多个应用程序同时进行通信,它能对接收到的数据针对多个应用程序进行去复用操作。TCP 是用了端口号来标识一台机器上的多个目的进程。每个端口都被赋予一个小的整数以便识别。

TCP 端口与一个 16 位的整数值相对应,该整数值也被称为 TCP 端口号(图 6-14)。需要服务的应用进程与某个端口号进行连接(Binding),这样 TCP 模块就可以通过该 TCP 端口与应用进程通信。

由于 IP 地址只对应到因特网中的某台主机,而 TCP 端口号可对应到主机上的某个应用进程。TCP 使用连接而不是协议端口作为基本的抽象概念,连接使用一对端点来标识。

TCP 把端点定义为一对整数,即(host,port),其中 host 是主机的地址,port 则是该主机上的 TCP 端口号。例如,端点(202.114.206.234,80)表示的是 IP 地址为 202.114.206.234 的主机上的 80 号 TCP 端口。由于 TCP 使用两个端点来识别连接,所以一个机器上的某个 TCP 端口号可以被多个连接所共享。

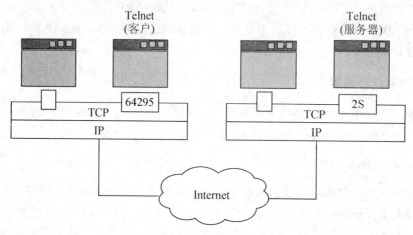

图 6-14 TCP 端口作用示意图

2. 用户数据报协议 UDP

用户数据报协议是对 IP 协议组的扩充,它增加了一种机制,发送方使用这种机制可以区分一台计算机上的多个接收者。每个 UDP 报文除了包含某用户进程发送数据外,还有报文目的端口的编号和报文源端口的编号，从而使 UDP 的这种扩充在两个用户进程之间的递送数据报成为可能。

UDP 是依靠 IP 协议来传送报文的，因而它的服务和 IP 一样是不可靠的。这种服务不用确认、不对报文排序、也不进行流量控制，UDP 报文可能会出现丢失、重复、失序等现象。

3. TCP/UDP 应用程序端口号分配

端口号的取值可由用户定义或者系统分配。TCP 端口号采用了动态和静态相结合的分配方法，对于一些常用的应用服务(尤其是 TCP/IP 协议集提供的应用服务)，使用固定的端口号；例如：电子邮件(SMTP)的端口号为 25，文件传输(FTP)的端口号为 21，Web 服务的端口号为 80，远程登录服务(Telnet)的端口号是 23 等。

对于其他的应用服务，尤其是用户自行开发的应用服务，端口号采用动态分配方法，由用户指定操作系统分配(图 6-15)。

TCP/IP 约定：0～1 023 为保留端口号，标准应用服务使用；1 024 以上是自由端口号，用户应用服务使用。

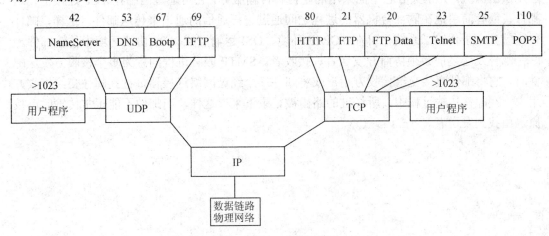

图 6-15　TCP/UDP 应用程序端口号动态分配

6.4.6　TCP/IP 的会话层至应用层

TCP/IP 的上 3 层与 OSI 参考模型有较大区别，也没有非常明确的层次划分。其中 FTP、Telnet、SMTP、DNS 是几个在各种不同机型上广泛实现的协议，TCP/IP 中还定义了许多别的高层协议。

1. 文件传输协议 FTP

文件传输协议是网际提供的用于访问远程机器的一个协议，它使用户可以在本地机与远程机之间进行有关文件的操作。FTP 工作时建立两条 TCP 连接，一条用于传送文件，另一条用于传送控制。

FTP 采用客户/服务器模式，它包含客户 FTP 和服务器 FTP。客户 FTP 启动传送过程，

而服务器对其作出应答。客户 FTP 大多有一个交互式界面,使客户可以灵活地向远地传文件或从远地取文件。

2. 远程终端访问 Telnet

Telnet 的连接是一个 TCP 连接,用于传送具有 Telnet 控制信息的数据。它提供了与终端设备或终端进程交互的标准方法,支持终端到终端的连接及进程到进程分布式计算的通信。

3. 域名服务 DNS

DNS 是一个域名服务的协议,提供域名到 IP 地址的转换,允许对域名资源进行分散管理。DNS 最初设计的目的是使邮件发送方知道邮件接收主机及邮件发送主机的 IP 地址,后来发展成为可服务于其他许多目标的协议。

4. 简单邮件传送协议 SMTP

SMTP 是一个相对简单的基于文件的协议,用于可靠、有效的数据传输。SMTP 作为应用层的服务,并不关心它下面采用的是何种传输服务,它可通过网络在 TCP 连接上传送邮件,或者简单地在同一台机器的进程之间通过进程通信的通道来传送邮件。这样,邮件传输就独立于传输子系统,可在 TCP/IP 环境、OSI 运输层或 X.25 协议环境中传输邮件。

邮件发送之前必须协商好发送者、接收者。SMTP 服务进程同意为多个接收方发送邮件时,它将邮件直接交给接收方用户或将邮件逐个经过网络连接器,直到邮件交给接收方用户。在邮件传输过程中,所经过的路由被记录下来。这样,当邮件不能正常传输时可按原路由找到发送者。

第 7 章 移动通信网

移动通信已经渗透到了我们社会生活中的方方面面,它直接面向千家万户,与老百姓生活、工作息息相关,是推动国民经济持续走高的倍增器。移动通信是怎样发展的?3G通信及其演进技术如何发展?移动互联网的主要技术及发展趋势是什么?这些问题都可以在本章找到答案。

掌握移动通信的发展历程;
理解 3G 通信的 3 种主要技术标准;
了解 LTE 的网络结构与核心技术;
了解移动互联网及其主要技术。

知识要点	能力要求
移动通信发展历程	(1) 了解蜂窝状移动通信网 (2) 了解各代移动通信的功能特点
3G 通信技术	(1) 掌握 3G 与 2G 的主要区别 (2) 了解 3G 的三大主流无线接口标准的技术特点
3G 通信演进技术	(1) 掌握 LTE 的概念 (2) 理解 LTE 的网络结构 (3) 了解 LTE 核心技术
移动互联网	(1) 理解移动互联网的概念与目标 (2) 了解移动互联网的基础协议与扩展协议

推荐阅读资料

1. 移动通信系统演进及3G信令. 程方，张治中. 电子工业出版社. 2009-11
2. TDSCDMA第三代移动通信系统协议体系与信令流程. 段红光，毕敏，罗一静. 人民邮电出版社. 2007-03-01
3. 移动通信发展史. 世界网络. http://www.linkwan.com/gb/tech/htm/1749.htm
4. 3GPP长期演进(LTE)系统架构与技术规范. 赵训威，等. 人民邮电出版社. 2010-01-01

7.1 移动通信网发展史

移动通信技术可以说从无线电通信发明之日就产生了。1897年，M. G. 马可尼所完成的无线通信试验就是在固定站与一艘拖船之间进行的，距离为18海里。而现代移动通信技术的发展始于20世纪20年代，大致经历了5个发展阶段。35年前，谁也无法想象有一天每个人身上都有一部电话被连接到这个世界。

(1) 第一阶段从20世纪20年代至40年代，为早期发展阶段。

在这期间，首先在短波几个频段上开发出专用移动通信系统，其代表是美国底特律市警察使用的车载无线电系统(图7-1)。该系统工作频率为2MHz，到20世纪40年代提高到30～40MHz，可以认为这个阶段是现代移动通信的起步阶段，特点是专用系统开发，工作频率较低。

图7-1　1946年10月贝尔电话公司启动车载无线电话服务

(2) 第二阶段从20世纪40年代中期至60年代初期，是从专用移动网向公用移动网过渡阶段。

在此期间，公用移动通信业务问世。1946年，根据美国联邦通信委员会(FCC)的计划，贝尔电话公司在圣路易斯城建立了世界上第一个公用汽车电话网，称为"城市系统"。当时使用 3 个频道,间隔为 120kHz,通信方式为单工,随后,前西德(1950 年)、法国(1956 年)、英国(1959 年)等国相继研制了公用移动电话系统。美国贝尔实验室完成了人工交换系统的接续问题(图 7-2)。这一阶段的特点是从专用移动网向公用移动网过渡,接续方式为人工,网的容量较小。

图 7-2　人工交换台

(3) 第三阶段从 20 世纪 60 年代中期至 70 年代中期,是移动通信系统改进与完善阶段。
　　在此期间,美国推出了改进型移动电话系统(IMTS),使用 150MHz 和 450MHz 频段,采用大区制、中小容量,实现了无线频道自动选择并能够自动接续到公用电话网。德国也推出了具有相同技术水准的 B 网。可以说,这一阶段是移动通信系统改进与完善的阶段,其特点是采用大区制、中小容量,使用 450MHz 频段,实现了自动选频与自动接续。

(4) 第四阶段从 20 世纪 70 年代中期至 80 年代中期,是移动通信蓬勃发展时期。
　　1978 年年底,美国贝尔实验室研制成功先进的移动电话系统(AMPS)。相对于以前的移动通信系统,最重要的突破是贝尔实验室在 20 世纪 70 年代提出的蜂窝网的概念,建成了蜂窝状移动通信网。蜂窝网,即小区制,由于实现了频率复用,大大提高了系统容量。该阶段称为 1G(第一代移动通信技术),主要采用的是模拟技术和频分多址(FDMA)技术。Nordic 移动电话——北欧移动电话(NMT)就是这样一种标准,应用于 Nordic 国家、东欧以及俄罗斯。其他还包括美国的高级移动电话系统(AMPS)、英国的全入网通信系统(TACS)以及日本的 JTAGS、西德的 C-Netz、法国的 Radiocom 2000 和意大利的 RTMI。
　　这一阶段的特点是蜂窝状移动通信网成为实用系统,并在世界各地迅速发展。移动通信大发展的原因,除了用户要求迅猛增加这一主要推动力之外,还有几方面的技术取得了突破性进展。首先,微电子技术在这一时期得到长足发展,这使得通信设备的小型化、微型化有了可能性,各种轻便电台被不断地推出。其次,提出并形成了移动通信新体制。随着用户数量增加,大区制所能提供的容量很快饱和,这就必须探索新体制。在这方面最重要的突破是贝尔实验室在 20 世纪 70 年代提出的蜂窝网的概念,解决了公用移动通信系统要求容量大与频率资源有限的矛盾。最后,随着大规模集成电路的发展而出现的微处理器技术日趋成熟以及计算机技术的迅猛发展,从而为大型通信网的管理与控制提供了技术手段。以 AMPS 和 TACS 为代表的第一代移动通信模拟蜂窝网虽然取得了很大成功,但也暴露了一些问题,比如容量有限、制式太多、互不兼容、话音质量不高、不能提供数据业务、不能提供自动漫游、频谱利用率低、移动设备复杂、费用较贵以及通话易被窃听等,最主要的问题是其容量已不能满足日益增长的移动用户需求。

第一代移动电话如图 7-3 所示。世界上第一台手机摩托罗拉 DynaTAC 8000X 重 2 磅,通话时间半小时,销售价格为 3 995 美元,是名副其实的最贵重的砖头(图 7-4)。

图 7-3　第一代移动电话　　　　图 7-4　世界上第一台手机摩托罗拉 DynaTAC 8000X

第一代移动通信系统的典型代表是美国的 AMPS 系统和后来的改进型系统 TACS,以及 NMT 和 NTT 等。AMPS(先进的移动电话系统)使用模拟蜂窝传输的 800MHz 频带,在北美、南美和部分环太平洋国家广泛使用;TACS(全入网通信系统)使用 900MHz 频带,分 ETACS(欧洲)和 NTACS(日本)两种版本,英国、日本和部分亚洲国家广泛使用此标准。

(5) 第五阶段从 20 世纪 80 年代中期开始,是数码移动通信系统发展和成熟时期。

该阶段可以再分为 2G、2.5G、3G、4G 等。

① 2G:2G 是第二代手机通信技术规格的简称,一般定义为以数码语音传输技术为核心,无法直接传送如电子邮件、软件等信息;只具有通话和一些如时间日期等传送的手机通信技术规格。不过手机短信 SMS(Short Message Service)在 2G 的某些规格中能够被执行。主要采用的是数码的时分多址(TDMA)技术和码分多址(CDMA)技术,与之对应的主要有 GSM 和 CDMA 两种体制(图 7-5)。

图 7-5　经典的 2G 手机

② 2.5G：2.5G 是从 2G 迈向 3G 的衔接性技术，由于 3G 是个相当浩大的工程，所以 2.5G 手机牵扯的层面多且复杂，要从 2G 迈向 3G 不可能一下就衔接得上，因此出现了介于 2G 和 3G 之间的 2.5G。2.5G 功能通常与 GPRS 技术有关，GPRS 技术是在 GSM 的基础上的一种过渡技术。GPRS 的推出标志着人们在 GSM 的发展史上迈出了意义最重大的一步，GPRS 在移动用户和数据网络之间提供一种连接，给移动用户提供高速无线 IP 和 X.25 分组数据接入服务。较之 2G 服务，2.5G 无线技术可以提供更高的速率和更多的功能(图 7-6)。

③ 3G：3G 是英文 3rd Generation 的缩写，是指支持高速数据传输的第三代移动通信技术。与从前以模拟技术为代表的第一代和第二代移动通信技术相比，3G 将有更宽的带宽，其传输速度最低为 384Kbps，最高为 2Mbps，带宽可达 5MHz 以上。不仅能传输话音，还能传输数据，从而提供快捷、方便的无线应用，如无线接入 Internet。能够实现高速数据传输和宽带多媒体服务是第三代移动通信的另一个主要特点。目前 3G 存在 CDMA2000、WCDMA、TD-SCDMA 等 3 种标准。第三代移动通信网络能将高速移动接入和基于互联网协议的服务结合起来，提高无线频率利用效率。提供包括卫星在内的全球覆盖并实现有线和无线以及不同无线网络之间业务的无缝连接。满足多媒体业务的要求，从而为用户提供更经济、内容更丰富的无线通信服务(图 7-7)。

图 7-6　传统的 2.5G 手机

图 7-7　3G 智能手机

相对第一代模拟制式手机(1G)和第二代 GSM、TDMA 等数字手机(2G)，第三代手机一般而言，是指将无线通信与国际互联网等多媒体通信结合的新一代移动通信系统。是基于移动互联网技术的终端设备，3G 手机完全是通信业和计算机工业相融合的产物，和此前的手机相比差别实在是太大了，因此越来越多的人开始称呼这类新的移动通信产品为"个人通信终端"。即使是对通信业最外行的人也可从外形上轻易地判断出一部手机是否是"第三代"：第三代手机都有一个超大的彩色显示屏，往往还是触摸式的。3G 手机除了能完成高质量的日常通信外，还能进行多媒体通信。用户可以在 3G 手机的触摸显示屏上直接写字、绘图，并将其传送给另一部手机，而所需时间可能不到一秒。当然，也可以将这些信息传送给一台计算机，或从计算机中下载某些信息；用户可以用 3G 手机直接上网，查看电子邮件或浏览网页；有不少型号的 3G 手机自带摄像头，这将使用户可以利用手机进行计算机会议，甚至替代数码相机。

④ 4G：4G 是第四代移动通信及其技术的简称，是集 3G 与 WLAN 于一体并能够传输高质量视频图像以及图像传输质量与高清晰度电视不相上下的技术产品。4G 系统能够以 100Mbps 的速度下载，比拨号上网快 2 000 倍，上传的速度也能达到 20Mbps，并能够满足几乎所有用户对于无线服务的要求。而在用户最为关注的价格方面，4G 与固定宽带网络在价格方面不相上下，而且计费方式更加灵活机动，用户完全可以根据自身的需求确定所需的服务。此外，4G 可以在 DSL 和有线电视调制解调器没有覆盖的地方部署，然后再扩展到整个地区。很明显，4G 有着不可比拟的优越性。

正当 LTE(Long Term Evolution，长期演进)和 WiMAX 在全球电信业大力推进时，前者(LTE)也是最强大的 4G 移动通信主导技术。IBM 数据显示，67%运营商正考虑使用 LTE，因为这是他们未来市场的主要来源。上述消息也证实了 IBM 的这一说法。而只有 8%的运营商考虑使用 WiMAX。尽管 WiMAX 可以给其客户提供市场上传输速度最快的网络，但仍然不是 LTE 技术的竞争对手。LTE 项目是 3G 的演进，它改进并增强了 3G 的空中接入技术，采用正交频分复用技术(OFDM)和多输入多输出技术(MIMO)作为其无线网络演进的唯一标准。主要特点是在 20MHz 频谱带宽下能够提供下行 100Mbps 与上行 50Mbps 的峰值速率，相对于 3G 网络大大地提高了小区的容量，同时将网络延迟大大降低：内部单向传输时延低于 5ms，控制平面从睡眠状态到启动状态迁移时间低于 50ms，从驻留状态到启动状态的迁移时间小于 100ms(图 7-8)。

图 7-8 使用 LTE 网络播放高清流媒体效果

7.2 3G 通信及其演进技术

7.2.1 3G 通信技术

3G 是指将无线通信与国际互联网等多媒体通信结合的新一代移动通信系统，未来的 3G 必将与社区网站进行结合，WAP 与 Web 的结合是一种趋势，如时下流行的微博客网站：大围脖、新浪微博等就已经将此应用加入进来。

第 7 章 移动通信网

3G 与 2G 的主要区别是在传输声音和数据的速度上的提升,它能够在全球范围内更好地实现无线漫游,并处理图像、音乐、视频流等多种媒体形式,提供包括网页浏览、电话会议、电子商务等多种信息服务,同时也要考虑与已有第二代系统的良好兼容性。为了提供这种服务,无线网络必须能够支持不同的数据传输速度,也就是说在室内、室外和行车的环境中能够分别支持至少 2Mbps(兆比特/秒)、384Kbps(千比特/秒)以及 144Kbps 的传输速度(此数值根据网络环境会发生变化)。

国际电信联盟(ITU)在 2000 年 5 月确定 WCDMA、CDMA2000、TD-SCDMA 三大主流无线接口标准,写入 3G 技术指导性文件《2000 年国际移动通信计划》(简称 IMT—2000)。目前国内支持国际电联确定 3 个无线接口标准,分别是中国电信的 CDMA2000、中国联通的 WCDMA、中国移动的 TD-SCDMA。

1. WCDMA

WCDMA 是英文 Wideband Code Division Multiple Access(宽带码分多址)的英文简称,是一种由 3GPP 具体制定的,基于 GSM MAP 核心网,以 UTRAN(UMTS 陆地无线接入网)为无线接口的第三代移动通信系统。目前 WCDMA 有 Release 99、Release 4、Release 5、Release 6 等版本。中国联通采用此种 3G 通信标准。

WCDMA 采用直接序列扩频码分多址(DS-CDMA)、频分双工(FDD)方式,码片速率为 3.84Mcps,载波带宽为 5MHz。基于 Release 99/ Release 4 版本,可在 5MHz 的带宽内,提供最高 384Kbps 的用户数据传输速率。在 Release 5 版本引入了下行链路增强技术,即 HSDPA(High Speed Downlink Packet Access,高速下行分组接入)技术,在 5MHz 的带宽内可提供最高 14.4Mbps 的下行数据传输速率。在 Release 6 版本引入了上行链路增强技术,即 HSUPA(High Speed Uplink Packet Access,高速上行分组接入)技术,在 5MHz 的带宽内可提供最高约 6Mbps 的上行数据传输速率。

WCDMA 技术具有下述主要特色。

(1) WCDMA 物理层采用 DS-CDMA 多址技术,将用户数据和利用 CDMA 扩频码得到的伪随机序列即码片(chip)序列相乘,从而将用户信息扩展到较宽的带宽上(可以根据具体速率要求,选用不同的扩频因子)。

(2) WCDMA 支持 FDD/TDD 两种工作模式。其中 FDD 要求为上下行链路成对分配频谱,而 TDD 可以使用不对称频谱供上下行链路共享,因此从某种意义上说,TDD 可以更节省地使用频谱资源。

(3) WCDMA 支持异步基站操作,网络侧对同步没有要求,因而易于完成室内和密集小区的覆盖。

(4) WCDMA 采用 10ms 帧长,码片速率为 3.84Mcps。其 3.84Mcps 的码片速率要求上下行链路分别使用 5MHz 的载波带宽,实际载波间距离的要求根据干扰的不同在 4.4~5MHz 之间变化,变化步长为 200kHz。对于人口密集地带可选用多个载波覆盖。其 10ms 帧长允许用户的数据速率可变,虽然在 10ms 内用户比特率不变,但 10ms 帧之间用户的数据容量可变。

(5) WCDMA 在上下行链路均利用导频相干检测,扩大了覆盖范围。WCDMA 空中接口包括先进的 CDMA 接收机,它利用了多用户检测和自适应智能天线技术,这些手段可

以较好地提高系统覆盖和容量。

(6) WCDMA 允许不同 QoS 要求的业务进行复用。

(7) WCDMA 系统允许与 GSM 网络共存和协同工作,支持系统间的切换。

(8) WCDMA 在上行传输信号的包络中无周期性分量,故可避免音频干扰。

2. CDMA2000

CDMA2000 是由窄带 CDMA(CDMA IS95)技术发展而来的宽带 CDMA 技术,也称为 CDMA Multi-Carrier,它是由美国高通北美公司为主导提出,摩托罗拉、Lucent 和后来加入的韩国三星都有参与,韩国现在成为该标准的主导者。这套系统是从窄频 CDMAOne 数字标准衍生出来的,可以从原有的 CDMAOne 结构直接升级到 3G,建设成本低廉。该标准提出了从 CDMA IS-95(2G)-CDMA20001x-CDMA20003x(3G)的演进策略。CDMA20001x 被称为 2.5 代移动通信技术。CDMA20003x 与 CDMA20001x 的主要区别在于应用了多路载波技术,通过采用三载波使带宽提高。

CDMA2000 的关键技术包括以下几方面。

1) 前向快速功率控制技术

CDMA2000 采用快速功率控制方法。方法是移动台测量收到业务信道的 Eb/Nt,并与门限值比较,根据比较结果,向基站发出调整基站发射功率的指令,功率控制速率可以达到 800bps。由于使用快速功率控制,可以达到减少基站发射功率、减少总干扰电平,从而降低移动台信噪比要求,最终可以增大系统容量。

2) 前向快速寻呼信道技术

此技术有以下两个用途。

(1) 寻呼或睡眠状态的选择。

因基站使用快速寻呼信道向移动台发出指令,决定移动台是处于监听寻呼信道还是处于低功耗状态的睡眠状态,这样移动台便不必长时间连续监听前向寻呼信道,可减少移动台激活时间和节省移动台功耗。

(2) 配置改变。

通过前向快速寻呼信道,基地台向移动台发出最近几分钟内的系统参数消息,使移动台根据此新消息作相应设置处理。

3) 前向链路发射分集技术

使用前向链路发射分集技术可以减少发射功率,抗瑞利衰落,增大系统容量。CDMA2000 采用直接扩频发射分集技术,它有以下两种方式。

(1) 正交发射分集方式。方法是先分离数据流再用不同的正交 Walsh 码对两个数据流进行扩频,并通过两根发射天线发射。

(2) 空时扩展分集方式。使用空间两根分离天线发射已交织的数据,使用相同原始 Walsh 码信道。

4) 反向相干解调

基站利用反向导频信道发出扩频信号捕获移动台的发射,再用梳状(Rake)接收机实现相干解调,与 IS-95 采用非相干解调相比,提高了反向链路性能,降低了移动台发射功率,提高了系统容量。

5) 连续的反向空中接口波形

在反向链路中,数据采用连续导频,使信道上数据波形连续,此措施可减少外界电磁干扰,改善搜索性能,支持前向功率快速控制以及反向功率控制连续监控。

6) Turbo 码使用

Turbo 码具有优异的纠错性能,适于高速率对译码时延要求不高的数据传输业务,并可降低对发射功率的要求、增加系统容量。

7) 灵活的帧长

与 IS-95 不同,CDMA2000 支持 5ms、10ms、20ms、40ms、80ms 和 160ms 多种帧长,不同类型信道分别支持不同帧长。前向基本信道、前向专用控制信道、反向基本信道、反向专用控制信道采用 5ms 或 20ms 帧,前向补充信道、反向补充信道采用 20ms、40ms 或 80ms 帧,话音信道采用 20ms 帧。较短帧可以减少时延,但解调性能较低;较长帧可降低对发射功率的要求。

8) 增强的媒体接入控制功能

媒体接入控制子层控制多种业务接入物理层,保证多媒体的实现。它实现话音、分组数据和电路数据业务、同时处理、提供发送、复用和 QoS 控制、提供接入程序。与 IS-95 相比,可以满足更宽带和更多业务的要求。

3. TD-SCDMA

TD-SCDMA 即是 Time Division - Synchronized Code Division Multiple Access 的缩写,也就是我们所说的时分同步码分多址技术,该标准是我国第一个具有自主知识产权的 3G 标准,1999 年 6 月 29 日,由中国原邮电部电信科学技术研究院(大唐电信)和重庆邮电大学等单位向 ITU 提出,但技术发明始于西门子公司,TD-SCDMA 具有辐射低的特点,被誉为绿色 3G。该标准将智能无线、同步 CDMA 和软件无线电等当今国际领先技术融于其中,在频谱利用率、对业务支持具有灵活性、频率灵活性及成本等方面具有独特优势。另外,由于中国内地庞大的市场,该标准受到各大主要电信设备厂商的重视,全球一半以上的设备厂商都宣布可以支持 TD-SCDMA 标准。该标准提出不经过 2.5G 的中间环节,直接向 3G 过渡,非常适用于 GSM 系统向 3G 升级。TD-SCDMA 的主要特点和核心技术如下。

1) 时分双工

在 TDD(时分同步)模式下,TD-SCDMA 采用在周期性重复的时间帧里传输基本 TDMA 突发脉冲的工作模式(与 GSM 相同),通过周期性转换传输方向,在同一载波上交替进行上下行链路传输。该方案的优势如下。

(1) 根据不同业务,上下行链路间转换点的位置可任意调整。

(2) TD-SCDMA 采用不对称频段,无须成对频段,灵活满足 3G 要求的不同数据传输速率。

(3) 单个载频带宽为 1.6MHz,帧长为 5ms,每帧包含 7 个不同码型的突发脉冲同时传输,由于它占用带宽窄,所以在频谱安排上有很大灵活性。

(4) TDD 上下行工作于同一频率,对称的电波传播特性使之便于利用智能天线等新技术,可达到提高性能、降低成本的目的。

(5) TDD 系统设备成本低，无收发隔离的要求，可使用单片 IC 实现 RF 收发信机，其成本比 FDD 系统低 20%~50%。

同时这种时分双工技术也存在一定的缺陷。

(1) 采用多时隙不连续传输方式，抗快衰落和多普勒效应能力比连续传输的 FDD 方式差，因此 ITU 要求 TDD 系统用户终端移动速度为 120km/h，远远低于频分双工(FDD)水平。

(2) TDD 系统平均功率与峰值功率之比随时隙数增加而增加，考虑到耗电和成本因素，用户终端的发射功率不可能很大，故通信距离(小区半径)较小，一般不超过 10km，而 FDD 系统的小区半径可达数十千米。

2) 智能天线

智能天线系统由一组天线及相连的收发信机和先进的数字信号处理算法构成，能有效产生多波束赋形，每个波束指向一个特定终端，并能自动跟踪移动终端。

在接收端，通过空间选择性分集，可大大提高接收灵敏度，减少不同位置同信道用户的干扰，有效合并多径分量，抵消多径衰落，提高上行容量；在发送端，智能空间选择性波束成形传送，降低输出功率要求，减少同信道干扰，提高下行容量。

智能天线改进了小区覆盖，智能天线阵的辐射图形完全可用软件控制，在网络覆盖需要调整等使原覆盖改变时，均可通过软件非常简单地进行网络优化。此外，智能天线降低了无线基站的成本，智能天线使等效发射功率增加，用多只低功率放大器代替单只高功率放大器，可大大降低成本，降低对电源的要求及增加可靠性。

智能天线无法解决的问题是时延超过码片宽度的多径干扰和高速移动多普勒效应造成的信道恶化。因此，在多径干扰严重的高速移动环境下，智能天线必须和其他抗干扰的数字信号处理技术同时使用，才可能达到最佳效果。这些数字信号处理技术包括联合检测、干扰抵消及 Rake 接收等。

3) 多用户检测

多用户检测主要是指利用多个用户码元、时间、信号幅度以及相位等信息来联合检测单个用户的信号，以达到较好的接收效果。

最佳多用户检测的目标就是要找出输出序列最大的输入序列。对于同步系统，就是要找出函数最大的输入序列。而使联合检测的频谱利用率提高并在基站和用户终端的功率控制部分更加简单，更值得一提的是在不同智能天线情况下，通过联合检测就可在现存的 GSM 基础设备上通过 C=3 的蜂窝在复用模式下使 TD-SCDMA 运行，最终的结果是 TD-SCDMA 可以在 1.6MHZ 的低载波频带下通过。

4) 软件无线电

软件无线电是利用数字信号处理软件实现无线功能的技术，能在同一个硬件平台上利用软件处理基带信号，通过加载不同的软件，可实现不同的业务性能。其优点如下。

(1) 通过软件方式，灵活完成硬件功能。

(2) 良好的灵活性及可编程性。

(3) 可代替昂贵的硬件电路，实现复杂的功能。

(4) 对环境的适应性好，不会老化。

(5) 便于系统升级，降低用户设备费用。

对 TD-SCDMA 系统来说，软件无线电可用来实现智能天线、同步检测和载波恢复等。

5) 接力切换

移动通信系统采用蜂窝结构，在跨越空间划分的小区时，必须进行越区切换，即完成移动台到基站的空中接口转换，以及基站到网入口和网入口到交换中心的相应转移。

由于采用智能天线可大致定位用户的方位和距离，所以 TD-SCDMA 系统的基站和基站控制器可采用接力切换方式，根据用户的方位和距离信息，判断手机用户现在是否移动到应该切换给另一个基站的临近区域。如果进入切换区，便可通过基站控制器通知另一个基站做好切换准备，达到接力切换的目的。

接力切换可提高切换成功率，降低切换时对临近基站信道资源的占用。基站控制器 (BSC) 实时获得移动终端的位置信息，并告知移动终端周围同频基站信息，移动终端同时与两个基站建立联系，切换由 BSC 判定发起，使移动终端由一个小区切换至另一小区。TD-SCDMA 系统既支持频率内切换，也支持频率间切换，具有较高的准确度和较短的切换时间，它可动态分配整个网络的容量，也可以实现不同系统间的切换。

7.2.2 3G 通信演进技术

1. LTE 概念的提出

3G 技术的出现给移动通信带来了巨大的影响，给人们的生活带来了前所未有的体验，它使上网冲浪、联网游戏、远程办公等摆脱了场地和环境的束缚，实现了真正的无所不在。为了满足人们永无停滞的需求，业界提出了 3G 向 4G 演进的主流技术——LTE。LTE 长期演进是 GSM 阵营现时最先进的网络。LTE 演进图如图 7-9 所示。

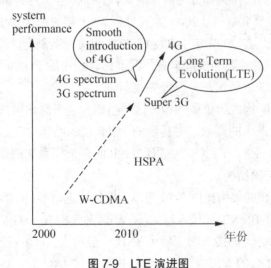

图 7-9　LTE 演进图

LTE 演进路线：

GSM ⟶ GPRS ⟶ EDGE ⟶ WCDMA ⟶ HSPA ⟶ HSPA+ ⟶ LTE 长期演进

传输速度分别是：

GSM：9.6Kbps，GPRS：171.2Kbps，EDGE：384Kbps，WCDMA：384Kbps～2Mbps，

HSDPA：14.4Mbps，HSUPA：5.76Mbps，HSDPA+：42Mbps，HSUPA+：22Mbps，LTE：300Mbps。

LTE 始于 2004 年 3GPP 的多伦多会议，是 3G 的演进，并非人们普遍误解的 4G 技术，而是 3G 与 4G 技术之间的一个过渡，是 3.9G 的全球标准，它改进并增强了 3G 的空中接入技术，采用 OFDM 和 MIMO 作为其无线网络演进的唯一标准。在 20MHz 频谱带宽下能够提供下行 326Mbps 与上行 86Mbps 的峰值速率。改善了小区边缘用户的性能，提高小区容量和降低系统延迟。LTE 的具体内容如下。

(1) 目标峰值速率：下行链路 100Mbps，上行链路 50Mbps。

(2) 适用于不同的带宽：1.25～20MHz。

(3) 支持"paired"和"unpaired"的频谱分配。

(4) 以分组域业务为主要目标。

(5) 降低无线网络时延：U-plan＜10ms，C-plan＜100ms。

(6) 频谱效率：下行链路 5(bps)/Hz(3～4 倍于 R6 HSDPA)；上行链路 2.5(bps)/Hz(2～3 倍于 R6 HSUPA)。

(7) 强调后向兼容，同时也考虑与系统性能的折中。

(8) 提高小区边缘的用户吞吐量。

从中可以看出，与 3G 相比 LTE 的技术优势具体体现在：高数据速率、分组传送、延迟降低、广域覆盖和向下兼容。

2. LTE 的网络结构与核心技术

3GPP 对 LTE 项目的工作大体分为两个时间段：2005 年 3 月到 2006 年 6 月为 SI(Study Item)阶段，完成可行性研究报告；2006 年 6 月到 2007 年 6 月为 WI(Work Item)阶段，完成核心技术的规范工作。在 2007 年中期完成 LTE 相关标准制定(3GPPR7)，在 2008 年或 2009 年推出商用产品。就实际的进展来看，发展比计划滞后了大概 3 个月，但经过 3GPP 组织的努力，LTE 的系统框架大部分已经完成。

LTE 采用由 Node B 构成的单层结构，这种结构有利于简化网络和减小延迟，实现了低时延、低复杂度和低成本的要求。与传统的 3GPP 接入网相比，LTE 减少了 RNC 节点。名义上 LTE 是对 3G 的演进，但事实上它对 3GPP 的整个体系架构作了革命性的变革，逐步趋近于典型的 IP 宽带网结构。

3GPP 初步确定 LTE 的架构如图 7-10 所示，也称演进型 UTRAN 结构(E-UTRAN)。接入网主要由演进型 Node B(eNB)和接入网关(aGW)两部分构成。aGW 是一个边界节点，若将其视为核心网的一部分，则接入网主要由 eNB 一层构成。eNB 不仅具有原来 NodeB 的功能，还能完成原来 RNC 的大部分功能，包括物理层、MAC 层、RRC、调度、接入控制、承载控制、接入移动性管理和 Inter-cellRRM 等。Node B 和 Node B 之间将采用网格(Mesh)方式直接互联，这也是对原有 UTRAN 结构的重大修改。

第 7 章 移动通信网

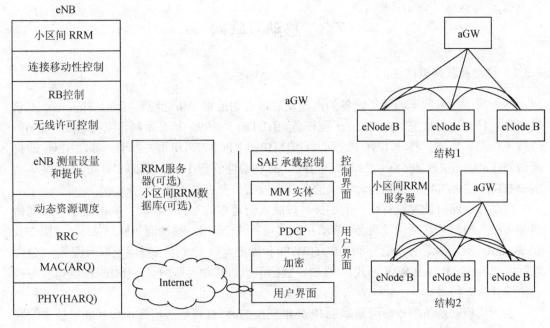

图 7-10 LTE 网络结构与协议结构

LTE 不仅通过简化结构，还采用以下几个关键技术来实现其优异性能。

(1) 传输技术与多址技术：3GPP 选择了大多数公司支持的方案，即下行 OFDM，上行 SC-FDMA。大多数公司支持采用"频域"方法来生成上行 SC-FD-MA 信号。这种技术是在 OFDM 的 IFFT 调制之前对信号进行 DFT 扩展，这样系统发射的是时域信号，从而可以避免 OFDM 系统发送频域信号带来的 PAPR 问题。

(2) 宏分集：由于存在难以解决的"同步问题"，LTE 对单播(uni-Cast)业务不采用下行宏分集。至于对频率要求稍低的多小区广播业务，可采用较大的循环前缀(CP)来解决小区之间的同步问题。考虑到实现网络结构"扁平化"、"分散化"，LTE 不采用上行宏分集技术。

(3) 调制与编码：LTE 下行主要采用 QPSK、16QAM、64QAM 3 种调制方式。上行主要采用位移 BPSK、QPSK、8PSK 和 16QAM。信道编码 LTE 主要考虑 Turbo 码，但若能获得明显的增益，也将考虑其他编码方式，如 LDPC 码。

(4) 基于 MIMO/SA 的多天线技术：智能天线技术是通过赋形，提供覆盖和干扰协调能力的技术。MIMO 技术通过多天线提供不同的传输能力，提供空间复用的增益，这两种技术结合的 MIMO/SA 技术在 LTE 以及 LTE 的后续演进系统中是非常重要的技术，它是提高传输率的主要手段，LTE 系统将设计可以适应宏小区、微小区、热点等各种环境的 MIMO 技术。

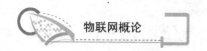

7.3 移动互联网

7.3.1 移动互联网概述

随着网络技术和无线通信设备的迅速发展，人们迫切希望能随时随地从 Internet 上获取信息。针对这种情况，Internet 工程任务组(IETF)于 1996 年开始制定支持移动 Internet 的技术标准。目前，移动 IPv6 的核心标准(MIPv6-RFC3775)和相关标准：移动 IPv6 的快速切换(FMIPv6-RFC4068)、分级移动 IPv6 的移动性管理(HMIPv6-RFC4140)、网络移动(NEMO-RFC3963[4])已经出台，相关的各项开发工作都在进行中。

移动互联网目前并没有统一的定义，按照人们通常的理解：移动互联网是以移动通信网作为接入网络的互联网及服务。移动互联网包括几个要素：移动通信网络接入，包括 2G、3G 和 E3G 等(不含通过没有移动功能的 WiFi 和固定宽带无线接入提供互联网服务)；公众互联网服务(WAP 和 WWW 方式)；终端，包括手机、移动互联网设备(MID)和数据卡方式的便携式计算机等。

下一代移动通信的核心网是基于 IP 分组交换的，而且移动通信技术和互联网技术的发展呈现出相互融合的趋势，故在下一代移动通信系统中，可以较为容易地引入移动互联网技术，移动互联网技术必将得到广泛应用。

移动互联网相比于固定互联网最大特点是随时随地和充分个性化，而其根源是移动通信的移动性和个性化特点。

移动性：移动用户可随时随地方便接入无线网络，实现无处不在的通信能力；通过移动性管理，可获得相关用户的精确定位和移动性信息。

个性化：个性化表现为终端、网络和内容/应用的个性化。终端个性化：表现在消费移动终端与个人绑定，个性化呈现能力非常强；网络个性化：表现在移动网络对用户需求、行为信息的精确反映和提取能力，并可与 Mashup 等互联网应用技术、电子地图等相结合；互联网内容/应用个性化：表现在采用社会化网络服务(SNS)、博客、聚合内容(RSS)、Widget 等 Web2.0 技术与终端个性化和网络个性化相互结合，使个性化效应极大释放。

7.3.2 移动互联网的目标

传统 IP 技术的主机不论是有线接入还是无线接入，基本上都是固定不动的，或者只能在一个子网范围内小规模移动。在通信期间，它们的 IP 地址和端口号保持不变。而移动 IP 主机在通信期间可能需要在不同子网间移动，当移动到新的子网时，如果不改变其 IP 地址，就不能接入这个新的子网。如果为了接入新的子网而改变其 IP 地址，那么先前的通信将会中断。

移动互联网技术是在 Internet 上提供移动功能的网络层方案，它可以使移动节点用一个永久的地址与互联网中的任何主机通信，并且在切换子网时不中断正在进行的通信。达到的效果如图 7-11 所示。

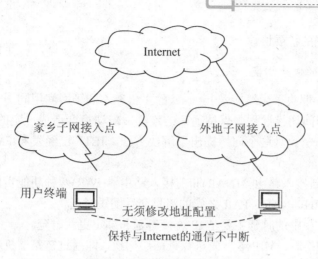

图 7-11 移动互联网的目标

7.3.3 移动互联网的基础协议

移动互联网的基础协议为移动 IPv6 协议(MIPv6), IETF 已经发布了 MIPv6 的正式协议标准 RFC3775[1]。MIPv6 支持单一终端,无须改动地址配置,可在不同子网间进行移动切换,而保持上层协议的通信不发生中断。

在 MIPv6 体系结构中,含有 3 种功能实体:移动节点(MN)、家乡代理(HA)、通信节点(CN)。其中 MN 为移动终端; HA 位于家乡子网,负责记录 MN 的当前位置,并将发往 MN 的数据转发至 MN 的当前位置; CN 为与 MN 通信的对端节点。

MIPv6 的主要目标是使 MN 不管是连接在家乡链路还是移动到外地链路,总是通过家乡地址(HoA)寻址。MIPv6 对 IP 层以上的协议层是完全透明的,使得 MN 在不同子网间移动时,运行在该节点上的应用程序无须修改或配置仍然可用。

每个 MN 都设置了一个固定的 HoA,这个地址与其当前接入互联网的位置无关。当 MN 移动至外地子网时,需要配置一个具有外地网络前缀的转交地址(CoA),并通过 CoA 提供 MN 当前的位置信息。MN 每次改变位置,都要将它最新的 CoA 告诉 HA, HA 将 HoA 和 CoA 的对应关系记录至绑定缓存。假设此时一个 CN 向 MN 发送数据,由于目的地址为 HoA,故这些数据将被路由至 MN 的家乡链路, HA 负责将其捕获。查询绑定缓存后, HA 可以知道这些数据可以用 CoA 路由至 MN 的当前位置, HA 通过隧道将数据发送至 MN。在反方向, MN 首先以 HoA 作为源地址构造数据报,然后将这些报文通过隧道送至 HA,再由 HA 转发至 CN。这就是 MIPv6 的反向隧道工作模式。

若 CN 也支持 MIPv6 功能,则 MN 也会向它通告最新的 CoA,这时 CN 就知道了家乡地址为 HoA 的 MN 目前正在使用 CoA 进行通信,在双方收发数据时会将 HoA 与 CoA 进行调换, CoA 用于传输,而最后向上层协议递交的数据报中的地址仍是 HoA,这样就实现了对上层协议的透明传输。这就是 MIPv6 的路由优化工作模式。

建立 HoA 与 CoA 对应关系的过程称为绑定(Binding),它通过 MN 与 HA、CN 之间交互相关消息完成,绑定更新(BU)是其中较重要的消息。

7.3.4 移动互联网的扩展协议

1. 移动 IPv6 的快速切换

基本的 MIPv6 解决了无线接入 Internet 的主机在不同子网间用同一个 IP 寻址的问题，而且能保证在子网间切换过程中保持通信的连续，但切换会造成一定的时延。移动 IPv6 的快速切换(FMIPv6)针对这个问题提出了解决方法，IETF 已经发布 FMIPv6 的正式标准 RFC4068。

FMIPv6 引入新接入路由器(NAR)和前接入路由器(PAR)两种功能实体，增加 MN 的相关功能，并通过 MN、NAR、PAR 之间的消息交互缩短时延。

MIPv6 切换过程中的时延主要是 IP 连接时延和绑定更新时延。

决定要进行切换时，MIPv6 首先进行链路层切换，即通过链路层机制首先发现并接入到新的接入点(AP)，然后再进行 IP 层切换，包括请求 NAR 的子网信息、配置新转交地址(NCoA)、重复地址检测(DAD)。通常 IP 层切换需要较长时间，造成了 IP 连接时延。针对这个问题，FMIPv6 规定 MN 在刚检测到 NAR 的信号时就向 PAR 发送代理路由请求(RtSoPr)消息用于请求 NAR 的子网信息，PAR 响应以代理路由通告(PrRtAdv)消息告之 NAR 的子网信息。MN 收到 PrRtAdv 后便配置 NCoA。这样，在 MN 决定切换时只需进行链路层切换，然后使用已配置好的 NCoA 即可连接至 NAR。

MN 连接至 NAR 后并不意味着它能立刻使用 NCoA 与 CN 通信，而是要等到 CN 接收并处理完针对 NCoA 的 BU 后才能实现通信，造成了绑定更新时延。针对这个问题，FMIPv6 规定 MN 在配置好 NCoA 并决定进行切换时，向 PAR 发送快速绑定更新(FBU)消息，目的是在 PAR 上建立 NCoA-PCoA 绑定并建立隧道，将 CN 发往 PCoA 的数据通过隧道送至 NCoA，NAR 负责缓存这些数据。当 MN 切换至 NAR 后，立即向它发送快速邻居通告(FNA)消息，NAR 便得知 MN 已完成切换，已经是自己的邻居，把缓存的数据发送给 MN。此时即使 CN 不知道 MN 已经改用 NCoA 作为新的转交地址，也能与 MN 通过 PAR-NAR 进行通信。CN 处理完以 NCoA 作为转交地址的 BU 后，就取消 PAR 上的绑定和隧道，CN 与 MN 间的通信将只通过 NAR 进行。

此外，PAR 收到 FBU 后向 NAR 发送切换发起(HI)消息，作用是进行 DAD 以确定 NCoA 的可用性，然后 NAR 响应以切换确认(HAck)消息告知 PAR 最后确定可用的 NCoA，PAR 再将这个 NCoA 通过快速绑定确认(FBack)消息告诉 MN，最终 MN 将使用这个地址作为 NCoA。

采用上述方法，FMIPv6 切换延迟比基本 MIPv6 缩短 10 倍以上，工作流程如下：①MN 检测到 NAR 信号；②MN 发送 RtSoPr；③MN 接收 PrRtAdv，配置 NCoA；④MN 确定切换，发送 FBU；⑤PAR 发送 HI，NAR 进行 DAD 操作；⑥NAR 回应 Hack；⑦PAR 向 MN 发送 FBA，同时建立绑定和隧道，将发往 PCoA 的数据通过隧道送至 NCoA；⑧MN 向 NAR 发送 FNA；⑨NAR 把 MN 作为邻居，向它发送从 PAR 隧道过来的数据；⑩CN 更新绑定后，删除 PAR 上的绑定和隧道，CN 将数据直接发往 NCoA。

2. 分级移动 IPv6 的移动性管理

若 MN 移动到离家乡网络很远的位置，每次切换时发送的绑定要经过较长时间才能被 HA 收到，造成切换效率低下。为解决这个问题，IETF 提出分级移动 IPv6(HMIPv6)，发布了正式标准 RFC4140。

HMIPv6 引入了移动接入点(MAP)这个新的实体，并对 MN 的操作进行了简单扩展，而对 HA 和 CN 的操作没有任何影响。按照范围的不同，将 MN 的移动分为同一 MAP 域内移动和 MAP 域间移动。在 MIPv6 中引入分级移动管理模型，最主要的作用是提高 MIPv6 的执行效率。HMIPv6 也支持 FMIPv6，以帮助 MN 的无缝切换。

当 MN 进入 MAP 域时，将接收到包含一个或多个本地 MAP 信息的路由通告(RA)。MN 需要配置两个转交地址：区域转交地址(RCoA)，其子网前缀与 MAP 的一致；链路转交地址(LCoA)，其子网前缀与 MAP 的某个下级 AR 的一致。首次连接至 MAP 下的某个 AR 时，将生成 RCoA 和 LCoA，并分别进行 DAD 操作，成功后 MN 给 MAP 发送本地绑定更新(LBU)消息，将其当前地址(即 LCoA)与在 MAP 子网中的地址(即 RCoA)绑定，而针对 HA 和 CN，MN 发送的 BU 的转交地址则是 RCoA。CN 发往 RCoA 的包将被 MAP 截获，MAP 将这些包封装转发至 MN 的 LCoA。

如果在一个 MAP 域内移动，切换到了另一个 AR，MN 仅改变它的 LCoA，只需要在 MAP 上注册新的地址，不必向 HA、CN 发送 BU，这样就能较大程度地节省传输开销，由此可见，MAP 本质上是一个区域家乡代理。

在 MAP 域间移动时，MN 将生成新的 RCoA 和 LCoA，这时才需要给 BU 发送 HA 和 CN 注册新的 RCoA，当然也需要发送 LBU 给新区域的 MAP。

域内移动和域间移动的注册过程如图 7-12 所示。

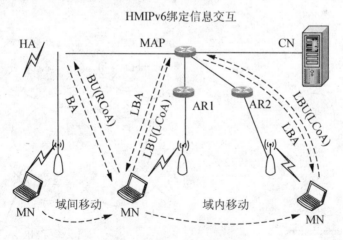

图 7-12 HMIPv6 的注册过程

因此，只有 RCoA 才需要注册 CN 和 HA。只要 MN 在一个 MAP 域内移动，RCoA 就不需要改变，使 MN 的域内移动对 CN 是透明的。

3. 子网移动

网络移动性(NEMO)工作组研究将移动子网作为一个整体在全球互联网范围内变换接

入位置时的移动管理和路由可达性问题。移动网内部的网络拓扑相对固定，通过一台或多台移动路由器连接至全球的互联网。网络移动对移动网络内部节点完全透明，内部节点无须感知网络的移动，不需要支持移动功能。IETF 已发布 NEMO 的正式标准 RFC3963。

NEMO 网络由一个或多个移动路由器、本地固定节点(LFN)和本地固定路由器(LFR)组成。LFR 可接入其他 MN 或 MR，构成潜在的嵌套移动网络。

NEMO 的原理与 MIPv6 类似，当其移动到外地网络时，MR 生成转交地址 CoA，向其 HA 发送 BU，绑定 MR 的 HoA 和 CoA，并建立双向隧道。CN 发往 LFN 的数据将路由至 HA，经路由查询下一跳应是 MR 的 HoA，HA 便将数据用隧道发至 MR，MR 将其解封装后路由至 LFN。反方向上，所有源地址属于 NEMO 网络前缀范围的数据都将被 MR 通过隧道送至 HA，HA 负责将其解封装路由至 CN。

值得注意的是，HA 上必须有 NEMO 网络前缀范围的路由表，即 HA 需要确定发往 LFN 的数据的下一跳是 MR 的 HoA。有两种途径建立该路由表：在 BU 中携带 NEMO 网络前缀信息；在 MR 与 HA 间通过双向隧道运行路由协议。

RFC3963 中只提出了基本的反向隧道工作方式，没有解决三角路由问题，特别是在 NEMO 网络嵌套的情况下，需要多个 HA 的隧道封装转发，效率不是很高。为此，针对 NEMO 路由优化的相关工作正在进行中。

4. 应用中的技术整合

在移动 IPv6 中引入上述扩展协议后，移动互联网可以提供对单一终端和子网的移动性支持，并且在移动过程中支持终端、子网的快速切换和层次移动性管理。其架构如图 7-13 所示。

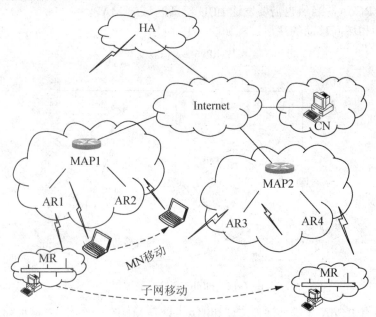

图 7-13 移动互联网的架构

此结构下的移动互联网在处理切换时，传输时延等开销较小，能做到无缝切换，可承载丰富的多媒体业务，提供良好的用户服务。

第 8 章
宽带无线接入网

宽带无线接入网是实现物联网感知层在任何地点都能无缝接入物联网传输层的重要方法,宽带无线接入网因具有"无所不在、无所不能"等诸多优势而成为一种非常有发展潜力的接入方式。什么是宽带无线接入网?代表性的宽带无线接入网有哪些?无线局域网和无线城域网两种无线宽带接入各有什么特点和优势?

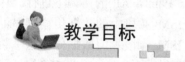
教学目标

理解宽带无线接入网的概念和作用;
了解无线局域网和无线城域网各有什么特点和优势;
掌握宽带无线接入网在物联网体系结构中的位置。

教学要求

知识要点	能力要求
宽带无线接入网基本概念	(1) 掌握宽带无线接入网的分类 (2) 理解宽带无线接入网的特点 (3) 了解宽带无线接入网在物联网中的作用
无线局域网	(1) 了解无线局域网系列标准 (2) 理解无线局域网的构建方法
无线城域网	(1) 了解无线城域网系列标准 (2) 典型的 WiMAX 网络组网方式

推荐阅读资料

1. 宽带无线接入技术概述. 2011-09-05. http://www.hqew.com/tech/fangan/461620.html
2. 揭秘无线 WiFi 802.11 系列标准家族. 2012-7-17. http://www.enet.com.cn/article/2012/0717/A20120717137664.shtml

3. 宽带无线接入网 IEEE 802.16 标准. 中兴通讯技术. 2013-1
4. 无线城域网中关键技术的研究. http://info2.10010.com/profile/xwdt/ztbd/file861.html

8.1 宽带无线接入网概述

无线宽带接入网也称宽带无线接入(Broadband Wireless Access，BWA)技术目前还没有通用的定义，一般是指把高效率的无线技术应用于宽带接入网络中，以无线方式向用户提供宽带接入的技术。IEEE 802 标准组负责制定无线宽带接入 BWA 各种技术规范，具有代表性的包括无线局域网 WLAN 和无线城域网 WMAN。

(1) 以 IEEE 802.11(WiFi)为代表的无线局域网(Wireless Local Area Network，WLAN)技术。WiFi 第一个版本发表于 1997 年，其中定义了介质访问接入控制层(MAC 层)和物理层。物理层定义了工作在 2.4GHz 的 ISM 频段上的两种无线调频方式和一种红外传输的方式，总数据传输速率设计为 2Mbps。两个设备之间的通信可以自由直接(ad hoc)的方式进行，也可以在基站(Base Station，BS)或者访问点(Access Point，AP)的协调下进行。1999 年加上了两个补充版本：802.11a 定义了一个在 5GHz ISM 频段上的数据传输速率可达 54Mbps 的物理层，802.11b 定义了一个在 2.4GHz 的 ISM 频段上但数据传输速率高达 11Mbps 的物理层。2.4GHz 的 ISM 频段为世界上绝大多数国家通用，因此 802.11b 得到了最为广泛的应用。目前，无线局域网已经形成了 IEEE 802.11 系列标准，包括 IEEE 802.11、IEEE 802.11a/b/c/d/e/f/g/h/i/n 等标准。

(2) 以 IEEE 802.16(WiMAX)为代表的无线城域网(Wireless Metropolitan Area Network，WMAN)技术。IEEE 802.16 是为制定无线城域网标准而专门成立的工作组，其初衷是提供高性能的、工作于 10~66GHz 频段的最后一公里宽带无线接入技术，正式名称是"固定宽带无线接入系统空中接口(Air Interface for Fixed Broadband Wireless Access Systems)"，又称为 IEEE WirelessMAN 空中接口，是一点对多点技术，主要包括空中接口标准：802.16-2001(即通常所说的 802.16 标准)、802.16a、802.16c、802.16d 与 802.16e；共存问题标准：802.16.2-2001、802.16.2a；一致性标准：1802.16.1、1802.16.2。该工作组自 1999 年成立以来，主要负责固定无线接入的空中接口标准的制定。为了推广基于 IEEE 802.16 和欧洲电信标准组织(ETSI)高性能无线城域网(HiperMAN)协议的无线宽带接入设备，并且确保他们之间的兼容性和互操作性，2001 年 4 月，由业界主要的无线宽带接入厂商和芯片制造商共同成立了一个非营利工业贸易联盟——全球微波接入互操作性(WiMAX)组织。

8.2 无线局域网

8.2.1 IEEE 802.11X 系列无线局域网标准

由于 WLAN 是基于计算机网络与无线通信技术，在计算机网络结构中，逻辑链路控制(LLC)层及其之上的应用层对不同的物理层的要求可以是相同的，也可以是不同的，因此，WLAN 标准主要是针对物理层和媒质访问控制层(MAC)，涉及所使用的无线频率范围、空中接口通信协议等技术规范与技术标准。

1. IEEE 802.11

1990 年 IEEE 802 标准化委员会成立 IEEE 802.11WLAN 标准工作组。IEEE 802.11(别名：WiFi(WirelessFidelity)无线保真)是在 1997 年 6 月由大量的局域网以及计算机专家审定通过的标准，该标准定义物理层和媒体访问控制(MAC)规范。物理层定义了数据传输的信号特征和调制，定义了两个 RF 传输方法和一个红外线传输方法，RF 传输标准是跳频扩频和直接序列扩频，工作在 2.4～2.483 5GHz 频段。IEEE 802.11 是 IEEE 最初制定的一个无线局域网标准，主要用于解决办公室局域网和校园网中用户与用户终端的无线接入问题，业务主要限于数据访问，速率最高只能达到2Mbps。由于它在速率和传输距离上都不能满足人们的需要，所以 IEEE 802.11 标准被 IEEE 802.11b 所取代了。

2. IEEE 802.11b

1999 年 9 月 IEEE 802.11b 被正式批准，该标准规定 WLAN 工作频段在 2.4～2.483 5GHz，数据传输速率达到 11Mbps，传输距离控制在 15～45m。该标准是对 IEEE 802.11 的一个补充，采用补偿编码键控调制方式，采用点对点模式和基本模式两种运作模式，在数据传输速率方面可以根据实际情况在 11Mbps、5.5Mbps、2Mbps、1Mbps 的不同速率间自动切换，它改变了 WLAN 的设计状况，扩大了 WLAN 的应用领域。IEEE 802.11b 已成为当前主流的 WLAN 标准，被多数厂商所采用，所推出的产品广泛应用于办公室、家庭、宾馆、车站、机场等众多场合，但是由于许多 WLAN 新标准的出现，IEEE 802.11a 和 IEEE 802.11g 更是倍受业界关注。

3. IEEE 802.11a/n

1999 年，IEEE 802.11a 标准制定完成，该标准规定 WLAN 工作频段在 5.15～5.825GHz，数据传输速率达到 54Mbps/72Mbps(Turbo)，传输距离控制在 10～100m。该标准也是 IEEE 802.11 的一个补充，扩充了标准的物理层，采用正交频分复用(OFDM)的独特扩频技术，采用 QFSK 调制方式，可提供 25Mbps 的无线 ATM 接口和 10Mbps 的以太网无线帧结构接口，支持多种业务如话音、数据和图像等，一个扇区可以接入多个用户，每个用户可带多个用户终端。IEEE 802.11a 标准是 IEEE 802.11b 的后续标准，其设计初衷是取代 802.11b 标准，然而，工作于 2.4GHz 频带是不需要执照的，该频段属于工业、教育、医疗等专用频段，是公开的，工作于 5.15～8.825GHz 频带是需要执照的。IEEE 802.11n 定义了导入多重输入输出(MIMO)技术，基本上是 802.11a 的延伸版。

4. IEEE 802.11g

目前，IEEE 推出最新版本 IEEE 802.11g 认证标准，该标准提出拥有 IEEE 802.11a 的传输速率，安全性较 IEEE 802.11b 好，采用两种调制方式，含 802.11a 中采用的 OFDM 与 IEEE 802.11b 中采用的 CCK，做到与 802.11a 和 802.11b 兼容。虽然 802.11a 较适用于企业，但 WLAN 运营商为了兼顾现有 802.11b 设备投资，选用 802.11g 的可能性极大。

5. IEEE 802.11i

IEEE 802.11i 标准是结合 IEEE 802.1x 中的用户端口身份验证和设备验证，对 WLANMAC 层进行修改与整合，定义了严格的加密格式和鉴权机制，以改善 WLAN 的安全性。IEEE 802.11i 新修订标准主要包括两项内容："WiFi 保护访问"(WiFi Protected Access，WPA)技术和"强健安全网络"(RSN)。WiFi 联盟计划采用 802.11i 标准作为 WPA 的第二个版本，并于 2004 年初开始实行。IEEE 802.11i 标准在 WLAN 网络建设中是相当重要的，数据的安全性是 WLAN 设备制造商和 WLAN 网络运营商应该首先考虑的头等工作。

6. IEEE 802.11e/f/h

IEEE 802.11e 标准对 WLANMAC 层协议提出改进，以支持多媒体传输，支持所有 WLAN 无线广播接口的服务质量保证 QoS 机制。IEEE 802.11f 定义访问节点之间的通信，支持 IEEE 802.11 的接入点互操作协议(IAPP)。IEEE 802.11h 用于 802.11a 的频谱管理技术。

7. IEEE 802.11d/c

IEEE 802.11d 是根据各国无线电频谱规定做的调整。IEEE 802.11c 则为符合 802.11 的媒体接入控制层(MAC)桥接(MAC Layer Bridging)。

8.2.2 无线局域网的构建

1. 临时性现场无线局域网的构建

工作中经常会有这样的需求，需要组建一个临时的计算机网络。比如说，有些野外工作队需要对现场数据进行联网测试或计算等等。这些网络的应用一般来说都是暂时的，如果只是为了一次临时应用就投入人力物力做网络布线构建网络显然是一种不合理的投资。为此，可以通过无线网卡或无线的接入器临时组建一个无线的局域网达到随时随地迅速组建网络的目的，这种方案最好地节省了投资、减少了布线所带来的麻烦。如构建 IEEE 802.11g 的无线局域网(网络拓扑如图 8-1 所示)需要产品包括：①WG602 802.11g 54M—无线局域网接入点(AP)；②WG511 802.11g 54M—无线 CardBus 笔记本电脑卡；③WG311 802.11g 54M—无线 PCI 卡；④WGE101 802.11g 54M—无线以太网客户端桥接器；⑤WG121 802.11g 54M—无线 USB 适配器；⑥MA701 802.11b—11MCF 卡。

2. 家庭无线局域网的构建

家庭拥有几台计算机需要一个家庭局域网实现移动宽带上网，或者对于 SOHO 一族解决家庭局域网办公。构建的家庭无线局域网要求既能将所有计算机互连，又能够宽带网上冲浪，还能够在家中任何一个角落移动使用计算机联网，并且不用更改线路不再布线。为此构建如图 8-2 所示网络拓扑的无线局域网。需要产品包括：(1)WG602 802.11g 54M—无线局域网接入点(AP)；(2)WG511 802.11g 54M—无线 CardBus 笔记本计算机卡；(3)WG311 802.11g 54M—无线 PCI 卡；(4)WGE101 802.11g 54M—无线以太网客户端桥接器；(5)WG121 802.11g 54M—无线 USB 适配器；(6)WGR614 802.11g 54M—无线宽带路由器。

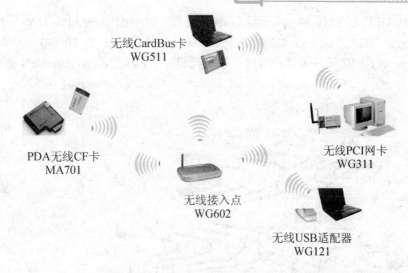

图 8-1 临时性无线局域网网络拓扑示意图

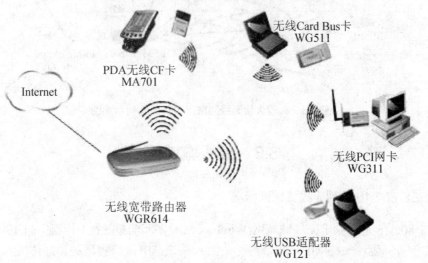

图 8-2 家庭无线局域网网络拓扑示意图

3. 企业大楼无线局域网的构建

实现企业大楼的移动网络办公，使其能够自由调整网络结构和随意增加、减少工位，提供随时随地的企业网络资源访问，提高办公的效率。为此，采用无线的技术，加上少量的布线，只根据建筑的结构布置一定数量的 AP(无线接入点)，即可实现桌面 PC 及移动用户的以太网服务。按照无线接入点同一区域最多支持 3 个独立信道的原则(802.11b 和 802.11g 标准均如此)，合理地分布 AP 使之按照蜂窝结构分布。无线用户分布在 AP 接入点所覆盖的无线区域内就可以实现与企业网络的连接，并能做到 AP 间在线的无缝移动漫游。企业大楼无线局域网的网络拓扑如图 8-3 所示。需要产品包括：①WG302 Super G 108M—企业级无线局域网接入点(AP)；②WG511 802.11g 54M—无线 CardBus 笔记本电脑卡；③WG311 802.11g 54M—无线 PCI 卡；④WGE101 802.11g 54M—无线以太网客户端桥接器；⑤WG121 802.11g 54M—无线 USB 适配器；⑥ME103 802.11b 11M—企业级无线局域网接入点(AP)；⑦FSM726S 24 个 10/100M 端口、2 个 10/100/1000M 端口、2 个 1000Base-X GBIC 槽，可堆叠可网管理交换机；⑧FVL328 Pro Safe VPN 防火墙。

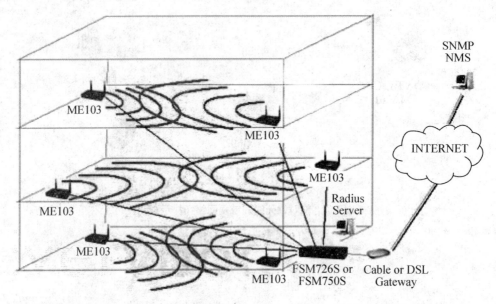

图 8-3 典型大楼无线局域网的拓扑结构示意图

8.3 无线城域网

8.3.1 IEEE 802.16 系列无线城域网标准

IEEE 802.16 是为制定无线城域网(Wireless MAN)标准成立的工作组，自 1999 年成立后，主要负责开发 2~66 GHz 频带的无线接入系统空中接口物理层和媒体接入控制层规范。2001 年，由业界主要的无线宽带接入厂商和芯片制造商成立了非营利工业贸易联盟组织——WiMAX(Worldwide Interoperability for Microwave Access)。该联盟对基于 IEEE 802.16 标准和 ETSI HiperMAN 标准的宽带无线接入产品进行兼容性和互操作性的测试和认证，发放 WiMAX 认证标志，借此推动无线宽带接入技术的发展。IEEE 802.16 工作组于 2001 年 12 月通过最早的 IEEE 802.16 标准，2003 年 4 月，发布了修正和扩展后的 IEEE 802.16a 标准。该标准工作频段为 2~11 GHz，在 MAC 层提供了 QoS 保证机制，支持语音和视频等实时性业务。2004 年 7 月，通过了 IEEE 802.16d 标准，对 2~66 GHz 频段的空中接口物理层和 MAC 层作了详细的规定。该协议是相对成熟的版本，业界各大厂商基于该标准开发产品。2005 年 10 月，IEEE 正式批准 IEEE 802.16e 标准，该标准在 2~6 GHz 频段上支持移动宽带接入，实现了移动中提供高速数据业务的宽带无线接入解决方案。以 IEEE 802.16 系列标准为基础的 WiMAX 技术，支持固定(802.16d)和移动(802.16e)宽带无线接入，基站覆盖范围达到 km 量级，为宽带数据接入提供了新的解决方案。

(1) IEEE 802.16d/e 的物理层可选用单载波、正交频分复用(OFDM)和正交频分多址(OFDMA)共 3 种技术。单载波选项主要是为了兼容 10～66GHz 频段的视距传输(OFDM 和 OFDMA 只用于大于 11 GHz 的频段)。IEEE 802.16d OFDM 物理层采用 256 个子载波, OFDMA 物理层采用 2048 个子载波, 信号带宽从 1.25～20MHz 可变。IEEE 802.16e 对 OFDMA 物理层进行了修改, 使其可支持 128、512、1024 和 2048 共 4 种不同的子载波数量, 但子载波间隔不变, 信号带宽与子载波数量成正比。这种技术称为可扩展的 OFDMA(Scalable OFDMA)。采用这种技术, 系统可以在移动环境中灵活适应信道带宽的变化。IEEE 802.16 技术在不同的无线参数组合下可以获得不同的接入速率。以 10 MHz 载波带宽为例, 若采用 OFDM-64QAM 调制方式, 除去开销, 则单载波带宽可以提供约 30Mbps 的有效接入速率。IEEE 802.16 标准适用的载波带宽范围从 1.75 MHz 到 20 MHz 不等, 在 20 MHz 信道带宽、64QAM 调制的情况下, 传输速率可达 74.81 Mbps。

(2) IEEE 802.16d/e 标准支持全 IP 网络层协议, IEEE 802.16d/e 设备可以作为一个路由器接入现有的 IP 网络。同时, IEEE 802.16 协议也可以通过一个 ATM 汇聚子层将 ATM 信元映射到 MAC 层, 这意味着 WiMAX 支持与 3G 系统的互通和融合。IEEE 802.16 标准在 MAC 层定义了较为完整的服务质量(QoS)机制, 可以根据业务的需要提供实时、非实时的不同速率要求的数据传输服务。MAC 层针对每个连接可以分别设置不同的 QoS 参数, 包括速率、延时等指标。为了更好地控制上行数据的带宽分配, 标准还定义了主动授权业务(UGS)、实时轮询业务(rtPS)、非实时轮询业务(nrtPS)和尽力传输业务(BE)4 种不同的上行带宽调度模式。同时, IEEE 802.16 系统采用了根据连接的 QoS 特性和业务实际需要来动态分配带宽的机制, 不同于传统的移动通信系统所采用的分配固定信道的方式, 因而具有更大的灵活性, 可以在满足 QoS 要求的前提下尽可能地提高资源的利用率, 能够更好地适应 TCP/IP 协议族所采用的包交换方式。

(3) 在多址方式方面, IEEE 802.16d/e 在上行采用时分多址(TDMA), 下行采用时分复用(TDM)支持多用户传输; 另一种多址方式是采用 OFDMA, 以 2048 个子载波的情况为例, 系统将所有可用的子载波分为 32 个子信道, 每个子信道包含若干子载波。多用户多址采用与跳频类似的方式实现, 只是跳频的频域单位为一个子信道, 时域单位为 2 或 3 个符号周期。

(4) 在调制技术方面, IEEE 802.16d/e 支持的最高阶调制方式为 64QAM, 相对于蜂窝移动通信系统(3GPP HSDPA 最高支持 16QAM), IEEE 802.16d/e 更强调在信道条件较好时实现极高的峰值速率。为适应高质量数据通信的要求, IEEE 802.16d/e 选用了块 Turbo 码、卷积 Turbo 码等纠错能力很强但解码延时较大的信道码, 同时也考虑使用低复杂度、低延时的低密度稀疏检验矩阵码(LDPC)。

(5) 在双工方式方面, IEEE 802.16d/e 支持频分双工(FDD)和时分双工(TDD)两种模式, 其物理层技术基本相同。相对而言, 与 3G 技术中 FDD 和 TDD 两种模式采用的物理层有较大不同。IEEE 802.16d/e 在 5MHz 频带上可以实现约 15Mbps 的速率, 频谱效率为 3bps/Hz, 与高速数据分组接入(HSDPA)相似。但 IEEE 802.16d/e 在固定或低速的环境下可以使用更大带宽(20MHz), 实现高达 75Mbps 的峰值速率, 这是现有蜂窝移动通信系统难以达到的。

8.3.2　IEEE 802.16 协议体系结构

IEEE 802.16 协议规定了 MAC 层和 PHY 层的规范。MAC 层独立于 PHY 层,并且支持多种不同的 PHY 层。IEEE 802.16 协议结构如图 8-4 所示。

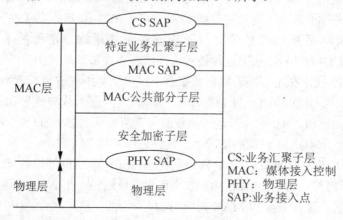

图 8-4　IEEE 802.16 协议结构

IEEE 802.16 的 MAC 层采用分层结构,分为 3 个子层:特定业务汇聚子层(CS)负责将业务接入点(SAP)收到的外部网络数据转换和映射到 MAC 业务数据单元(SDU),并传递到 MAC 层业务接入点;公共部分子层(CPS)是 MAC 的核心部分,主要功能包括系统接入、带宽分配、连接建立和连接维护等,将 CS 层的数据分类到特定的 MAC 连接,同时对物理层上传输和调度的数据实施 QoS 控制;加密子层主要功能是提供认证、密钥交换和加解密处理。IEEE 802.16 的 MAC 层支持两种网络拓扑方式,802.16 主要针对点对多点(PMP)结构的宽带无线接入应用而设计。为了适应 2~11GHz 频段的物理环境和不同业务需求,802.16a 增强了 MAC 层的功能,提出了网状(Mesh)结构,用户站(SS)之间可以构成小规模多跳无线连接。IEEE 802.16 MAC 层是基于连接的,用户站进入网络后会与基站(BS)建立传输连接。SS 在上行信道上进行资源请求,由 BS 根据链路质量和服务协定进行上行链路资源分配管理。

8.3.3　WiMAX 组网实例

WiMAX 基于 IEEE 802.16 技术标准,推荐 PMP 方式组网。WiMAX 论坛给出 WiMAX 技术的 5 种应用场景定义为:固定、游牧、便携、简单移动和全移动。这些应用场景的区别在于 SS 的移动性特征和与移动相关的切换、无线资源管理、QoS、功率控制等方面。

以应用到固定应用场景的 IEEE 802.16d 为例。基于 WiMAX 的无线城域网(WMAN)接口标准与传统的基站式小区网络非常类似,这种网络使用的就是点到多点的结构。在这种方式下的典型应用有 3 类。

(1) 面向居住区和小型家庭办公室(SOHO)的高速互联网接入。在某些区域,目前的数字用户线(DSL)或有线连接方式已经不能满足顾客对于性能、灵活性和成本的期望。WiMAX 是最佳的替代技术。

(2) 中小型企业。对于集团应用，WiMAX 是最佳的方案，可以低成本提供灵活的接入方式。

(3) WiFi 热点回程。随着 WiFi 热点大范围地布置，高容量、低成本的回程解决方案成为 WiFi 热点不断增长的一个障碍。这一问题可以通过 WiMAX 有效地加以解决。由于具备游牧容量，WiMAX 可以有效地填充 WiFi 热点之间的空白区域。

参考通用的无线通信体系结构，WiMAX 网络参考架构可以分成终端、接入网和核心网 3 个部分，如图 8-5 所示。WiMAX 终端包括固定、漫游和移动 3 种类型终端；WiMAX 接入网主要为无线基站，支持无线资源管理等功能；WiMAX 核心网主要是解决用户认证、漫游等功能及 WiMAX 网络与其他网络之间的接口关系。这是典型的 PMP 组网方式。

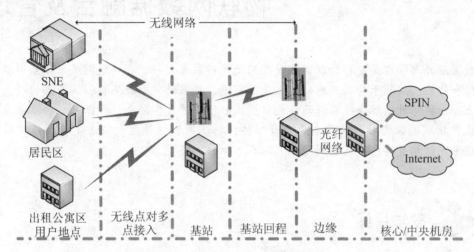

图 8-5 典型的 WiMAX 网络组网方式

第四篇 物联网应用层

第 9 章 物联网数据融合及管理

数据融合与管理是支撑物联网广泛应用的关键技术之一，在物联网技术体系中具有重要地位和作用。但鉴于物联网感知节点能源有限、数据的时间敏感特性、网络的动态特性等特点，物联网数据融合技术将面临更多挑战。什么是数据融合？数据融合的体系结构如何构成？物联网数据融合的基本原理有哪些？物联网数据管理的特点是什么？传感网数据管理系统结构有哪些？这些问题都可以在本章找到答案。

教学目标

了解数据融合的基本概念及体系结构；
理解物联网数据融合的基本原理；
了解物联网数据管理的特点；
理解传感网数据管理系统结构。

教学要求

知识要点	能力要求
数据融合的基本概念	(1) 了解数据融合的发展 (2) 理解数据融合的定义 (3) 了解数据融合的特点
数据融合的基本原理	(1) 理解数据融合的体系结构 (2) 了解数据融合技术的主要方法
物联网的数据融合	(1) 了解物联网数据融合的作用 (2) 理解传感网数据融合的基本原理 (3) 了解基于信息抽象层次的物联网数据融合模型

第9章 物联网数据融合及管理

续表

知识要点	能力要求
物联网数据管理	(1) 了解物联网数据管理的特点 (2) 理解传感网数据管理系统结构

 推荐阅读资料

1. 多传感器数据融合发展评述及展望. 丁锋, 等. 舰船电子对抗. 2007-6
2. 物联网中无线传感器节点和 RFID 数据融合方法. 李杰. 电子设备工程. 2011-4
3. 无线传感器网络基于分簇路由的数据融合研究. 周冲, 等. 现代电子技术. 2012-4-6
4. 面向智能电网的物联网信息聚合技术. 2011-07-06. http://www.chinaelc.cn/ch_jishu/jsjl/201107067691.html

9.1 数据融合概述

9.1.1 数据融合的发展

数据融合一词最早出现在 20 世纪 70 年代,并于 20 世纪 80 年代发展成一项专门技术,尤其是近几年来引起了世界范围内的普遍关注。它是人类模仿自身信息处理能力的结果,类似人类和其他动物对复杂问题的综合处理。数据融合技术最早用于军事,1973 年美国研究机构就在国防部的资助下,开展了声呐信号解释系统的研究。目前,工业控制、机器人、空中交通管制、海洋监视和管理等领域也向着多传感器数据融合方向发展。物联网概念的提出,使数据融合技术将成为其数据处理等相关技术开发所要关心的重要问题之一。

物联网数据融合概念是针对多传感器系统而提出的。在多传感器系统中,由于信息表现形式的多样性、数据量的巨大性、数据关系的复杂性以及要求数据处理的实时性、准确性和可靠性都已大大超出了人脑的信息综合处理能力,在这种情况下,多传感器数据融合技术应运而生。多传感器数据融合(Multi-Sensor Data Fusion,MSDF),简称数据融合,也被称为多传感器信息融合(Multi-Sensor Information Fusion,MSIF)。它由美国国防部在 20 世纪 70 年代最先提出,之后英、法、日、俄等国也做了大量的研究。近 40 年来数据融合技术得到了巨大的发展,同时伴随着电子技术、信号检测与处理技术、计算机技术、网络通信技术以及控制技术的飞速发展,数据融合已被应用在多个领域,在现代科学技术中的地位也日渐突出。通过信息融合技术可以扩展战场感知的时间和空间的覆盖范围,变单源探测为网络探测,对多源战场感知信息进行目标检测、关联/相关、组合,以获得精确的目标状态和完整的目标属性/身份估计,以及高层次的战场态势估计与威胁估计,从而实现未来战争中陆、海、空、天、电磁频谱全维战场感知。不少数据融合技术的研究成果和实用系统已在 1991 年的海湾战争中得到实战验证,取得了理想的效果。

9.1.2 数据融合的定义

美国国防部三军实验室理事联席会(JDL)对信息融合技术的定义为：信息融合是一个对从单个和多个信息源获取的数据和信息进行关联、相关和综合，以获得精确的位置和身份估计，以及对态势和威胁及其重要程度进行全面及时评估的信息处理过程；该过程是对其估计、评估和额外信息源需求评价的一个持续精练(refinement)过程，同时也是信息处理过程不断自我修正的一个过程，以获得结果的改善。后来，JDL将该定义修正为：信息融合是指对单个和多个传感器的信息和数据进行多层次、多方面的处理，包括：自动检测、关联、相关、估计和组合。

目前，数据融合定义简洁地表述为：数据融合是利用计算机技术对时序获得的若干感知数据，在一定准则下加以分析、综合，以完成所需决策和评估任务而进行的数据处理过程。

数据融合这一技术有3层含义：①数据的全空间，即数据包括确定的和模糊的、全空间的和子空间的、同步的和异步的、数字的和非数字的，它是复杂的多维多源的，覆盖全频段；②数据的融合不同于组合，组合指的是外部特性，融合指的是内部特性，它是系统动态过程中的一种数据综合加工处理；③数据的互补过程，数据表达方式的互补、结构上的互补、功能上的互补、不同层次的互补，是数据融合的核心，只有互补数据的融合才可以使系统发生质的飞跃。

数据融合的实质是针对多维数据进行关联或综合分析，进而选取适当的融合模式和处理算法，用以提高数据的质量，为知识提取奠定基础。因此，数据融合需要解决数据对准；数据相关；数据识别，即估计目标的类别和类型；感知数据的不确定性；不完整、不一致和虚假数据；数据库；性能评估等技术问题。

9.2 数据融合的基本原理

9.2.1 数据融合的体系结构

数据融合是一种多层次、多方位的处理过程，需要对多种来源数据进行检测、相关和综合以进行更精确的态势评估。数据融合一般可以分为数据级融合、特征级融合和决策级融合等3个层次。

1. 数据级融合

数据级融合又称像素级融合，它是直接在采集到的原始数据层上进行的融合，在各种传感器的原始检测未经预处理之前就进行数据的综合与分析。数据层融合一般采用集中式融合体系进行融合处理。这是低层次的融合，如成像传感器中通过对包含若干像素的模糊图像进行图像处理来确认目标属性的过程就属于数据层融合。其优点是保持了尽可能多的战场信息。其缺点是处理的信息量大，所需时间长，实时性差。这种融合通常用于多源图像复合、图像分析和理解；同类(同质)雷达波形的直接合成以改善雷达信号处理的。

2. 特征级融合

特征级融合属于中间层次的融合，它先对来自传感器的原始信息进行特征提取(特征可以是目标的边缘、方向、速度等)，然后对特征信息进行综合分析和处理。也就是说，每种传感器提供从观测数据中提取的有代表性的特征，这些特征融合成单一的特征向量，然后运用模式识别的方法进行处理。特征级融合的优点在于实现了可观的信息压缩，有利于实时处理，并且由于所提取的特征直接与决策分析有关，因而融合结果能最大限度地给出决策分析所需要的特征信息。特征级融合一般采用分布式或集中式的融合体系。特征层融合可分为两大类：一类是目标状态融合；另一类是目标特性融合。

3. 决策级融合

决策级融合通过不同类型的传感器观测同一个目标，每个传感器在本地完成基本的处理，其中包括预处理、特征抽取、识别或判决，以建立对所观察目标的初步结论。然后通过关联处理进行决策层融合判决，最终获得联合推断结果。这一层融合是在高层次上进行的，融合的结果为指挥控制决策提供依据。决策级融合的优点是：具有很高的灵活性，系统对信息传输带宽要求较低；能有效地融合反映环境或目标各个侧面的不同类型信息，具有很强的容错性；通信容量小，抗干扰能力强；对传感器的依赖性小，传感器可以是异质的；融合中心处理代价低。

图9-1是数据融合的一般模型，该模型把数据融合分为3级。第一级是单源或多源处理，主要是数字处理、跟踪相关和关联；第二级是评估目标估计的集合，及它们彼此和背景的关系来评估整个情况；第三级是用一个系统的先验目标集合来检验评估的情况。

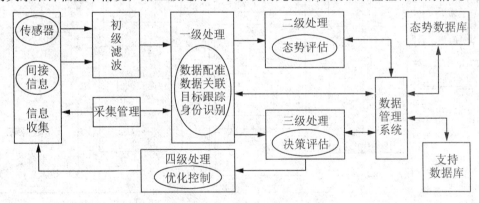

图9-1 数据融合的一般模型

该模型一级处理相当于最低层次的数据级融合。它对来自于同等量级的传感器原始数据直接进行融合，有了融合的传感器数据之后就可以完成像单传感器一样的识别处理过程。

二级处理相当于中间层次的特征级融合。它利用从传感平台的原始信息中提取的特征信息进行综合分析和处理。二级处理可实现战场信息的大幅压缩，有利于实时处理，融合结果能最大限度地给出作战决策分析所需的特征信息。

三级处理相当于最高层次的决策级融合，通过关联处理进行决策层融合判决，最终获得联合推断结果。

四级处理是利用获得的联合推断结果进行反馈控制，或调整信息收集方法。只有在具有反馈环节的系统中才会用到四级处理。

9.2.2 数据融合技术的理论方法

数据融合的关键问题是模型设计和融合算法，数据融合模型主要包括功能模型、结构模型和数学模型。功能模型从融合过程出发，描述数据融合包括哪些主要功能和数据库，以及进行数据融合时系统各组成部分之间的相互作用过程；结构模型从数据融合的组成出发，说明数据融合系统的软、硬件组成，相关数据流、系统与外部环境的人机界面；数学模型是数据融合的算法和综合逻辑，算法主要包括分布检测、空间融合、属性融合、态势评估和威胁估计算法等，下面从3个方面分别进行介绍。

(1) 信息融合的功能模型。目前已有很多学者从不同角度提出了信息融合系统的一般功能模型，最有权威性的是DFS(美国三军政府组织-实验室理事联席会(JDL)下属的C3I技术委员会(TPC3)数据融合专家组)提出的功能模型。

该模型把数据融合分为3级。第一级是单源或多源处理，主要是数字处理、跟踪相关和关联；第二级是评估目标估计的集合，及根据它们彼此和背景的关系来评估整个情况；第三级用一个系统的先验目标集合来检验评估的情况。其简化模型如图9-2所示。

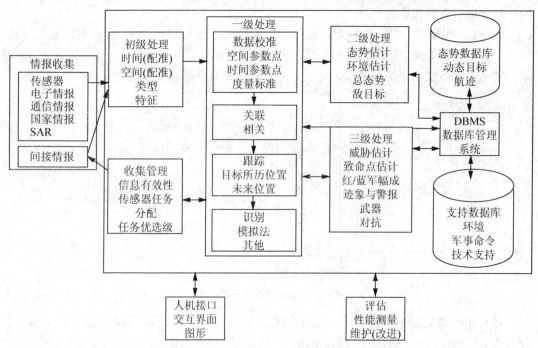

图9-2 C3I技术委员会(TPC3)数据融合专家组提出的功能模型

(2) 信息融合的结构模型。数据融合的结构模型有多种不同的分类方法，其中一种分类标准是根据传感器数据在送入融合处理中心之前已经处理的程度来进行分类。在这种分类标准下，融合结构被分为传感器级数据融合，中央级数据融合及混合式融合，还可以根据数据处理过程的分辨率来对融合结构进行分类。在这种情况下，融合结构为像素级、特征级和决策级融合。

(3) 多传感器信息融合实现的数学模型。信息融合的方法涉及多方面的理论和技术，如信号处理、估计理论、不确定性理论、模式识别、最优化技术、模糊数学和神经网络等方面。目前，这些方法大致分为两类：随机类方法和人工智能方法。

① 随机类方法。这类方法研究对象是随机的，在多传感器信息融合中常采用的随机类方法有很多种，这里只介绍前3种方法。

a．Bayes 推理方法。把每个传感器看作是一个 Bayes 估计器，用于将每一个目标各自的关联概率分布综合成一个联合后验分布函数，然后随观测值的到来，不断更新假设的该联合分布似然函数，并通过该似然函数的极大或极小进行信息的最后融合。虽然 Bayes 推理法解决了传统的推理方法的某些缺点，但是定义先验似然函数比较困难，要求对立的假设彼此不相容，无法分配总的不确定性，因此，Bayes 推理法具有很大的局限性。

b．Dempster-Shafer 的证据理论。这是一种广义的 Bayes 推理方法，它是通过集合表示命题，把对命题的不确定性描述转化为对集合的不确定性描述，利用概率分配函数、信任函数、似然函数来描述客观证据对命题的支持程度，用它们之间的推理与运算来进行目标识别。D-S 证据理论可以不需要先验概率和条件概率密度，并且能将"不知道"和"不确定"区分开来，但是它存在潜在的指数复杂度问题和要求证据是独立的问题。

c．Kalman 滤波融合算法。它利用测量模型的统计特性，递推确定在统计意义下最优的融合数据估计，适合于线性系统的目标跟踪，并且一般适用于平稳的随机过程，它要求系统具有线性的动力学模型，且系统噪声和传感器噪声是高斯分布白噪声模型，并且计算量大，对出错数据非常敏感。

② 人工智能方法。近年来，用于多传感器数据融合的计算智能方法有：小波分析理论、模糊集合理论、神经网络、粗集理论和支持向量机等，限于篇幅只介绍小波变换和神经网络方法。

a．小波变换是一种新的时频分析方法，它在多信息融合中主要用于图像融合，即是把多个不同模式的图像传感器得到的同一场景的多幅图像，或同一传感器在不同时刻得到的同一场景的多幅图像合成为一幅图像的过程。经图像融合技术得到的合成图像可以更全面、精确地描述所研究的对象。基于小波变换的图像融合算法为：首先用小波变换将各幅原图像分解，然后基于一定的选择规则，得到各幅图像在各个频率段的决策表，对决策表进行一致性验证得到最终的决策表，在最终决策表的基础上经过一定的融合过程，得到融合后的多分辨表达式，最后经过小波逆变换得到融合图像。

b．神经网络方法是在现代神经生物学和认知科学对人类信息处理研究成果的基础上提出的，它有大规模并行处理、连续时间动力学和网络全局作用等特点，将存储体和操作合二为一。利用人工神经网络的高速并行运算能力，可以避开信息融合中建模的过程，从而消除由于模型不符或参数选择不当带来的影响，并实现实时识别。由于神经网络的种类繁多，学习算法多种多样，新的结构和算法层出不穷，使得目前对神经网络数据的研究非常广泛。

c. 模糊集理论是基于分类的局部理论。隶属函数可以表达词语的意思，这在数字表达和符号表达之间建立了一个便利的交互接口。在信息融合的应用中主要是通过与特征相连的规则对专家知识进行建模。另外，可以采用模糊理论来对数字化信息进行严格地、折中或者宽松地建模。模糊理论的另一个方面是可以处理非精确描述问题，还能够自适应地归并信息，对估计过程的模糊拓展可以解决信息或决策冲突问题，应用于传感器融合、专家意见综合以及数据库融合，特别是在信息很少，又只是定性信息的情况下效果较好。

9.3 物联网中的数据融合技术

9.3.1 物联网数据融合的作用

物联网的数据构成与传统网络有着较大的差异，这主要由其自身的特点所决定。物联网的数据特点主要体现以下几方面。

1. 数据的多态性与异构性

无线传感网节点、RFID 标签、M2M 等设备的大量存在，使得物联网的数据呈现出极大的多态性和异构性特征。同时无线传感网中有各种各样的传感器，这些传感器结构不同、性能各异，其采集的数据结构也各不相同。在 RFID 系统中也有多个 RFID 标签，多种读写器，M2M 系统中的微型计算设备更是形形色色。物联网中的数据有文本数据，也有图像、音频、视频等多媒体数据，它们的数据结构不可能遵循统一模式。数据包括静态数据，也有动态数据。同时，物联网系统的功能越复杂，传感器节点、RFID 标签种类越多，其异构性问题也将越突出，异构性加剧了数据处理和软件开发的难度。

2. 数据的海量性

物联网往往是由若干个无线识别的物体彼此连接和结合形成的动态网络。RFID 系统中，由于感知物体的大量性、信息采集的高频次等原因，系统采集的信息海量；无线传感网能够记录多个节点的多媒体信息，数据量更大得惊人，通常以 TB 来计；此外，在一些实时监控系统中数据是以流(Stream)的形式实时、高速地产生的，上述海量信息的实时涌现，给数据的实时处理和后期管理带来了新的挑战。

3. 数据的时效性

无论是 WSN 还是 RFID 系统，物联网的数据采集工作是随时进行的，数据更新快，历史数据因其海量性不可能长期保存，所以系统的反应速度或响应时间是系统可靠性和实用性的关键。这要求物联网的软件数据处理系统必须采用特别的应对措施，如预处理与数据挖掘相结合、错误数据检测与冗余信息处理相结合等多种方法的有效利用。

根据网络的层次结构，物联网的数据处理与优化包括感知层的数据获取与优化、传输层的数据传输与优化及应用层的数据合成与优化3个方面。但由于物联网应用的多样性和数据本身的异构性，其应用层的数据合成与优化问题无法给出一般性的描述。

数据融合是 WSN 中非常重要的一项技术，是针对一个系统中使用多个传感器这一问题而展开的一种信息处理方法。即通过对多感知节点信息的协调优化，数据融合技术可以有效地减少整个网络中不必要的通信开销，提高数据的准确度和收集效率。物联网感知层和应用层都会使用数据融合技术。传送已融合的数据要比传送未经处理的数据节省能量，延长网络的生存周期。但对物联网而言，数据融合技术将面临更多挑战，例如，感知节点能源有限、多数据流的同步、数据的时间敏感特性、网络带宽的限制、无线通信的不可靠性和网络的动态特性等。因此，物联网中的数据融合需要有其独特的层次性结构体系。简单来说，应用层的数据融合可采取通用的数据融合技术。而在感知层的数据融合是通过一系列算法将传感器节点采集到的大量原始数据进行各种网内处理去除其中的冗余信息，只将少量有意义的处理结果传输给汇聚节点。采用数据融合技术能够大大减少 WSN 中需要传输的数据量，降低数据冲突，减轻网络拥挤，从而有效地节省了能源开销，起到延长网络寿命的作用。物联网数据融合需要研究解决以下3个关键问题。

(1) 数据融合节点的选择。融合节点的选择与网络层路由协议有密切关系，需要依靠路由协议建立的路由回路数据；并且使用路由结构中的某些节点作为数据融合的节点。

(2) 数据融合时机。

(3) 数据融合算法。

物联网的数据量相比无线传感网而言，其数据的异构性和海量性更为突出，不仅包括传感数据，同时还有 RFID、EPC 及其他电子扫描数据，因此对数据的融合操作更加迫切。目前，有效的处理办法是在传感网数据融合方法的基础上进一步加强数据处理类型的可扩展性，加快数据处理速度，满足实时业务和服务的现实需求。根据数据进行数据融合前后的信息含量，可以将数据聚合划分为无损数据融合和有损数据融合。

(1) 无损数据融合。无损数据融合中，所有细节信息均被保留。将多个数据分组打包成一个数据分组，而不改变各个分组所携带的数据内容。这种数据融合只是缩减了分组头部的数据和为传输多个分组而需要的传输控制开销，而保留了全部信息。

(2) 有损数据融合。有损数据聚合是只针对数据收集的需求而进行网内数据处理的结果，通常会省略一些细节或降低数据的质量，从而减少需要存储或传输的数据量，以达到节省存储资源或能量资源的目的。简而言之，有损数据聚合就是保留所需要的信息。

9.3.2 传感网数据融合的基本原理

在传感网数据融合中比较重要的问题是如何部署感知节点。目前，传感网感知节点的部署方式一般有3种类型，最常用的拓扑结构是并行拓扑。在这种部署方式中，各种类型的感知节点同时工作。另一种类型是串行拓扑，在这种结构中，感知节点检测数据信息具有暂时性，实际上 SAR(Synthetic Aperture Radar)图像就属于此种结构。还有一种类型是混合拓扑，即树状拓扑。

多传感器信息融合的关键问题是模型设计。融合模型主要有功能模型和结构模型。

多传感器信息融合的功能模型如图 9-3 所示,该功能包括:①在多层次上对多源信息进行处理,每个层次代表信息处理不同级别;②其过程含检测、关联、跟踪、估计和综合;③其结果包括低层次上的状态和属性估计及高层次上的战场态势和威胁评估。

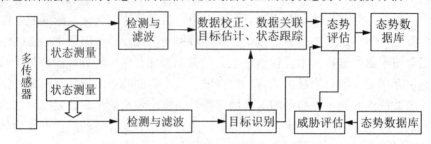

图 9-3　多传感器信息融合的功能模型

数据融合大部分是根据具体问题及其特定对象来建立自己的融合层次。例如,有些应用,将数据融合划分为检测层、位置层、属性层、态势评估和威胁评估;有的根据输入输出数据的特征提出了基于输入/输出特征的融合层次化描述。数据融合层次的划分目前还没有统一标准。无论如何划分数据融合的层次,传感网数据融合的基本原理大致相同,数据融合过程如图 9-4 所示。

(1) 多个不同类型的传感器(有源或无源的)采集观测目标的数据。

(2) 对传感器的输出数据(离散的或连续的时间函数数据、输出矢量、成像数据或一个直接的属性说明)进行特征提取,提取代表观测数据的特征矢量。

(3) 对特征矢量进行模式识别处理(例如:汇聚算法、自适应神经网络或其他能将特征矢量变换成目标属性判决的统计模式识别法等)完成各传感器关于目标的说明。

(4) 将各传感器关于目标的说明数据按同一目标进行分组,即关联。

(5) 利用融合算法将每一目标各传感器数据进行合成,得到该目标的一致性解释与描述。

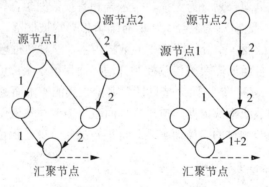

图 9-4　传感网数据融合示意图

9.3.3　基于信息抽象层次的数据融合模型

根据多传感器数据融合模型定义和传感网的自身特点,通常按照节点处理层次、融合前后的数据量变化、信息抽象的层次,来划分传感网数据融合的层次结构。基于信息抽象层次的数据融合模型可分为像素级融合、特征级融合、决策级融合等 3 个层次模型。

1. 像素级融合

图 9-5 表示了数据层属性融合的结构。在数据层融合方法中，直接融合来自同类传感器的数据，然后是特征提取和来自融合数据的属性判决。为了完成这种数据层融合，传感器必须是相同的(如几个红外传感器)或者是同类的(例如一个红外传感器和一个视觉图像传感器)。为了保证被融合的数据对应于相同的目标或客体，关联要基于原始数据进行。

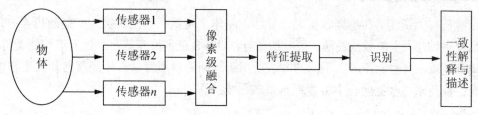

图 9-5 像素级融合

2. 特征级融合

图 9-6 表示了特征层属性融合的结构。在这种方法中，每个传感器观测一个目标，并且为来自每个传感器的特征向量进行特征提取，然后融合这些特征向量，并基于联合特征向量做出属性判决。另外，为了把特征向量划分成有意义的群组必须运用关联过程，对此位置信息也许是有用的。

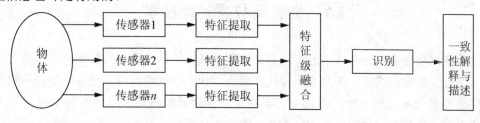

图 9-6 特征级融合

3. 决策级融合

图 9-7 给出了决策层属性融合结构。在这种方法中，每个传感器为了获得一个独立的属性判决要完成一个变换，然后顺序融合来自每个传感器的属性判决。

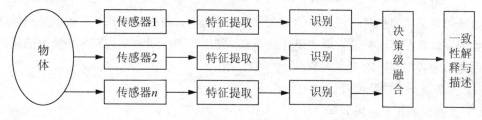

图 9-7 决策级融合

9.3.4 多传感器算法

数据融合技术涉及复杂的融合算法、实时图像数据库技术和高速、大吞吐量数据处理等支撑技术。数据融合算法是融合处理的基本内容，它是将多维输入数据在不同融合层次

上运用不同的数学方法对数据进行聚类处理的方法。就多传感器数据融合而言，虽然还未形成完整的理论体系和有效的融合算法，但有不少应用领域根据各自的具体应用背景，已经提出了许多成熟并且有效的融合算法。针对传感网的具体应用，也有许多具有实用价值的数据融合技术与算法。

1. 多传感器数据融合算法

目前已有大量的多传感器数据融合算法，基本上可概括为两大类：一是随机类方法，包括加权平均法、卡尔曼滤波法、贝叶斯估计法、D-S证据推理等；二是人工智能类方法，包括模糊逻辑、神经网络等。不同的方法适用于不同的应用背景。神经网络和人工智能等新概念、新技术在数据融合中将发挥越来越重要的作用。

2. 传感网数据融合路由算法

目前，针对传感网中的数据融合问题，国内外在以数据为中心的路由协议以及融合函数、融合模型等方面已经取得了许多研究成果，主要集中在数据融合路由协议方面。按照通信网络拓扑结构的不同，比较典型的数据融合路由协议有：基于数据融合树的路由协议、基于分簇的路由协议，以及基于节点链的路由协议。

9.4 物联网数据管理技术

在物联网实现中，分布式动态实时数据管理是其以数据中心为特征的重要技术之一。该技术通过部署或者指定一些节点作为代理节点，代理节点根据感知任务收集兴趣数据。感知任务通过分布式数据库的查询语言下达给目标区域的感知节点。在整个物联网体系中，传感网可作为分布式数据库独立存在，实现对客观物理世界的实时、动态的感知与管理。这样做的目的是，将物联网数据处理方法与网络的具体实现方法分离开来，使得用户和应用程序只需要查询数据的逻辑结构，而无须关心物联网具体如何获取信息的细节。

9.4.1 物联网数据管理系统的特点

数据管理主要包括对感知数据的获取、存储、查询、挖掘和操作，目的就是把物联网上数据的逻辑视图和网络的物理实现分离开来，使用户和应用程序只需关心查询的逻辑结构，而无须关心物联网的实现细节。

(1) 与传感网支撑环境直接相关。
(2) 数据需在传感网内处理。
(3) 能够处理感知数据的误差。
(4) 查询策略需适应最小化能量消耗与网络拓扑结构的变化。

目前关于物联网数据模型、存储、查询技术的研究成果很少，比较有代表性的是针对传感网数据管理的 Cougar 和 TinyDB 这两个查询系统。

9.4.2 传感网数据管理系统结构

目前,针对传感网的数据管理系统结构主要有集中式结构、半分布式结构、分布式结构和层次式结构 4 种类型。

(1) 集中式结构。在集中式结构中,节点首先将感知数据按事先指定的方式,把数据传送到中心节点,统一由中心节点处理。这种方法简单,但中心节点会成为系统性能的瓶颈,而且容错性较差。

(2) 半分布式结构。利用节点自身具有的计算和存储能力,对原始数据进行一定的处理,然后再传送到中心节点。

(3) 分布式结构。每个节点独立处理数据查询命令。显然,分布式结构是建立在所有感知节点都具有较强的通信、存储与计算能力基础之上的。

(4) 层次式结构。

目前,针对传感网的大多数数据管理系统研究集中在半分布式结构。典型的研究成果有美国加州大学伯克利分校(UC Berkeley)的 Fjord 系统和康奈尔(Cornell)大学的 Cougar 系统。

(1) Fjord 系统。Fjord 系统是 Telegraph 项目的一部分,它是一种自适应的数据流系统。主要由自适应处理引擎和传感器代理两部分构成,它基于流数据计算模型处理查询,并考虑了根据计算环境的变化动态调整查询执行计划的问题。

(2) Cougar 系统。Cougar 系统的特点是尽可能将查询处理在传感网内部进行,只有与查询相关的数据才能从传感网中提取出来,以减少通信开销。Cougar 系统的感知节点不仅需要处理本地的数据,同时还要与邻近的节点进行通信,协作完成查询处理的某些任务。

第 10 章 云 计 算

物联网要实现"更透彻的感知,更安全的互联互通,更深入的智能化",就需要依靠高效的、动态的、可以大规模扩展的技术资源处理能力,而这正是云计算模式所擅长的。物联网的大规模发展离不开云计算平台的支撑,而云计算平台的完善与大规模的应用需要物联网的发展为其提供最大的用户。什么是云计算?云计算的体系结构如何?云计算关键技术有哪些?云计算与物联网如何结合?这些问题都可以在本章找到答案。

教学目标

了解云计算的概念及以服务为核心的 CSI 结构;
理解云计算体系结构与层次结构;
了解云计算的关键技术;
理解云计算与物联网的结合方式。

教学要求

知识要点	能力要求
云计算的概念	(1) 了解云计算的发展与演进 (2) 理解以服务为核心的 CSI 结构
云计算的技术结构	(1) 了解云计算的体系结构 (2) 理解云计算的层次结构 (3) 了解云计算的关键技术
云计算与物联网的结合方式	(1) 了解云计算在物联网体系架构中的位置 (2) 理解物联网角度的物联网云计算联合架构 (3) 了解云计算角度的物联网云计算联合架构

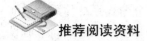
推荐阅读资料

1. 云计算技术及应用. 工业和信息化部电信研究院通信信息研究所专题研究报告. 2009-12
2. 云计算技术的产生、概念、原理、应用和前景. 2010-8-9. http://www.chinanews.com/it/2010/08-09/2456432.shtml
3. 云计算产业化思考. 季统凯. http://www.eeworld.com.cn/zhuanti/2010esbfiot/1012jtk.pdf
4. 云计算：技术、应用、标准和商业模式. 周洪波. 电子工业出版社. 2011-06-01

10.1 云计算概述

云计算指 IT 基础设施的交付和使用模式，指通过网络以按需、易扩展的方式获得所需资源；广义云计算指服务的交付和使用模式，指通过网络以按需、易扩展的方式获得所需服务。这种服务可以是 IT 和软件、互联网相关，也可是其他服务。云计算(Cloud Computing)是网格计算(Grid Computing)、分布式计算(Distributed Computing)、并行计算(Parallel Computing)、效用计算(Utility Computing)、网络存储(Network Storage Technologies)、虚拟化(Virtualization)、负载均衡(Load Balance)等传统计算机和网络技术发展融合的产物。

云计算的"云"就是存在于互联网的服务器集群上的服务器资源，包括硬件资源(如服务器、存储器和处理器等)和软件资源(如应用软件、集成开发环境等)。本地终端只需要通过互联网发送一条请求信息，"云端"就会有成千上万的计算机为你提供需要的资源，并把结果反馈给发送请求的终端。

云计算具有的主要特点如下。

(1) 超大规模。云计算系统具有相当的规模，Google 云计算已经拥有 100 多万台服务器，Amazon、IBM、微软、Yahoo 等的"云"均拥有几十万台服务器。企业私有"云"一般拥有数百上千台服务器。"云"能赋予用户前所未有的计算能力。

(2) 虚拟化。云计算支持用户在任意位置、使用各种终端获取应用服务。所请求的资源来自"云"，而不是固定的有形的实体。应用在"云"中某处运行，但实际上用户无须了解、也不用担心应用运行的具体位置。只需要一台笔记本或者一部手机，就可以通过网络服务来实现我们需要的一切，甚至包括超级计算这样的任务。

(3) 高可靠性。"云"使用了数据多副本容错、计算节点同构可互换等措施来保障服务的高可靠性，使用云计算比使用本地计算机可靠。

(4) 通用性。云计算不针对特定的应用，在"云"的支持下可以构造出千变万化的应用，同一个"云"可以同时支撑不同的应用运行。

(5) 高可扩展性。"云"的规模可以动态伸缩，满足应用和用户规模增长的需要。

(6) 按需服务。"云"是一个庞大的资源池，你按需购买；云可以像自来水、电、煤气那样计费。

(7) 极其廉价。由于"云"的特殊容错措施可以采用极其廉价的节点来构成云，"云"的自动化集中式管理使大量企业无须负担日益高昂的数据中心管理成本，"云"的通用性使资源的利用率较之传统系统大幅提升，因此用户可以充分享受"云"的低成本优势。

云计算是计算机网络服务模式演进的最新形态。图 10-1 是从分布式系统体系结构演化视角给出的一种云计算观：以服务为核心的 CSI(客户：Client、服务：Service、基础设施：Infrastructure)结构。

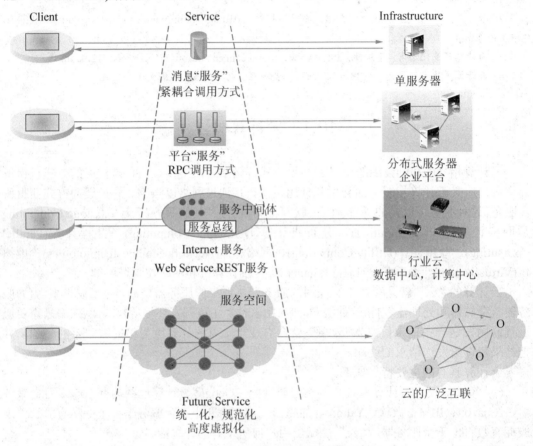

图 10-1 以服务为核心的 CSI 结构

注：RPC(Romote Procedure Call)

在早期的客户/服务器模式下，应用服务器由各组织机构自行运营维护，服务体现为紧耦合的对应程序调用结果的消息；随着以 CORBA(Common Object Request Broker Architecture，公用对象请求代理(调度)程序体系结构)、J2EE(Java 2 Platform，Enterprise Edition)等分布式对象系统的发展，服务也升级为分布式平台为客户端提供价值的纽带；随着互联网的发展，原来属于应用系统的共性功能逐渐下沉至基础设施，越来越多的应用服务器交给"云"上的运营者运营维护，客户端则基于服务中间件(如 ESB(Enterprise Service Bus)、ServiceRegistry 等)享受云端提供的万维网服务(Web Service)和 REST(Representational State Transfer，表述性状态转变)服务形式的松耦合的服务。

未来，"云"提供的服务将从多个层面、不同视角在"服务空间"中进行一体化管理和组织，服务不再是一维的抽象，将覆盖业务牵引的角度、以用户为中心的角度、层次的角度等各个视角。CSI 将云体系结构归纳为用户端和基础设施，服务是其纽带，也是构造基于互联网的应用系统的第一元素(First-Class Entity)。随着以"云"为标识的互联网信息处理基础设施的发展，服务计算的重要性将更加凸显。针对物联网需求特征的优化策略、优化方法和涌现智能也将更多地以服务组合的形式体现，并出现物联网服务新形态。

10.2 云计算系统及其关键技术

10.2.1 云计算体系结构

云计算平台是一个强大的"云"网络，连接了大量并发的网络计算和服务，可利用虚拟化技术扩展每一个服务器的能力，将各自的资源通过云计算平台结合起来，提供超级计算和存储能力。通用的云计算体系结构如图 10-2 所示。云计算体系结构从服务的角度来划分云，主要突出了云服务能给用户带来什么。

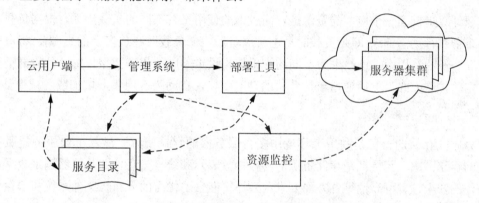

图 10-2 通用的云计算体系结构

(1) 云用户端：提供云用户请求服务的交互界面，也是用户使用云的入口，用户通过 Web 浏览器可以注册、登录及定制服务、配置和管理用户。打开应用实例与本地操作桌面系统一样。

(2) 服务目录：云用户在取得相应权限(付费或其他限制)后可以选择或定制服务列表，也可以对已有服务进行退订的操作，在云用户端界面生成相应的图标或列表的形式展示相关的服务。

(3) 管理系统和部署工具：提供管理和服务，能管理云用户，能对用户授权、认证、登录进行管理，并可以管理可用计算资源和服务，接收用户发送的请求，根据用户请求并转发到相应的程序，调度资源智能地部署资源和应用，动态地部署、配置和回收资源。

(4) 监控：监控和计量云系统资源的使用情况，以便迅速做出反应，完成节点同步配置、负载均衡配置和资源监控，确保资源能顺利分配给合适的用户。

(5) 服务器集群：虚拟的或物理的服务器，由管理系统管理，负责高并发量的用户请求处理、大运算量计算处理、用户 Web 应用服务，云数据存储时采用相应数据切割算法，采用并行方式上传和下载大容量数据。

(6) 用户可通过云用户端从列表中选择所需的服务，其请求通过管理系统调度相应的资源，并通过部署工具分发请求、配置 Web 应用。

10.2.2 云计算关键技术

云计算是将动态、易扩展且被虚拟化的计算资源通过互联网提供的一种服务。虚拟化、弹性规模扩展、分布式存储、分布式计算和多租户是云计算的关键技术。

1. 虚拟化技术

虚拟化技术将物理资源进行了替换,呈现给用户的是一个与物理资源有相同功能和接口的虚拟资源,可能是建立在一个实际的物理资源上,也可能是跨多个物理资源,用户不需要了解底层的物理细节。虚拟化技术根据对象的不同,可分为存储虚拟化、操作系统虚拟化和应用虚拟化等。

2. 弹性规模扩展技术

云计算提供了一个巨大的资源池,而应用的使用又有不同的负载周期,根据负载对应用的资源进行动态伸缩(即高负载时动态扩展资源,低负载时释放多余的资源),将可以显著提高资源的利用率。该技术为不同的应用架构设定不同的集群类型,每一种集群类型都有特定的扩展方式,然后通过监控负载的动态变化,自动为应用集群增加或者减少资源。

3. 分布式存储技术

分布式存储的目标是利用云环境中多台服务器的存储资源来满足单台服务器所不能满足的存储需求,其特征是存储资源能够被抽象表示和统一管理,并且能够满足数据读写与操作的安全性、可靠性等各方面要求。云计算催生了优秀的分布式文件系统和云存储服务,最典型的云平台分布式文件系统是 Google 的 GFS 和开源的 HDFS。

4. 分布式计算技术

基于云平台的最典型的分布式计算模式是 MapReduce 编程模型,MapReduce 将大型任务分成很多细粒度的子任务,这些子任务分布式地在多个计算节点上进行调度和计算,从而在云平台上获得对海量数据的处理能力。

5. 多租户技术

多租户技术目的在于使大量用户能够共享同一堆栈的软硬件资源,每个用户按需使用资源,能够对软件服务进行客户化配置,而不影响其他用户的使用。多租户技术的核心包括数据隔离、客户化配置、架构扩展和性能定制。

10.2.3 云计算技术层次

云计算的技术层次主要从系统属性和设计思想角度来说明云,是对软硬件资源在云计算技术中所充当角色的说明。从云计算技术角度来分,云计算大约由 4 个部分构成:物理资源、虚拟化资源、中间件管理部分和服务接口,如图 10-3 所示。

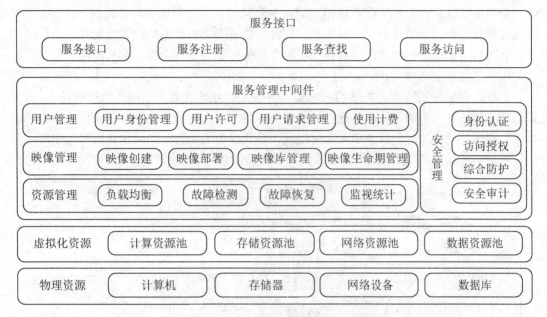

图 10-3　云计算技术体系结构示意图

(1) 服务接口：统一规定了在云计算时代使用计算机的各种规范、云计算服务的各种标准等，是用户端与云端交互操作的入口，可以完成用户或服务注册、对服务的定制和使用。

(2) 服务管理中间件：在云计算技术中，中间件位于服务和服务器集群之间，提供管理和服务即云计算体系结构中的管理系统。对标识、认证、授权、目录、安全性等服务进行标准化和操作，为应用提供统一的标准化程序接口和协议，隐藏底层硬件、操作系统和网络的异构性，统一管理网络资源。其用户管理包括用户身份验证、用户许可、用户定制管理；资源管理包括负载均衡、资源监控、故障检测等；安全管理包括身份验证、访问授权、安全审计、综合防护等；映像管理包括映像创建、部署、管理等。

(3) 虚拟化资源：指一些可以实现一定操作，具有一定功能，但其本身是虚拟而不是真实的资源，如计算池、存储池和网络池、数据库资源等，通过软件技术来实现相关的虚拟化功能包括虚拟环境、虚拟系统、虚拟平台。

(4) 物理资源：主要指能支持计算机正常运行的一些硬件设备及技术，可以是价格低廉的 PC，也可以是价格昂贵的服务器及磁盘阵列等设备，可以通过现有网络技术和并行技术、分布式技术将分散的计算机组成一个能提供超强功能的集群用于计算和存储等云计算操作。在云计算时代，本地计算机可能不再像传统计算机那样需要空间足够的硬盘、大功率的处理器和大容量的内存，只需要一些必要的硬件设备如网络设备和基本的输入输出设备等。

10.3　云计算与物联网结合方式

从图 10-4 所示的物联网总体架构示意图(感知网络/自组织网络、无线局域网/移动通信网络、电信主干网络/互联网)中可以发现，云计算是物联网应用支持子层的重要组成部分。进一步分析物联网应用支持子层可见(图 10-4)，该层主要通过对传感数据的动态汇聚、分解、合并等处理和服务,在数字/虚拟空间内创建物理世界所对应的动态视图。该层需要对海量数据提供存储、查询、分析、挖掘、理解以及基于感知数据的决策等处理,为应用层提供及时、可扩展、智能化的服务,保证应用层的可靠性、安全性、可扩展性。云计算提供的服务与这些需求吻合。

总之,物联网要实现"更透彻的感知,更安全的互联互通,更深入的智能化",就需要依靠高效的、动态的、可以大规模扩展的技术资源处理能力,而这正是云计算模式所擅长的。同时,云计算的创新型服务交付模式,简化服务的交付,加强物联网和互联网之间及其内部的互联互通,可以实现新商业模式的快速创新,促进物联网和互联网的智能融合。

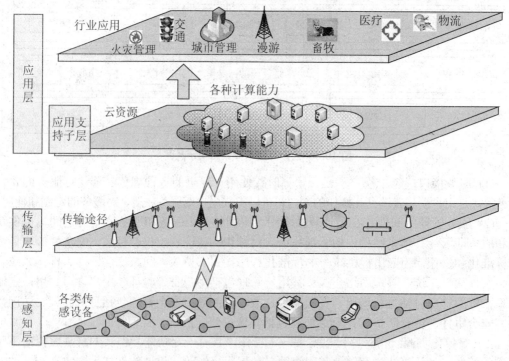

图 10-4　从物联网角度看物联网云计算联合架构

从云计算角度看,由于云计算能够提供存储、计算、部署、应用等各种高质量、低价格的优质服务,可满足物联网多种层次的需求,两者甚至可共用数据传输网络。因此,物联网可作为云计算的一种具体应用看待,如图 10-5 所示。

无论从物联网还是云计算的角度看两者的结合方式,其本质都是一样的,物联网提出需求,云计算提供相应的低价高质服务。

根据物联网应用涉及的范围,云计算与物联网的结合方式可以分为以下 3 种。

(1) 单中心,多终端。此类模式中,分布范围较小的各物联网终端(传感器、摄像头或 3G 手机等),把云中心或部分云中心作为数据/处理中心,终端所获得信息、数据统一由云中心处理及存储,云中心提供统一界面给使用者操作或者查看。这类应用非常多,如小区及家庭的监控、对某一高速路段的监测、幼儿园小朋友监管以及某些公共设施的保护等都可以用此类信息。这类主要应用的云中心,可提供海量存储和统一界面、分级管理等功能,对日常生活提供较好的帮助。一般此类云中心以私有云居多。

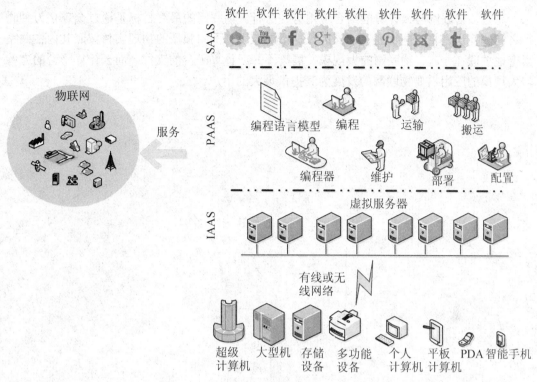

图 10-5　从云计算角度看物联网云计算联合架构

(2) 多中心，大量终端。对于很多区域跨度大的企业、单位而言，多中心、大量终端的模式较适合。譬如，一个跨多地区或者多国家的企业，因其分公司或分厂较多，要对其各公司或工厂的生产流程进行监控、对相关的产品进行质量跟踪等等。当然同理，有些数据或者信息需要及时甚至实时共享给各个终端的使用者也可采取这种方式。举个简单的例子，如果北京地震中心探测到某地和某地 10 分钟后会有地震，只需要通过这种途径，仅仅十几秒就能将探测情况发出，可尽量避免不必要的损失。中国联通的"互联云"思想就是基于此思路提出的。这个模式的前提是我们的云中心必须包含公共云和私有云，并且它们之间的互联没有障碍。这样，对于有些机密的事情，如企业机密等可较好地保密而又不影响信息的传递与传播。

(3) 信息、应用分层处理，海量终端。这种模式可以针对用户的范围广、信息及数据种类多、安全性要求高等特征来打造。当前，客户对各种海量数据的处理需求越来越多，针对此情况，我们可以根据客户需求及云中心的分布进行合理的分配。对需要大量数据传送，但是安全性要求不高的数据，如视频数据、游戏数据等，我们可以采取本地云中心处理或存储。对于计算要求高，数据量不大的数据，可以放在专门负责高端运算的云中心里。而对于数据安全要求非常高的信息和数据，我们可以放在具有灾备中心的云中心里。此模式是具体根据应用模式和场景，对各种信息、数据进行分类处理，然后选择相关的途径给相应的终端。

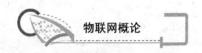

　　总之，物联网与云计算的结合应用势在必行。物联网的最终目标是通过全球亿万种物品之间的互连，将不同行业、不同地域、不同应用、不同领域的物理实体按照其内在关系紧密地关联在一起。物联网的大规模发展离不开云计算平台的支撑，而云计算平台的完善与大规模的应用需要物联网的发展为其提供最大的用户。

第 11 章 物联网的中间件

中间件技术给用户提供了一个统一的运行平台和友好的开发环境,物联网中间件是减小用户高层应用需求与网络复杂性差异的有效解决方案,对加快物联网大规模产业化发展具有重要作用。什么是中间件?物联网中间件系统总体架构如何?物联网中间件设计方法有哪些?这些问题都可以在本章找到答案。

教学目标

理解物联网中间件的作用与总体架构;
了解物联网中间件设计方法;
了解典型的物联网中间件结构。

教学要求

知识要点	能力要求
物联网中间件总体架构	(1) 理解物联网系统服务分层结构 (2) 了解典型的无线传感器网络中间件软件体系结构
物联网中间件设计方法	(1) 理解物联网中间件软件设计原则 (2) 了解物联网中间件主要设计方法
典型的物联网中间件结构	(1) 理解传感网网关中间件结构 (2) 理解传感网节点中间件结构 (3) 了解传感网安全中间件结构

推荐阅读资料

1. 物联网中间件-综合课件. 道客巴巴. 2012-06-17.http://www.doc88.com/p-216653101965.html
2. 物联网中间件研究综述. 周键, 刘天成. http://www.docin.com/p-311165405.html

3. 面向物联网的系统及其中间件设计. 邵华钢, 程劲, 王辉, 李志. 万方数据. 2011-1-31

4. 中华人民共和国国家标准. 信息技术传感器网络第 1 部分：参考架构和通用技术要求(报批稿)

11.1 物联网中间件简介

物联网中间件指用于屏蔽传感网底层硬件、网络平台复杂性及异构性的软件和工具，是减小用户高层应用需求与网络复杂性差异的解决方案。可以优化系统资源管理，增加程序执行的可预见性。由于标准接口对于可移植性和标准协议对于互操作性的重要性，中间件已成为许多标准化工作的主要部分。中间件提供的程序接口定义了一个相对稳定的高层应用环境，不管底层的传感网络硬件和操作系统存在多少差异，只要将中间件升级更新，并保持中间件对外接口定义不变，便可以给用户提供一个统一的运行平台和友好的开发环境，有利于加快物联网大规模产业化发展的步伐。

中间件是介于操作系统(包括底层通信协议)和各种分布式应用程序之间的一个软件层，其主要作用是建立分布式软件模块之间互操作的机制，屏蔽底层分布式环境的复杂性和异构性，为处于上层的应用软件提供运行与开发环境。过去的 20 年，中间件的概念和技术在分布式计算领域里，得到了比较深入的研究和发展，目前应用技术已经接近成熟。但是，面向传感器网络这一项新兴技术，传统的中间件技术如 DCOM、CORBA 等并不能直接运用，因为其较少考虑内存和计算能力等方面的要求，更不会特别关注网络的变化，同时，物联网的应用类型与涉及的领域也远远超过传统中间件设计所能涵盖的领域。因此，需要针对应用进行更加深入的分析，提取共性需求，结合异构网络与软硬件结构，基于资源受限的条件，设计一种简单、易实现、轻量级的中间件来满足物联网本身的特性及广泛的应用需求。

在设计物联网中间件软件时，需要考虑如下一些需求要素。

(1) 健壮性。在中间件软件设计中的核心要素是可复用组件的设计，通过引入多种设计模式，体系结构将充分考虑组件复用和职责分配问题。

(2) 灵活性和可扩展性。主要体现在引入中间件技术来构建无物联网应用支撑系统，通过这些中间件可以灵活地组织现有的资源，扩充系统的功能。

(3) 简单性。物联网中间件软件是为了方便用户开发各类应用业务，因此简单性是其核心要求。此外，简单性还将通过系统的灵活性、可动态的扩展以及自动转换功能而得以体现。

因此中间件的目标如下。

(1) 避免产品的重复开发过程。

(2) 缩短产品开发的周期。

(3) 减少系统维护、运行和管理的工作量。

(4) 实现平台无关性。

(5) 屏蔽安全技术细节。

(6) 代码可移植。

11.2 物联网中间件系统总体架构

依据 ISO/IEC JTC1 SGSN 标准化工作组的定义，物联网及其应用系统内部通过服务和服务原语进行业务连接与交互。物联网中的服务指传感网节点提供的标准化业务功能，单个传感网节点上能提供一种以上类型的服务，每个服务用一个全局唯一的服务类型标识符进行标识；同一节点不同服务之间、不同节点相同服务之间使用服务原语进行命令和数据交互，服务原语的格式是标准化的。

图 11-1 是物联网系统服务的分层结构图。物联网服务在逻辑上可以分为两个层次：全局业务服务和局域服务。局域服务用于底层传感器节点之间、底层传感器节点和传感网网关间的业务交互；全局业务服务用于传感网网关、主干网服务器、远程终端等之间的业务交互。传感网网关连接上层业务网络与底层传感器网络，同时提供全局与局域服务，并负责进行两种网络系统间的服务原语转换。

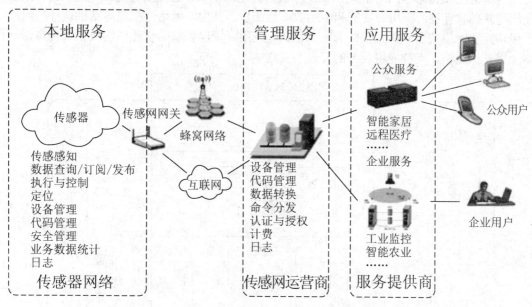

图 11-1 物联网系统服务分层结构图

本地服务包括底层传感网的感知与数据融合、数据查询/订阅/发布、网内事件检测与通知、QoS 管理与调度、节点定位、控制与执行、设备/网络管理、本地安全管理、代码管理、统计信息管理、日志等。全局业务服务包括管理服务与应用服务两大类，管理服务由物联网运营商支持与维护，支持整个物联网系统的运行、管理、计费、认证、授权等，更加注重于异构系统的整合与上层应用支持；应用服务则由服务提供商支持，包括公众服务与企业服务等类型，面向终端用户如个人、政府、企业等。

可见，本地网络与全局网络具有不同的特性与应用需求，为此，可将 WSN 系统中间件设计分为两个层面进行，全局业务服务的提供方式可以借鉴传统的 Web Service 等，服务原语可以采用标准 XML 等格式进行定义，但是需要根据物联网应用的特点加以扩展。

在网关以下的传感网内，由于传感器节点处理能力、存储能力等方面受限，传统的解决方案不能很好地满足实际应用需求，需要针对传感网特点定义新的服务提供模式及服务原语交互模式。由此，本章重点介绍传感网中间件的相关内容。

从无线传感器网络的功能和需求可以看出，无线传感器网络中间件的关键技术至少包含如下的几个方面。

(1) 资源调度技术：为用户提供透明统一的资源管理接口，为应用开发提供动态资源分配和优化；

(2) 安全保护技术：在保证无线传感器网络资源充分利用的基础上，为节点及网络提供安全保障；

(3) 异构系统通信技术：在具有不同介质、不同电气特性、不同协议的无线传感器网络业务间，屏蔽底层操作系统的复杂性，实现无缝通信与交互；

(4) 分布式管理技术：在高层交互实现无线传感器网络分布式信息处理和控制，构建面向网络能量管理、拓扑管理、数据管理等。

典型的无线传感器网络中间件软件体系结构见图 11-2，它主要分为四个层次：网络适配层、基础软件层、应用开发和应用业务适配层。其中，网络适配层与基础软件层组成无线传感器网络节点嵌入式软件的体系结构，应用开发层和基础软件层组成无线传感器网络应用支撑结构，支持应用业务的开发与实现。

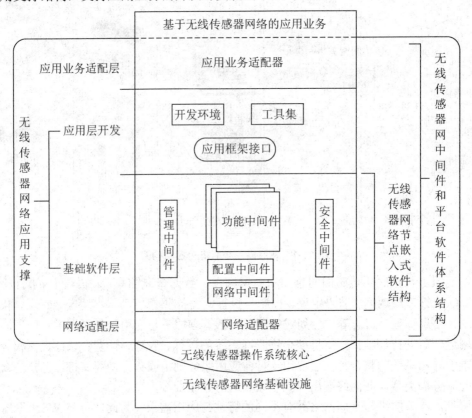

图 11-2　典型的无线传感器网络中间件软件体系结构

1) 网络适配层

在该层中，网络适配器实现对网络底层(无线传感器网络基础设施、操作系统)的封装。

2) 基础软件层

基础软件层包含各种无线传感器网络中间件组件，具备灵活性、模块性和可移植性，包括以下几部分。

(1) 网络中间件组件：完成无线传感器网络接入、网络生成、网络自愈合、网络连通性服务等。

(2) 配置中间件组件：完成无线传感器网络的各种配置工作，如路由配置、拓扑结构调整等。

(3) 功能中间件组件：完成无线传感器网络各种应用业务的共性功能，提供功能框架接口。

(4) 管理中间件组件：为网络应用业务实现各种管理功能，如资源管理、能量管理、生命期管理。

(5) 安全中间件组件：为应用业务实现各种安全功能，如安全管理、安全监控、安全审计。

3) 应用开发层

(1) 应用框架接口：提供无线传感器网络的各种功能描述和定义，具体的实现由基础软件层提供。

(2) 开发环境：是无线传感器网络应用的图形化开发平台，建立在应用框架接口基础上，为应用业务提供更高层次的应用编程接口和设计模式。

(3) 工具集：提供各种特制的开发工具，辅助无线传感器网络各种应用业务的开发与实现。

4) 应用业务适配层

应用业务适配层对各种应用业务进行封装，解决基础软件层的变化和接口的不一致性问题。

11.3　物联网中间件设计方法

物联网具有自身体系结构的差异性、网络中节点的部署和数据采集的多样性以及通信的异构性等特点，在设计物联网中间件软件时必须遵循以下原则。

(1) 由于节点能量、计算、存储能力及通信带宽有限，因此传感网中间件必须是轻量级的，且能够在性能和资源消耗间取得平衡。

(2) 物联网环境较为复杂，因此中间件软件还应提供较好的容错机制、自适应和自维护机制。

(3) 中间件软件的下层支撑是各种不同类型的硬件节点和操作系统(TinyOS、MantisOS、SOS)，因此，其本身须能够屏蔽网络底层的异构性。

(4) 中间件软件的上层是各种应用，因此，它还需要为各类上层应用提供统一的、可扩展的接口，以便于应用的开发。

围绕物联网在信息交互、任务分解、节点协同、数据处理和异构抽象等方面的设计目标，物联网中间件设计方法主要可分为以下几类。

1. 基于虚拟机的物联网网络中间件

该类中间件一般由虚拟机、解释器和代理组成，提供虚拟机环境以简化应用的开发和部署。Mate 是这类中间件的典型代表，它是一种建立在 TinyOS 基础上的传感器网络虚拟机。应用代码以 Mate 指令的形式表示，而节点上的软件则通过这些代码的无线传送实现在线更新。但是，该类中间件过多地依赖于上层的命令及解释器，且需要在每个节点上运行虚拟机，能耗开销较大。

2. 基于数据库的物联网中间件

在该类中间件中，整个物联网被看作是一个虚拟的数据库系统，为用户的查询提供简单的接口。Cougar、TinyDB 及 SINA 是这类中间件的典型代表。Cougar 和 SINA_7 提供分布式的数据库接口接收来自于物联网用数据库形式的查询方式表述的信息。而 TinyDB 则使用控制流的方式，为上层提供一个易用的、类似 SQL 的接口，完成复杂的查询。

3. 基于应用驱动的物联网中间件

这类中间件主要由应用来决定网络协议栈的结构，允许用户根据应用需求调整网络，其典型代表为 MILAN 中间件。MILAN 在接收到应用需求的描述后，将以最大化生命期为目标，优化网络部署和配置，支持网络扩展。当然，基于应用驱动的中间件往往缺乏对应用实时性的支持。

4. 面向消息的物联网中间件

该类中间件主要采用异步模式和生产者/消费者模式，其典型代表为 Mires 。Mires 同样建立于 TinyOS 平台之上，采用发布/订阅模式，以提高网络数据交换率。同时提供路由服务和聚合服务，能量利用率较高。但该类中间件在物联网安全服务及 QoS 方面还有待加强。

5. 基于移动代理的物联网中间件

基于移动代理的物联网中间件提供抽象的计算任务给上层应用，尽可能使应用模块化，以便可以更容易地进行代码传输。Agilla 是其典型代表，它允许用户在节点中嵌入移动 Agent，并通过 Agent 的智能迁移来协同完成特定任务。DisWare 也是一种基于移动代理的无线传感器网络中间件，支持多种异构操作系统及多种异构硬件节点。

11.4 物联网典型中间件

11.4.1 传感网网关中间件

传感网网关中间件软件系统结构(图 11-3)主要分为 6 个部分：主控模块、公共信息中间件、通用 API 模块、中间件管理模块、消息管理模块、功能性中间件模块。

第 11 章 物联网的中间件

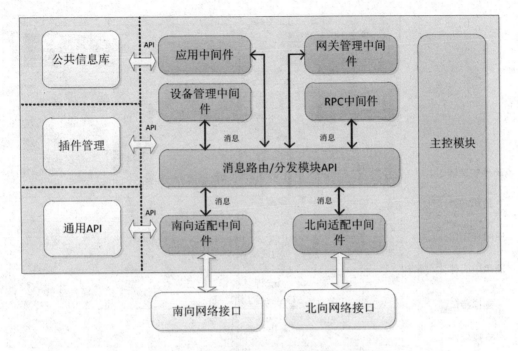

图 11-3 传感网网关中间件软件系统结构

(1) 主控模块：是网关启动后最先运行的软件模块。主控模块负责初始化网关软件系统、解析配置文件、加载中间件、处理系统信号。

(2) 公共信息中间件：公共信息中间件存放网关内部各模块经常需要访问的公共配置、状态信息。

(3) 通用 API 模块：通用 API 模块为网关内部各软件模块提供常用的通用函数功能封装，如链表、哈希表、动态数组等常用数据结构操作，为软件跨平台运行而设计的线程库、动态连接库、线程同步相关 API 等。

(4) 中间件管理模块：网关软件基于中间件架构，中间件管理模块实现了中间件管理机制，包括中间件加载卸载、中间件注册注销、中间件服务注册注销、中间件遍历、中间件服务遍历等功能。

(5) 消息管理模块：网关各中间件间通过消息的方式通信，消息管理模块提供消息队列创建销毁、消息分配释放、消息发送接收及路由等功能。

(6) 功能性中间件模块：网关的业务类功能由各中间件模块实现。基本功能性中间件模块包括：自有南向协议适配模块、北向平台适配模块、网关管理中间件、设备管理中间件、定位应用模块、RPC 中间件模块等。

11.4.2 传感网节点中间件

低功耗传感网节点中间件体系架构如图 11-4 所示。按其功能可分为通用中间件(Common Middleware)和域中间件(Domain Middleware)。

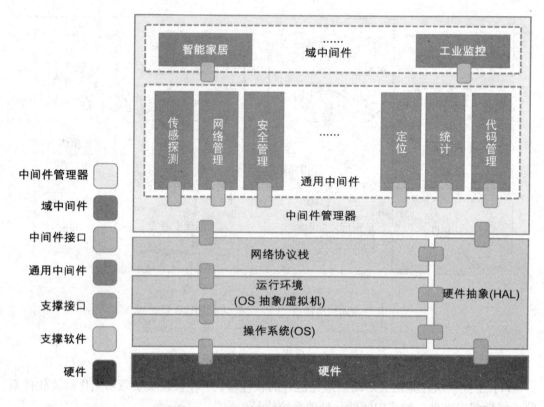

图 11-4 低功耗传感网节点中间件体系架构

(1) 通用中间件。在底层运行支撑软件的支持下实现一系列基本的节点功能,主要包括以下两个方面:①为域中间件提供基本的业务支撑服务,如传感探测服务、定位服务、时间同步服务等;②实现基本的管理功能,如安全管理、统计服务、代码管理、网络管理、设备管理等,为传感网运营提供支持。

(2) 域中间件。位于通用中间件之上。域中间件在单个或多个通用中间件提供的基本功能服务基础上,实现较为复杂的业务功能,向上为应用提供配置、控制、数据访问接口。WSN 设备中加载的域中间件类型与特定区域的传感网功能密切相关。上层传感网应用只与域中间件有直接接口,其对通用中间件的访问必须通过域中间件来完成。

(3) 中间件容器(Middleware Container)。域中间件、通用中间件均运行在中间件容器(Middleware Container)内,受中间件容器的统一控制与调度。每个中间件组件都提供至少一个服务访问接口(Service Access Point,SAP),服务访问接口是中间件与其他软件模块之间信息交互的唯一通道。域中间件与通用中间件之间、通用中间件与通用中间件之间都通过在服务访问接口间传递服务原语的形式进行交互。服务的访问及服务原语的传递受中间件容器的集中控制,中间件容器可拒绝执行非法的、未授权的服务访问及原语传递。此外,中间件容器的另一项重要功能就是控制中间件组件的加载与卸载,并在模块加载与卸载时向其他相关模块发送通知。这一功能是实现节点代码管理所必需的。

(4) 底层支撑软件。除了中间件容器之外，底层支撑软件也是 WSN 设备中间件正常运行所必需的软件组成部分，这部分软件包括操作系统(OS)、软件运行环境(Runtime Support)、硬件设备抽象模块(HAL)和网络协议栈(Network Stack)。

① 操作系统(OS)：不是传感器网络节点运行所必需的，但是如果对传感业务实时性、多任务并发性能有要求的话，配备一款合适的节点操作系统还是非常必要的。节点软件运行环境位于节点操作系统之上，其主要功能是屏蔽不同操作系统间的差异性，向上层程序提供统一的软件运行环境。

② 硬件抽象模块(Hardware Abstraction Layer，HAL)：功能类似于传统操作系统软件中的硬件驱动，不同之处是硬件抽象模块对上层程序提供了标准化的设备访问接口。

③ 网络协议栈：实现传感网网络协议，完成网络组网、邻居管理、路由管理、流量控制及拥塞避免等功能，通常由媒体接入控制层、网络层、传输层等几个部分组成。

11.4.3 传感网安全中间件

传感网安全中间件的具体内容如下。

(1) 提供安全机制(在协议栈)。各种安全算法、安全模块的具体实现，以及安全模块与应用开发商、网络协议栈、硬件抽象层等的联系。

(2) 安全管理功能(部分在协议栈，上位机配合，功能可方便扩展)。为应用开发商提供统一接口，可综合接收应用开发商的安全需求和采集网络信息，来制定并发布安全策略。

(3) 安全监控功能(上位机配合)。提供给应用开发商可视化操作，监控整个网络动态变化以及安全机制运行情况，分析网络安全级别，配合安全管理实现辅助发布安全策略和查询命令。

传感网安全中间件体系架构如图 11-5 所示。根据组件提供的功能将安全中间件分为 3 层。

应用需求组件：为不同类型网络用户的应用需求提供统一的应用编程接口，是中间件系统软件和应用需求之间交流的窗口。

跨平台安全调度组件：对应用接口需求进行分析，以及网络平台分析，转化统一的安全接口函数。

安全模块组件：提供各种安全服务模块和可扩展模块。

安全管理组件：是安全中间件的核心，是安全中间件灵活配置的体现，提供对所有安全组件的管理功能，加载安全模块，可制定并发布安全策略。

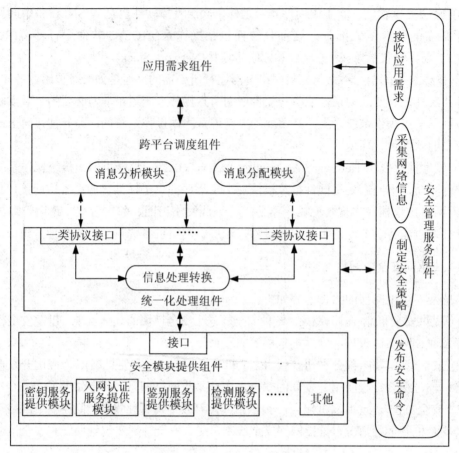

图 11-5 传感网安全中间件体系架构

第 12 章
物联网应用案例——智能电网

智能电网(Smart Grid)是当今世界电力系统发展变革的最新动向,并被认为是 21 世纪电力系统的重大科技创新和发展趋势,物联网是智能电网发展的推手,智能电网又是物联网最具代表性的行业应用。什么是智能电网?智能电网体系架构如何?智能电网一体化管理平台怎样构建?电力物联网的典型应用有哪些?这些问题都可以在本章找到答案。

教学目标

掌握智能电网的概念与发展;
理解智能电网的体系架构;
了解智能电网一体化管理平台;
了解物联网在电力行业的典型应用案例。

教学要求

知识要点	能力要求
智能电网的概念	(1) 掌握智能电网的定义 (2) 了解智能电网的特征 (3) 理解智能电网互操作模型
智能电网的体系架构	(1) 理解智能电网信息交互的模型 (2) 理解基于物联网的智能电网参考架构 (3) 了解融合式物联网形态结构
智能电网一体化管理平台	(1) 掌握智能电网一体化管理平台网络架构 (2) 理解智能电网一体化管理平台功能架构
电力物联网的典型应用	(1) 掌握基于物联网的智能用电服务系统 (2) 理解基于物联网的输变配电现场作业管理系统 (3) 了解基于物联网的输电线路在线监测系统

推荐阅读资料

1. 智能电网——未来电网的发展态势. 胡学浩. 电网技术. 2009
2. 国家电网公司智能电网发展规划. 国家电网公司发布. 2012-02-17
3. An Overview of Smart Grid Standards. Erich W. Gunthererich@enernex.com.February 2009
4. Smart Grid Technology Overview. Konrad Mauch, konrad.mauch@ieee.org,Aidan Foss, amfoss@ieee.org
5. 智能电网技术. 刘振亚. 中国电力出版社. 2010-04-01
6. 智能电网. http://www.ofweek.com/topic/2012/Smartgrids/index.htm

12.1 智能电网概述

智能电网(Smart Grid)是当今世界电力系统发展变革的最新动向，并被认为是21世纪电力系统的重大科技创新和发展趋势。随着国际金融危机的愈演愈烈，2009年新任美国总统奥巴马更是将新能源作为拯救美国的王牌。世界各国也积极跟进，应对国际金融危机，抢占未来经济、科技发展制高点。

智能电网在全世界还处于发展阶段，没有一个共同的精确定义，代表性的定义包括以下几种。

(1) 美国能源部《Grid 2030》：一个完全自动化的电力传输网络，能够监视和控制每个用户和电网节点，保证从电厂到终端用户整个输配电过程中所有节点之间的信息和电能的双向流动。

(2) 美国电力科学研究院：IntelliGrid是一个由众多自动化的输电和配电系统构成的电力系统，以协调、有效和可靠的方式实现所有的电网运作。具有自愈功能，快速响应电力市场和企业业务需求；具有智能化的通信架构，实现实时、安全和灵活的信息流，为用户提供可靠、经济的电力服务。

(3) 欧洲技术论坛：一个可整合所有连接到电网用户所有行为的电力传输网络，以有效提供持续、经济和安全的电力。

(4) 中国科学院电工研究所：智能电网是以包括各种发电设备、输配电网络、用电设备和储能设备的物理电网为基础，将现代先进的传感测量技术、网络技术、通信技术、计算机技术、自动化与智能控制技术等与物理电网高度集成而形成的新型电网，它能够实现可观测(能够监测电网所有设备的状态)、可控制(能够控制电网所有设备的状态)、完全自动化(可自适应并实现自愈)和系统综合优化平衡(发电、输配电和用电之间的优化平衡)，从而使电力系统更加清洁、高效、安全、可靠。

(5) 国家电网公司：以特高压电网为骨干网架、各级电网协调发展的坚强电网为基础，利用先进的通信、信息和控制技术，构建以信息化、自动化、数字化、互动化为特征的统一坚强智能化电网。

(6) 中国电力科学研究院：以物理电网为基础(中国的智能电网是以特高压电网为骨干网架、各电压等级电网协调发展的坚强电网为基础)，将现代先进的传感测量技术、通信技术、信息技术、计算机技术和控制技术与物理电网高度集成而形成的新型电网。它以充分满足用户对电力的需求和优化资源配置、确保电力供应的安全性、可靠性和经济性、满足环保约束、保证电能质量、适应电力市场化发展等为目的,实现对用户可靠、经济、清洁、互动的电力供应和增值服务。

事实上,智能电网融合了信息技术、通信技术、数据融合与挖掘技术、分布式电源技术、集散控制技术、环境感知技术等多学科领域,形成了市场、运营机构、服务机构、发电厂、输电部门、配电所及用户(包括企业与家庭用户)之间的双向互动(图 12-1)。

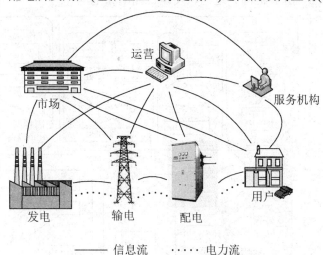

图 12-1 智能电网互操作模型

智能电网作为最具代表性的物联网行业应用,其智能化主要体现在以下几方面:可观测——采用先进的量测、传感技术;可控制——对观测状态进行有效控制;嵌入式自主的处理技术;实时分析——数据到信息的提升;自适应和自愈等。

总结起来,智能电网具有坚强、自愈、兼容、经济、集成、优化等特征。

(1) 坚强(robust 或 strong)。在电网发生大扰动和故障时,电网仍能保持对用户的供电能力,而不发生大面积停电事故;在自然灾害和极端气候条件下或人为的外力破坏下仍能保证电网的安全运行;具有确保信息安全的能力和防计算机病毒破坏的能力。

(2) 自愈(self-healing)。具有实时、在线连续的安全评估和分析能力,强大的预警控制系统和预防控制能力,自动故障诊断、故障隔离和系统自我恢复的能力。

(3) 兼容(compatible)。支持可再生能源的正确、合理的接入,适应分布式发电和微电网的接入,能使需求侧管理的功能更加完善,实现与用户的交互和高效互动,满足用户多样化的电力需求。

(4) 经济(economical)。支持电力市场和电力交易的有效开展;实现资源的合理配置;降低电网损耗;提高能源利用效率;为用户提供可承受电价水平的电力。

(5) 集成(integrated)。实现电网信息的高度集成和共享,采用统一的平台和模型,实现标准化、规范化和精细化管理。

(6) 优化(optimized)。优化资产的利用,降低投资成本和运行维护成本。

12.2 智能电网体系架构

智能电网要求电网资源优化配置、可靠运行、使用灵活，实现电力流、信息流和业务流高度融合。而电网智能化的基础是信息交互，借用美国标准技术委员会(NIST)智能电网工作组发布的智能电网信息的描述，可用图 12-2 描述智能电网信息交互的模型。共分为七大领域：用户、市场、服务机构、运营、发电、输电和配电。

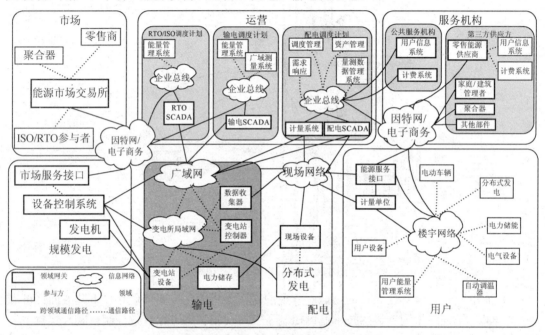

图 12-2　智能电网信息交互的模型

总的来说，智能电网的主要技术要求如下。

(1) 具有坚强的电网基础体系和技术支撑体系，能够抵御各类外部干扰和攻击，能够适应大规模清洁能源和可再生能源的接入，电网的坚强性得到巩固和提升。

(2) 信息技术、传感器技术、自动控制技术与电网基础设施有机融合，可获取电网的全景信息，及时发现、预见可能发生的故障。故障发生时，电网可以快速隔离故障，实现自我恢复，从而避免大面积停电的发生。

(3) 柔性交/直流输电、网厂协调、智能调度、电力储能、配电自动化等技术的广泛应用，使电网运行控制更加灵活、经济，并能适应大量分布式电源、微电网及电动汽车充放电设施的接入。

(4) 通信、信息和现代管理技术的综合运用，将大大提高电力设备使用效率，降低电能损耗，使电网运行更加经济和高效。

(5) 实现实时和非实时信息的高度集成、共享与利用，为运行管理展示全面、完整和精细的电网运营状态图，同时能够提供相应的辅助决策支持、控制实施方案和应对预案。

(6) 建立双向互动的服务模式,用户可以实时了解供电能力、电能质量、电价状况和停电信息,合理安排电器使用;电力企业可以获取用户的详细用电信息,为其提供更多的增值服务。

为了支撑电力流、信息流和业务流高度融合,构建以信息化、自动化、数字化、互动化为特征的统一坚强智能化电网,美国电气与电子工程师协会(IEEE)和美国国家标准技术研究院(NIST)联合制定了智能互动电网的标准和互通原则(简称 IEEE P2030),基于物联网技术提出的参考架构如图 12-3 所示,在发、输、变、配、用、调度等环节全面实现信息化、自动化、数字化、互动化。

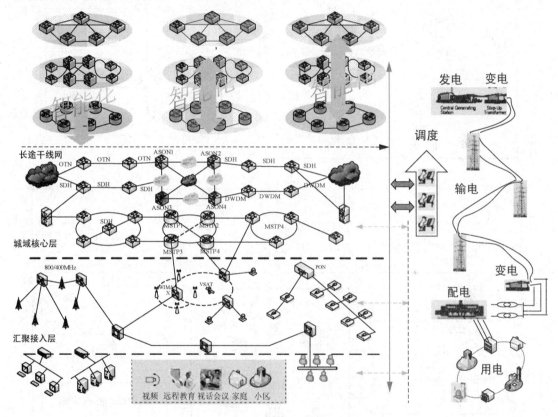

图 12-3 基于物联网技术的智能电网参考架构

12.3 智能电网一体化管理平台

12.3.1 智能电网一体化管理平台网络架构

根据面向智能电网应用的传感器网络物理上分散分布、数据集中存储、服务统一接口的特点,智能电网传感网络应用系统一体化管理平台的网络架构如图 12-4 所示,体现了平台部署与网络连接关系。

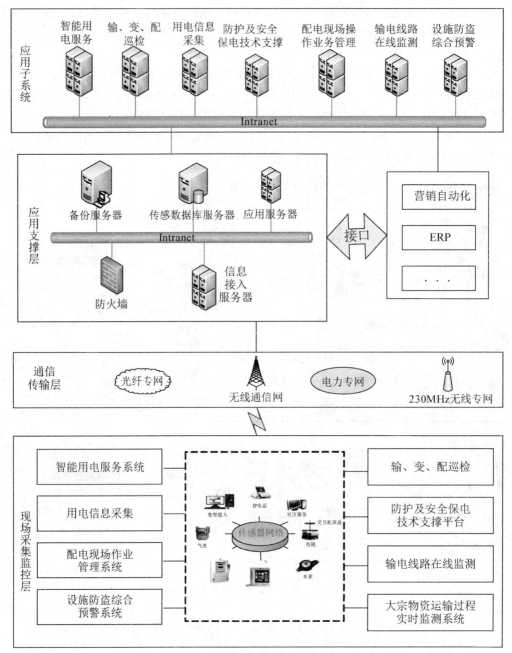

图 12-4 智能电网一体化管理平台的网络架构

采集主站部分(应用支撑子层)负责各传感器网络数据接入、处理、分析以及向电网各专业提供相关业务应用的数据共享接口,另外也提供传感器数据的容灾备份服务。通信信道部分(通信传输层)是采集主站和各子系统现场采集前端的通信连接中枢,其主要有光纤网、TD-SCDMA 网和无线宽带网 3 种方式。现场采集监控层承担各子系统数据采集任务,通过各种传感器终端达到获取输变配用环节各种设备信息的目的。

12.3.2 智能电网一体化管理平台功能架构

智能电网传感网络应用系统一体化管理平台是构建在电网资源管理统一平台基础上，提供对面向智能电网的传感器网络数据一体化管理，支撑其他业务应用的企业级电网基础信息服务平台，其总体架构如图 12-5 所示。

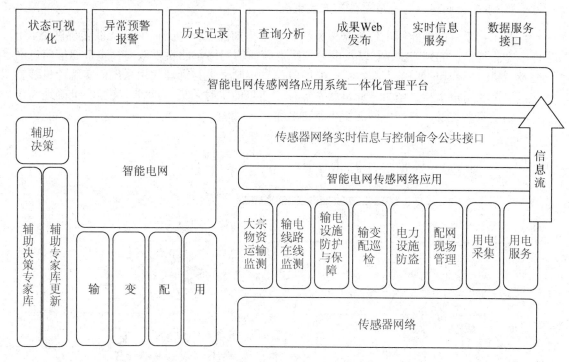

图 12-5 智能电网一体化管理平台的功能架构

智能电网传感网络应用系统一体化管理平台并不涉及电网各专业的业务管理，它所维护和管理的传感器网络数据资源都是为智能电网运营提供数据支撑；同时，平台所提供的各种电网资源信息共享接口，可以用来支持其他相关业务应用，如营销管理、企业固定资产维护等。

通过面向服务的体系架构和企业服务总线，智能电网传感网络应用系统一体化管理平台将为"SG186"工程(国网公司信息化建设工程)一体化平台提供数据服务支持，实现平台与生产系统、营销系统、实时系统等相关业务系统的一体化应用集成，满足业务应用的需求。其中基于传感网络的智能用电服务系统、基于传感网络的高可靠性智能用电信息采集系统将为营销自动化管理系统提供用电信息共享接口，实现用电服务的一体化、智能化；基于感知 RFID 与 TD-SCDMA 的配电网现场作业管理系统将为电网生产管理系统的现场作业提供更安全可靠的支持，实现对 PMS(生产管理系统)系统的实时数据服务支持；智能型全方位电力户外设施防盗综合预警系统、输变配巡检应用验证系统、输电线路、杆塔及设备的全方位防护及安全保电技术支撑平台、输电线路在线监测系统、大宗物资运输过程监测系统等为电网 ERP(企业资源规划)系统提供电网设备设施、物资等企业资源信息，与 ERP 系统一同完成电网资源维护的任务，实现企业资源的有效管理和及时维护。

12.4 电力物联网典型案例

12.4.1 基于物联网的智能用电服务系统

1. 基于物联网的智能用电信息采集系统

基于物联网的智能用电信息采集系统总体架构如图 12-6 所示,利用无线传感网络、电力线宽带通信、TD-SCDMA 以及电力专用宽带通信网络,建设以双向、宽带通信信息网络及 AMI(高级计量架构)为基本特征的用电信息实时采集与管理应用系统,实现计量装置在线监测和用户负荷、电量、计量状态等重要信息的实时采集,及时、完整、准确地为电力营销信息系统及智能配电网络提供基础数据。

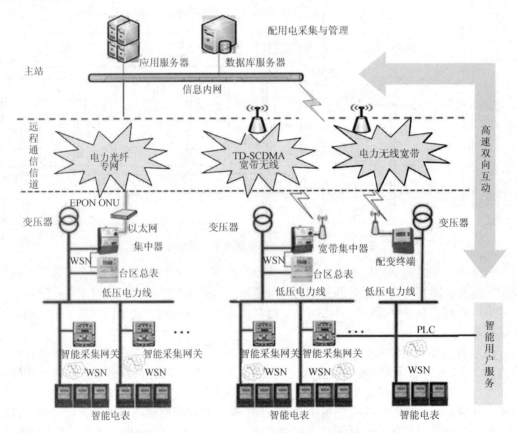

图 12-6 基于复合通信的用电信息实时采集系统架构

系统主要由后台主站、集中器、智能采集网关、智能电表及远程通信信道 4 部分构成。集中器、智能采集网关均通过耦合器将电力线宽带通信信号耦合到电力线上。

1) 主站系统

主站系统通过光纤、TD-SCDMA、电力宽带无线等与集中器通信,实现一个供电区域或整个供电企业配网信息的实时采集与管理。

2) 集中器

集中器负责主站和智能采集网关之间的数据交互。集中器以台区变压器为单位设置，"向上"通过远程信道连接主站，"向下"通过电力线与采集网关通信，是本系统的枢纽装置。集中器至变电所之间的上行通道系统可采用 TD-SCDMA、专用宽带无线通信、无源光网络 EPON 等。

3) 智能采集网关

采集网关主要负责电能信息采集和电表控制，并负责与智能电表、集中器、家庭智能互动终端之间的通信，采集网关也可作为自动中继转发器使用，实现电力线数据通信的全覆盖、全采集。采集网关实现 3 个方向的通信，一是通过无线传感网络与智能电表通信，抄收电表数据并向电表转发来自集中器(主站)的指令及控制信息；二是实现与集中器的高速通信；三是与家庭智能网关通信，实现家庭互动，并为向电力用户提供增值服务提供宽带信道支持。

4) 智能电表

智能电表是在复费率电表中内置无线传感模块而成，用于电能计量以及通过无线传感网络，实现与采集网关的通信，能够对有功、无功电能进行双向计量；具备分时电价、复费率和阶梯电价的计费功能。在特定情况下，智能电表也可直接与集中器通信，作为复合通信模式的备用方式，在这种情况下要在集中器中内嵌无线传感通信模块。

2. 基于物联网的智能用电服务系统

基于物联网的智能用电服务系统如图 12-7 所示，主要包括智能交互终端、智能交互机顶盒、智能插座等硬件设备。该系统通过电力线通信(PLC)、光纤到户(FTTH)、无线宽带通信等通信方式相结合的宽带通信平台来实现与供电公司智能用电管理系统的通信。

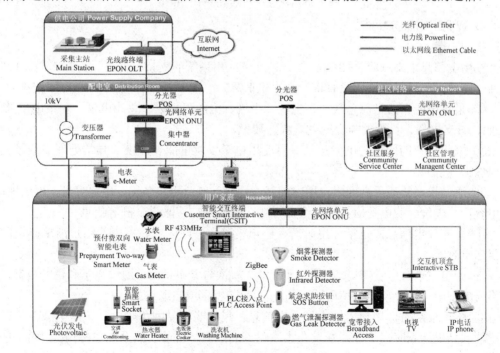

图 12-7　智能用户服务系统组成

1) 智能交互终端

智能交互终端是实现家庭智能用户服务的关键设备(图 12-8),其通过利用先进的信息通信技术,对家庭用电设备进行统一监控与管理,对电能质量、家庭用电信息等数据进行采集和分析,指导用户进行合理用电,调节电网峰谷负荷,实现电网与用户之间智能交互。此外,通过智能交互终端,可为用户提供家庭安防、社区服务、Internet 服务等增值服务。

图 12-8 智能交互终端界面示意图

2) 智能用电服务功能

(1) 用电信息采集与发布。

在用电信息采集系统、"SG186"营销业务应用系统的支持下,通过交互终端、短信、电话、邮件、门户等多种渠道查询发布用电信息。

① 采集电能表的当前总功率、电压、电流、电能表总数、总购电量、剩余电量(剩余金额)、透支电量、负荷限制、继电器状态数据。

② 采集用户的历史购电量记录、月度用电量以及电能表更换、异常处理记录,包括漏电保护。

③ 通过权限验证后查询用户用电的基本信息,包括用户名称、用户编号、用电地址、用电容量、电价、购电受信额度、缴费方式、缴费账户、账户余额等信息。

④ 发布停电信息,包括停电时间、停电线路、停电区域、停电的用户清单以及计划恢复送电时间。

⑤ 当电表剩余电量(剩余金额)低于一次、二次告警电量时,通过显示和语音报警,提示当前的剩余电量、预计可使用的时间,提示购电网点(自助终端)。

⑥ 购电成功时,用户能够查询购电信息,包括购电时间、购电量、购电金额等。当电量输入到电能表时,交互终端发布本次输入的电量、目前的剩余电量(剩余金额)、总购电量。

⑦ 在电费发布 7 日(可设置)内,通过显示和语音提示缴纳电费,并显示所有多元化缴费方式。

(2) 预付电费。

按照储值和控制实现方式的不同,预付费分为远程预付费和本地预付费。

① 远程预付费是由主站发布储值和控制命令的预付费方式。居民通过缴费系统所购的电量或用于购电的金额存储在主站,主站实时读取居民的用电量,并根据当前的分时和阶梯电价从该居民的储值中扣除,当居民的储值小于事先确定的报警量时,主站向居民发送告警信息;当居民的储值量为零时,主站向居民发送缴费或充值提示信息;当居民的储值为零且继续用电到事先确定的透支量时,主站发送命令到费控装置,切断居民用电(或切断居民敏感负荷的用电)。

② 本地预付费是储值和控制都由费控装置完成的一种预付费方式。而向费控装置的充值方式又分为本地充值和远程充值。

③ 预付费的现场管理包括用户交费、电费结算、用电控制等多个方面。

(3) 缴费功能。

缴费可以采用供电营业网点缴费、银行柜面现金缴费、银行折(卡)代扣电费、网上银行缴费、电话银行缴费、银行自助终端缴费等多种手段缴费,用户也可到营业厅购买电量充值卡,通过用户智能交互终端对智能电能表进行充值。

(4) 能效管理。

① 实时查询表码、电压、电流、功率因数等信息,具备智能插座或智能家电的用户能够查询各个电器的用能信息。

② 能耗分析包括日用电量、周用电量、月用电量、年用电量,并用图形的方式进行展现。在执行阶梯电价和分时电价时能够分析阶梯用电量和分时用电量情况。

③ 查询已缴电费信息和欠费信息,预付费用户应能查询到总购电量、总用电量、购电次数和剩余电量信息,并能根据历史用电量信息预估剩余电量的使用时间,提醒用户及时购电。

④ 查询到用户所属类型的电价信息及电价变更信息,执行分时计费的用户应能查询到分时时段及相应费率,阶梯电价用户应能查询到电费梯度及费率。具有分布式能源接入的用户应能查询到上网电价和相关政策。

⑤ 对用电量较大的电器及灵敏负荷进行用电监测。监测用电电压、电流、功率、用电量及发生时间,便于用户分析用电的组成和负荷特点、掌握家电的用能情况。

(5) 电力故障诊断及处理。

① 故障信息来源。来自 95598 的用户报修、通过智能交互终端上传的紧急求助信号、来自营销系统的故障报修等被动(或上报)方式,以及由系统监测主动发现的电力故障,如:通过用户用电状况实时监测、抄表数据分析、智能电表上传信息、用户漏电保护开关状态检测等。

② 故障诊断方式。包括系统自动诊断故障和人工判别故障等方式。

③ 故障分类。包括供电线路故障、计量故障、用户内部故障等。

④ 故障处理。根据故障分类,启动相应处理流程,建立快速响应考核机制。

(6) 负荷预测、分析。

通过对用户家庭用电器用电数据的比对分析,提供以下的功能。

① 按小区、用户、家电类型、时间范围(年、月、日)内各分时电价对应分时时段所用电量比较分析,采用表格、曲线或柱状图分析。

② 按小区、用户、家电类型、时间范围(月、日)内各时点负荷曲线比较,采用表格、曲线或柱状图分析。

③ 按小区、家电类型、时间范围(月、日)内各时点家用电器运行比率分析,采用表格、曲线或柱状图分析。

④ 对小区、灵敏负荷类型、时间范围(分、秒)内各时点负荷预测,判别各类家用电器的运行状态。

⑤ 对小区、灵敏负荷类型、时间范围(分、秒)内各时点负荷预测,分时段提供家用电器的优化运行方式。

(7) 异常用电分析。

① 通过采集到的用电量数据,进行零电量分析、电量突变分析,分析时间可选择小时、天、月、年。

② 通过采集到的用电量数据与售电系统的购电记录计算出用电量进行比对,误差超过设定阀值后,作为用电异常的记录,如用电异常清单,便于检查、稽查部门针对性地进行检查和稽查工作。

③ 将交互终端采集到的家用电器的负荷曲线、最大负荷与采集系统采集到的负荷曲线、最大负荷进行对比分析,当交互终端采集到的负荷超过采集系统采集到的负荷时,列入异常清单。

④ 将交互终端采集到的家用电器的小时、天、月度用电量与采集系统采集到的小时、天、月度进行对比分析,当交互终端采集到的电量超过采集系统采集到的电量时,列入异常清单。

⑤ 将用户断电、合闸、漏电保护等事件分析,与购电记录、缴费记录比对,分析对电表或开关的异常操作。

(8) 增值功能。

① 三表集抄。对居民的水表、气表、热能表等居民家用收费表计进行自动周期性远程抄表或手动启动远程抄表服务,并通过智能用电服务平台将相关信息提供给对应的社会公用事业单位,作为各社会公用事业单位的收费依据,替代社会公用事业单位的人工抄表工作。

② 社区服务。包括社区管理、预约服务、公用设施报修功能、楼道公用防盗门开关门禁、宽带上网、物业缴费、视频点播等。

③ 安防。包括入侵检测、布防、报警、视频监控、煤气泄漏报警、可视对讲、紧急救援等。

12.4.2 基于物联网的输变配电现场作业管理系统

1. 基于物联网的输变配电现场作业管理系统总体架构

基于物联网的输变配电现场作业管理系统如图 12-9 所示，系统综合应用视频技术、传感器技术和 RFID 技术，通过安装在作业车辆上的视频监视设备和设备上的 RFID 标签，远程监控作业现场情况、现场核实操作对象和工作程序，紧密联系调度人员、安监人员、作业人员等多方情况，使各项现场工作或活动可控、在控，保障人身安全、设备安全、系统安全，减少人为因素或外界因素造成的生产损失。

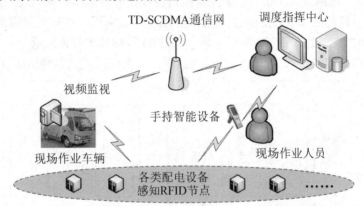

图 12-9 基于物联网的输变配电现场作业管理系统网络示意图

基于物联网的输变配电现场作业管理系统(图 12-10)主要分为包括传感器、RFID 的信息采集层，各种通信方式的通信层，以及后台信息管理系统的支撑层。系统的主要功能如下。

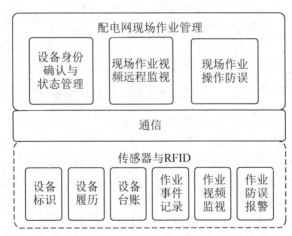

图 12-10 基于物联网的输变配电现场作业管理系统功能构成

(1) 现场作业远程监控：非现场的调度人员、安监人员或协助指挥人员，通过现场传送回来的实时视频对现场作业进行全过程监控，有效监督现场作业人员，并可根据现场设备状况和环境条件的变化，及时调整工作内容。

(2) 现场作业操作防误与事件记录：现场作业人员在工作过程中，在操作前后通过作业对象上的 RFID 标签获得设备信息，与工作票进行核实，可以确认对象身份、状态，匹配工作程序和记录操作过程。

2. 基于物联网的输变配电巡检系统

1) 输变配电巡检系统主要功能

基于物联网的输变配电巡检(图 12-11)是输变配电现场作业管理的核心，系统主要包括感知 RFID 标签、无源 RFID 标签、手持智能设备以及后台信息管理系统。通过在输、变、配电巡检路线上使用感知 RFID 标签、无源 RFID 标签，利用手持智能终端的 RFID 读卡功能和 GPS 定位功能，及无线传感器网络技术、RFID 射频技术等无线通信新技术，提高输、变、配电环节巡检智能化水平。注：感知 RFID 标签也可为传感器网络节点。

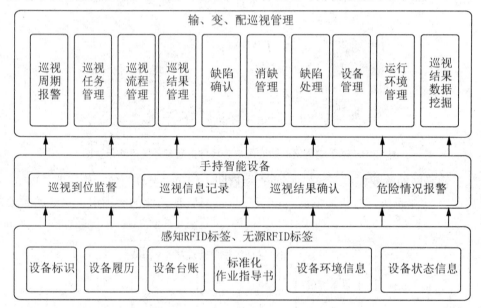

图 12-11　输变配电巡检系统组成框图

(1) 巡检人员的定位功能：通过 RFID 射频识别、GPS 对巡检人员进行定位，监督规范巡检人员按预定路线巡检，避免漏检。

(2) 设备运行环境和状态信息的感知功能：部署在输、变、配电设备上的感知 RFID 标签能够精确采集运行环境和设备状态信息，代替部分人工检查内容，提供更准确的检测结果，提高巡检工作质量。

(3) 为状态检修提供辅助手段：通过实时监测设备运行环境和状态信息，便于进行设备故障的早期诊断，提高输、变、配电设备预防故障发生的能力，保障电网的安全运行。

(4) 提供标准化作业指导功能：在 RFID 标签内存储设备自身的相关信息(设备履历、巡视标准作业指导书等)，在现场作业过程中，提供给现场巡检人员，统一标准记录巡检信息，有利于后续数据统计。

第12章 物联网应用案例——智能电网

2) 输变配电巡检系统感知节点部署方案

针对输电线路的露天环境和远距离巡查的特点,输电环节的巡检系统采用 GPS 定位技术精确记录巡检人员的行进路线,确认巡检人员到位和到位时间等信息,从而确保工作人员巡检路线和工作的正确性与规范性,有效提高对巡检工作的监督力度,避免巡检工作中出现的错检、漏检问题。

针对变电站、配电站内存在大量电气设备,且室内作业情况较多的特点,采用感知 RFID 标签和无源 RFID 标签的联合部署方案,通过 RFID 射频识别技术实现智能化变、配电巡检系统。

(1) 变、配电巡检中无源标签的部署方案。

为实现对变、配电网设备全面有效的巡检路线监督,在巡检路线两侧的待检设备表面部署无源 RFID 标签。工作人员用手持智能设备采集无源 RFID 标签信息的同时,记录巡检人员巡检过的设备、到达该巡检区域的时间,以监督巡检人员确实到位巡检。

(2) 变、配电巡检中感知标签的部署方案。

电气设备会由各种原因导致过热,特别是设备异常导致过热,为了避免设备热损老化,必须对相关线路和设备的温度进行监测;同时,设备的缺陷故障或隐患通常通过设备的异常震动表现出来,及时有效发现设备的异常震动能够确保设备良好运行。为辅助巡检人员检查电气设备状态,以不影响电气设备安全运行为宗旨,在某些设备的关键部分安装温度、湿度、震动感知标签。设备的安全安装部位如下。

① 变压器:变电站、配电站中电磁场震动、安装不可靠等因素易引发变压器套管、外壳、引出线桩头及冷却器控制箱过热现象,在外壳、各套管、引出线桩头和冷却控制箱表面部署温度和震动感知标签,监测变压器工作温度和震动情况,避免事故发生。

② 刀闸:在刀闸触头、连接头、线夹处部署温度感知标签监测过热现象。

③ 电容器:电容器可能出现震动或过热现象,在电容器表面部署温度、震动感知标签,监测过热现象和异常震动现象。

④ 母线:在高温或高峰负荷时,特别需要检测母线的温度状态,部署温度、震动感知标签监测母线过热和异常震动。

⑤ 电力电缆:在金属尾管、与架空线连接的电缆段引线接点上部署温度感知标签监测过热现象。

⑥ 站所通信机房:布置温湿度感知标签,确保室内环境温度不大于 28℃,湿度不大于 80%,保证通信蓄电池的正常运行。

⑦ 杆塔:配电设备站外巡检对象以杆塔为组织中心,对杆上电气设备的关键点安装感知标签,监测设备运行状况,包括设备外损、设备锈蚀、设备运行异常等。

变电站内感知标签和无源标签部署方案如图 12-12 和图 12-13 所示。

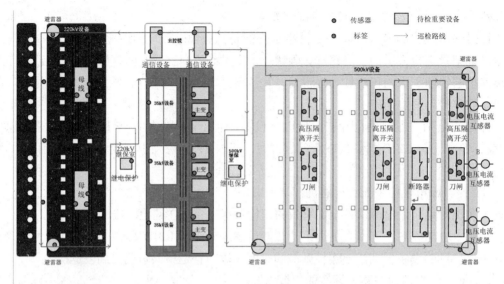

图 12-12 变电站内感知标签和无源标签部署方案示意图

图 12-13 变电站内感知标签和无源标签部署实际场景图

配电线路上感知标签和无源标签部署方案如图 12-14 所示。

根据网络部署方案，以温度、湿度、震动感知标签、无源标签、手持智能设备为主线，手持终端充当感知标签网络中的移动汇聚点，在工作人员进行巡检时顺序收集沿途的标签信息。

感知标签按电气设备的监测需求部署在设备相关部位，以温度、湿度、震动等参数为监测目标，具有多元信息感知能力。各设备的感知标签周期性采集设备的运行环境信息及状态信息。

图 12-14 配电线路上感知标签和无源标签部署方案示意图

在终端信息收集层，巡检人员手持智能设备具有 RFID 高速数据读取功能，巡检人员按路线依次查看电气设备的同时，收集各电气设备的自身相关信息，同时收集设备的运行环境及状态信息，全部巡检信息通过手持智能设备导入后台管理系统。

12.4.3 基于物联网的输电线路在线监测系统

近年来随着全球变暖，台风、暴雨、强雷暴等恶劣气象气候频发，导致山洪暴发、冲毁杆塔地基、暴风刮断输电线路、刮倒输电杆塔等自然灾害频发，对电网安全运行构成越来越大的危险。对电网安全运行的外在威胁主要来自 3 个方面：一是自然灾害，二是外部的野蛮施工，三是人为破坏。

1. 基于物联网的输电线路在线监测系统结构

基于物联网的输电线路在线监测系统如图 12-15 所示，包括线路状态监测和杆塔状态监测两大部分。传感器网络通过网关与移动通信网相联，将传感器获得的状态信息传送给状态监测智能管理系统。系统在实时接收各种传感信息的基础上，综合分析融合各类传感数据，经由数据库科学数据模型的分析，对输电线路现场状况和故障原因做出准确判断，高效精确地实现了智能化预测预警，还能根据输电线路现场情况对监测策略做出相应调整，智能适应各种监测需求。

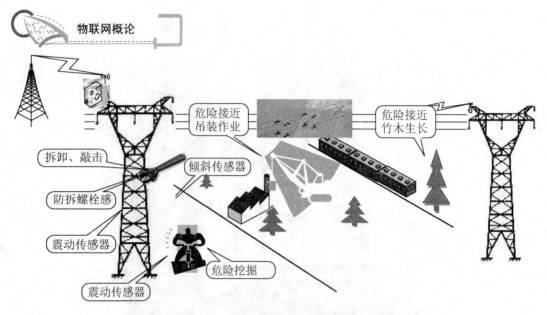

图 12-15 基于物联网的输电线路在线监测系统结构示意图

线路监测系统通过导线监测仪记录导线与线夹最后接触点外一定距离处导线相对于线夹的弯曲振幅、频率等线缆状态，获取导线的运行温升、导线的风偏和摆幅等参数，状态监测智能管理软件通过事先设计的输电线路运行专家系统进行模式匹配，对导线可承载潮流作出评估，为高压输电线路动态增容和升温融冰等提供决策支持。

2. 杆塔状态监测系统

杆塔状态监测的布置如图 12-16 所示，220kV 的高压线路杆塔布置方法如下。

(1) 在每个杆塔塔基外围 3m 的四周埋设 4 个地埋震动传感器。
(2) 在每个杆塔塔身高 3m 处安装 1 个壁挂震动传感器。
(3) 在每个杆塔塔身高 3m 处安装 1 个倾斜传感器。
(4) 在每个杆塔塔身高 3m 处安装 1 个被动红外传感器。
(5) 在每个杆塔塔身距高压导线 6m 的位置安装智能视频传感器。
(6) 在每个杆塔塔身的最低横杆结构处装设 8 个防盗螺栓。
(7) 在每个杆塔塔身高 5m 处安装 1 套 Sink 节点/网关模块、TD-SCDMA 和电源模块。

地埋震动传感器埋设在杆塔周围，这些震动传感器周期性监测地面震动信号，当在杆塔周围发生危险挖掘、填埋等土方作业时，多个传感器会采集到这些信号并传输到 Sink 节点，Sink 节点融合处理这些数据，判别威胁等级，如果判定是危险挖掘，会自动联动智能视频传感器，通过 TD-SCDMA 通信模块向监控主机发送告警信号。

当发生侵入杆塔的行为时，杆塔震动传感器、倾斜传感器和防盗螺栓传感器会监测到该行为，并将这些信息发送到 Sink 节点，Sink 节点融合处理这些数据，自动识别攀爬杆塔、破坏杆塔、危险接近等各种安全威胁，判别威胁等级，如果判定是危险侵害，会自动联动智能视频传感器，通过 TD-SCDMA 通信模块向监控主机发送告警信号。

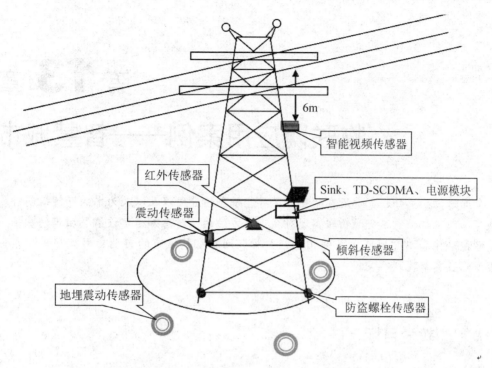

图 12-16 传感器网络的杆塔布置示意图

视频智能监控系统的视场方向与线路走向一致，线路、杆塔的场景是相对固定不变的，当有大型施工机械进入高压走廊等危险区域、竹木生长接近高压线路时，智能视频传感器通过模式识别技术判定其威胁等级，如果是危险接近，将会自动通过 TD-SCDMA 通信模块向监控主机发送告警信号。

重要交跨线路的安全对整条线路的安全至关重要，如高速铁路、高速公路和过江线路等线路，在这些杆塔周围固定埋设了多个震动传感器，当附近有挖掘行为发生时，Sink 节点汇聚各传感器的数据，通过数据融合处理，智能识别危险等级，如果挖掘行为判定为危险等级，就会自动发出报警信号，并且联动视频子系统，将现场图像通过 TD-SCDMA 通信模块发送到监控中心。

第 13 章
物联网应用案例——智慧城市

全面透彻的感知、宽带泛在的互联、智能融合的应用以及以人为本的可持续创新是智慧城市四大特征,通过全面物联实现对城市全方位的实时感知是建设智慧城市的基础。什么是智慧城市?智慧城市体系架构怎样?物联网在智慧城市的典型应用有哪些?这些问题都可以在本章找到答案。

掌握智慧城市的概念及特征;
理解智慧城市的体系架构;
了解物联网在智慧城市的几种典型应用。

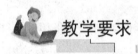

知识要点	能力要求
智慧城市的概念	(1) 掌握智慧城市的定义 (2) 理解掌握智慧城市的特征 (3) 了解数字城市和智慧城市的区别
智慧城市的体系架构	(1) 掌握智慧城市总体应用架构 (2) 理解智慧城市感知层架构 (3) 了解智慧城市应用支撑层结构
智能交通	(1) 掌握智能交通基本概念 (2) 理解基于物联网的智能交通系统平台架构 (3) 了解城市智能交通管理系统 (4) 了解"车联网"的概念及技术框架

第13章 物联网应用案例——智慧城市

续表

知识要点	能力要求
智能化住宅小区	(1) 掌握智能化住宅小区的定义 (2) 理解智能小区的系统结构与功能 (3) 了解智能小区的综合安防系统 (4) 了解智能小区的物业管理与服务系统 (5) 了解楼宇设备监控系统 (6) 掌握智能家居系统 (7) 理解智能医疗系统

推荐阅读资料

1. 重庆市智慧城市发展纲要(2011—2020年)
2. 重庆市南岸区智慧城区试点实施方案. 重庆市南岸区人民政府. 2013-1
3. 重庆公路运行状态监测与效率提升技术研究及示范应用. 可行性研究报告
4. 智能交通电子警察与城市道路监控系统. 2013-04-01. http://www.hqew.com/tech/fangan/1199836.html
5. 某小区智能化系统方案. http://wenku.baidu.com/view/8c1ff396dd88d0d233d46af3.html
6. 智慧医疗. 吴越. 清华大学出版社. 2011-10-01

13.1 智慧城市概述

随着以物联网、云计算、移动互联网为代表的新一代信息技术和知识社会环境下逐步孕育的开放性城市创新生态的迅速发展。21世纪之初,美国IBM公司率先提出了"智慧地球"的概念,在这个理念的基础上,一些发达国家相继启动了智慧城市建设,包括如韩国的"i-City"计划,新加坡的"智慧国2015"计划,澳大利亚的"Smart Grid,Smart City"示范工程等。

目前,智慧城市概念还处于发展之中,还没有统一的定义。代表性的定义为:智慧城市是以互联网、物联网、电信网、广电网、无线宽带网等网络组合为基础,运用信息和通信技术手段感测、分析、整合城市运行核心系统的各项关键信息,从而对包括民生、环保、公共安全、城市服务、工商业活动在内的各种需求做出智能响应,为城市中的人们创造更美好的生活,促进城市的和谐、可持续成长。

智慧城市(图13-1)包含着智慧技术、智慧产业、智慧(应用)项目、智慧服务、智慧治理、智慧人文、智慧生活等内容。对智慧城市建设而言,智慧技术的创新和应用是手段和驱动力,智慧产业和智慧(应用)项目是载体,智慧服务、智慧治理、智慧人文和智慧生活是目标。具体来说,智慧(应用)项目体现在:智慧交通、智能电网、智慧物流、智慧医疗、智慧食品系统、智慧药品系统、智慧环保、智慧水资源管理、智慧气象、智慧企业、智慧银行、智慧政府、智慧家庭、智慧社区、智慧学校、智慧建筑、智能楼宇、智慧油田、智慧农业等诸多方面。

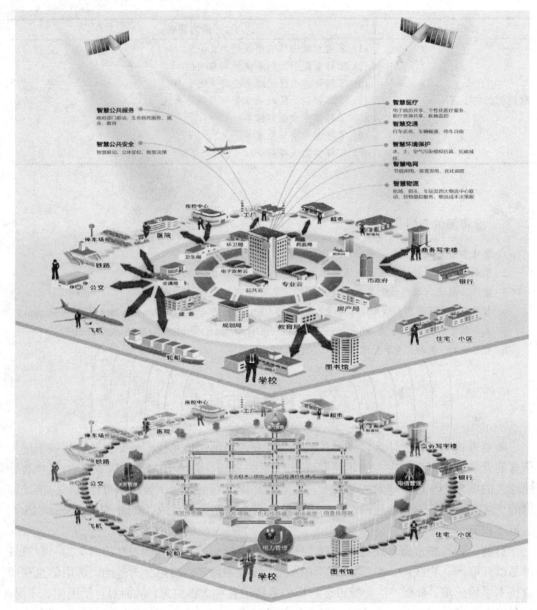

图 13-1 智慧城市示意图

具体来说,"智慧城市"需要具备四大特征:全面透彻的感知、宽带泛在的互联、智能融合的应用以及以人为本的可持续创新。

1. 全面透彻的感知

通过传感技术,实现对城市管理各方面监测和全面感知。智慧城市利用各类随时随地的感知设备和智能化系统,智能识别、立体感知城市环境、状态、位置等信息的全方位变化,对感知数据进行融合、分析和处理,并能与业务流程智能化集成,继而主动做出响应,促进城市各个关键系统和谐高效地运行。

2. 宽带泛在的互联

各类宽带有线、无线网络技术的发展为城市中物与物、人与物、人与人的全面互联、互通、互动，为城市各类随时、随地、随需、随意应用提供了基础条件。宽带泛在网络作为智慧城市的"神经网络"，极大地增强了智慧城市作为自适应系统的信息获取、实时反馈、随时随地智能服务的能力。

3. 智能融合的应用

现代城市及其管理是一类开放的复杂巨型系统，新一代全面感知技术的应用更增加了城市的海量数据。基于云计算，通过智能融合技术的应用实现对海量数据的存储、计算与分析，并引入综合集成法，通过人的"智慧"参与，大大提升决策支持的能力。基于云计算平台的智慧工程将构成智慧城市的"大脑"。技术的融合与发展还将进一步推动"云"与"端"的结合，推动从个人通信、个人计算到个人制造的发展，推动实现智能融合、随时、随地、随需、随意的应用，进一步彰显个人的参与和用户的力量。

4. 以人为本的可持续创新

面向知识社会的下一代创新重塑了现代科技以人为本的内涵，也重新定义了创新中用户的角色、应用的价值、协同的内涵和大众的力量。智慧城市的建设尤其注重以人为本、市民参与、社会协同的开放创新空间的塑造以及公共价值与独特价值的创造。注重从市民需求出发，并通过维基、微博、Fab Lab、Living Lab 等工具和方法强化用户的参与，汇聚公众智慧，不断推动用户创新、开放创新、大众创新、协同创新，以人为本实现经济、社会、环境的可持续发展。

智慧城市是智慧地球的体现形式，是 Cyber-City、Digital-City、U-City 的延续，是创新时代的城市形态，是以智慧技术高度集成、智慧产业高端发展、智慧服务高效便民为主要特征的城市发展新模式，也是城市信息化发展到更高阶段的必然产物。

对比数字城市和智慧城市，我们可以发现以下 6 个方面的差异。

(1) 数字城市通过城市地理空间信息与城市各方面信息的数字化在虚拟空间再现传统城市，智慧城市则注重在此基础上进一步利用传感技术、智能技术实现对城市运行状态的自动、实时、全面透彻的感知。

(2) 数字城市通过城市各行业的信息化提高了各行业管理效率和服务质量，智慧城市则更强调从行业分割、相对封闭的信息化架构迈向作为复杂巨型系统的开放、整合、协同的城市信息化架构，发挥城市信息化的整体效能。

(3) 数字城市基于互联网形成初步的业务协同，智慧城市则更注重通过泛在网络、移动技术实现无所不在的互联和随时随地随身的智能融合服务。

(4) 数字城市关注数据资源的生产、积累和应用，智慧城市更关注用户视角的服务设计和提供。

(5) 数字城市更多注重利用信息技术实现城市各领域的信息化以提升社会生产效率，智慧城市则更强调人的主体地位，更强调开放创新空间的塑造及其间的市民参与、用户体验，及以人为本实现可持续创新。

(6) 数字城市致力于通过信息化手段实现城市运行与发展各方面功能，提高城市运行效率，服务城市管理和发展，智慧城市则更强调通过政府、市场、社会各方力量的参与和协同实现城市公共价值塑造和独特价值创造。

智慧城市不但广泛采用物联网、云计算、人工智能、数据挖掘、知识管理、社交网络等技术工具，也注重用户参与、以人为本的创新理念及其方法的应用，构建有利于创新涌现的制度环境，以实现智慧技术高度集成、智慧产业高端发展、智慧服务高效便民、以人为本持续创新，完成从数字城市向智慧城市的跃升。智慧城市将是创新时代以人为本的可持续创新城市。

13.2 智慧城市体系架构

智慧城市的架构设计可以分为 4 层：感知层、通信传输层、应用层(含应用支撑层、行业应用层)以及完善的标准体系和安全体系(图 13-2)。

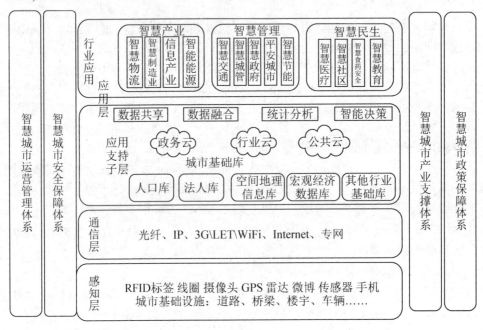

图 13-2 智慧城市总体应用架构设计

1. 感知层

利用视频监控、RFID 技术、各种传感技术进行城市各种数据和事件的实时测量、采集、事件收集、数据抓取和识别。

感知层是智慧城市实现其"智慧"的基本条件(图 13-3)。感知层具有超强的环境感知能力和智能性，通过 RFID、传感器、传感网等物联网技术实现对城市范围内基础设施、环境、建筑、安全等的监测和控制，为个人和社会提供无处不在的、无所不能的信息服务和应用。

第13章 物联网应用案例——智慧城市

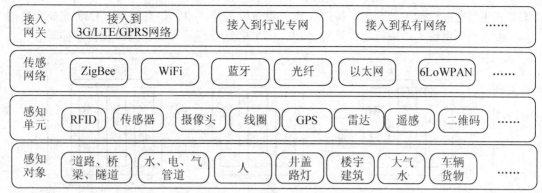

图13-3 智慧城市感知层架构

感知对象子层：感知对象主要是指物理世界中的"物"，如需要监测的设施和设备、在智慧交通中的车辆、智慧物流中的物品、在智慧社区中被监控的人，甚至在遥感测绘中的地球表面空间都是被感知对象。

感知单元子层：感知单元是指具有数据采集功能的，用于采集物理世界中发生的物理事件和数据的设备和网络。采集的数据可以包括各类物理量、标识、音频、视频数据等。数据采集设备涉及传感器、RFID、多媒体信息采集、二维码和实时定位设备等。

传感网络子层：由传感设备组成的传感网，包括通过近距离无线通信方式组成的无线传感网以及其他的传感网。在智慧城市体系中要求每个感知设备都能够寻址、都可以通信、都可以被控制。

接入网关子层：接入网关主要负责将感知层接入到智慧城市的通信层中，完成包括协议转换、数据转换等工作，这取决于感知层和网络层采用的技术。

2. 通信传输层

通信层是"智慧城市"中的信息高速公路，是未来智慧城市的重要基础设施。未来城区的通信网络应该是由大容量、高带宽、高可靠的光网络和全城覆盖的无线宽带网络所组成，为实现城市的智慧化奠定良好的基础。同时，让市民"随时、随地、随需"都可以宽带上网，而且可以享受网络电视、高清电视、高清视频通话等宽带业务。

实现高起点、高标准面向未来信息网络，促进电信网、互联网、广播电视网的融合，满足智慧城市发展要求。未来网络的发展不仅要求更高的宽带速度、更便捷的接入方式、更深程度的融合，还要支持人与机器(或物体)间以及机器到机器间通信，最终形成智慧一体化的网络基础设施。

3. 应用支撑层

应用支撑层的核心目的是让城市更加"智慧"，在未来的智慧城市中，数据是非常重要的战略性资源，因此构建智慧城市的数据层是智慧城市建设中非常重要的一环，应用支撑层组成如图13-4所示。应用支撑层包含各行业、各部门、各企业的数据中心以及为实现数据共享、数据活化等建立的市一级的动态数据中心、数据仓库等，主要的目的是通过数据关联、数据挖掘、数据活化等技术解决数据割裂、无法共享等问题。对感知层采集的数据和事件信息进行加工处理后,按照工作流程建模编排、事件信息处理,自动选择应对措施,通知相关负责人,进行工作流程处理、历史信息保留及查询、网络设备监控等。

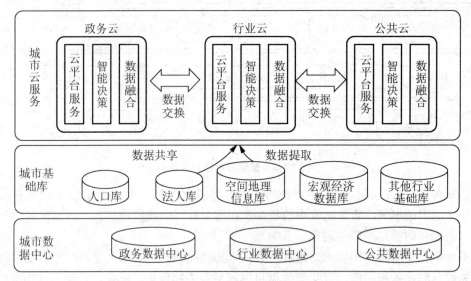

图 13-4 智慧城市应用支撑层结构示意图

数据层采用云计算的架构模式。数据层体系结构主要分为 3 层:城市数据中心、城市基础库和城市的云服务。

(1) 城市数据中心:数据中心作为未来智慧城市的重要基础设施,主要包括计算机、存储设备、网络设施、数据库和软件等物理资源。数据中心利用虚拟化和云计算技术将大量相同类型的资源构成同构或接近同构的资源池。资源的虚拟化避免了硬件异构的特性,并被动态分配和动态调整。

(2) 城市基础库:城市基础库是智慧城市的基础的信息资源,是其他应用的基础数据。智慧城市中经过授权的用户可以访问和共享这些数据。

(3) 城市云服务:主要为智慧城市的各级用户提供包括政务云、行业云和公共云在内的云服务。城市云服务将以服务的形式为用户提供软件、应用和计算资源等,用户不再关心软件的购买、安装和升级维护,而是根据租用服务的实际使用情况进行付费。

4. 智慧应用层

应用层主要是指在感知层、通信层、数据层基础上建立的各种应用系统。智慧产业、智慧管理和智慧民生构成的智慧应用层,促进实现"产业发展、功能提升、民生幸福"的智慧城市。市民可以通过各种终端包括智能手机设备等访问这些系统。

城市管理者可进行多部门仿真演示、信息查询与监控、工作流程进度可视化监控、历史数据分析、相关专家协同分析进行城市管理流程优化,为城市的智能化管理和各种突发事件的处理提供数据支持与经验分析。

5. 标准规范和政策保障

"智慧城市"的架构同时还包括安全保障体系、产业支撑体系、政策保障体系和运营管理体系等 4 个支撑和保障体系。

13.3 智能交通

13.3.1 智能交通概述

智能交通系统(Intelligent Transportation System,ITS)是未来交通系统的发展方向,它是将先进的信息技术、数据通信传输技术、电子传感技术、控制技术及计算机技术等有效地集成运用于整个陆路、海上、航空、管道等交通形式而建立的一种在大范围内、全方位发挥作用的高效、便捷、安全、环保、舒适、实时、准确的综合交通运输管理系统,通过信息的收集、处理、发布、交换、分析,实时、准确、高效地为交通参与者提供多样性的服务。

物联网作为智能交通最重要的支撑技术,将通过路车联网、轨道联网、航道联网、局部气象联网实现人车"路"的有机融合(图13-5)。

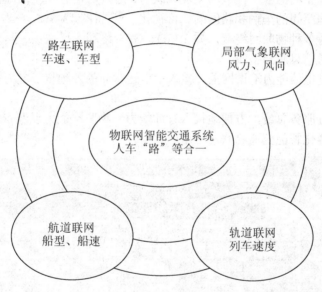

图13-5 实现人车"路"有机融合的智能交通示意图

ITS可以有效地利用交通设施、减少交通负荷和环境污染、保证交通安全、提高运输效率。因而,21世纪将是公路交通智能化的世纪,人们将要采用的是智能交通系统,在该系统中,车辆靠自己的智能在道路上自由行驶,公路靠自身的智能将交通流量调整至最佳状态,借助于这个系统,管理人员对道路、车辆的行踪将掌握得一清二楚。

智能交通系统具有两个特点:一是着眼于交通信息的广泛应用与服务,二是着眼于提高既有交通设施的运行效率。与一般技术系统相比,智能交通系统建设过程中的整体性要求更加严格,这种整体性体现在以下几个方面。

(1) 跨行业特点。智能交通系统建设涉及众多行业领域,是社会广泛参与的复杂巨型系统工程,从而造成复杂的行业间协调问题。

(2) 技术领域特点。智能交通系统综合了交通工程、信息工程、通信技术、控制工程、计算机技术等众多科学领域的成果,需要众多领域的技术人员共同协作。

(3) 政府、企业、科研单位及高等院校共同参与，恰当的角色定位和任务分担是系统有效展开的重要前提条件。

(4) 智能交通系统将主要由移动通信、宽带网、RFID、传感器、云计算等新一代信息技术作支撑，更符合人的应用需求，可信任程度提高并变得"无处不在"。

公路智能交通是以交通信息应用为中心，将汽车、驾驶者、道路以及相关的服务部门相互连接起来，并使道路与汽车的运行功能智能化，提供实时、全面、准确的交通信息，从而使公众能够高效地使用公路交通设施和能源。

13.3.2 智能交通系统平台架构

基于物联网架构的智能交通综合解决方案由感知、网络和应用 3 层组成，全面涵盖了信息采集、动态诱导、智能管控等环节。综合采用线圈、微波、视频、地磁检测等固定式的多种交通信息采集手段，通过对机动车信息和路况信息的实时感知和反馈，实现了车辆从物理空间到信息空间的唯一性双向交互式映射，通过对信息空间的虚拟化车辆的智能管控实现对真实物理空间的车辆和路网的"可视化"管控(图 13-6)。

感知层，支持多种物联网终端，如 RFID、GPS 终端、摄像头、传感器等，提供多样化的、全面的交通信息感知手段。

网络层，通过电信能力汇聚网关，接入电信运营商的各种核心能力如短信、彩信、定位和 IVR 等。

应用层，通过服务总线，方便地接入行业能力、物联网能力以及企业内部 IT 系统，打造融合的、多样化智能交通物联网应用。

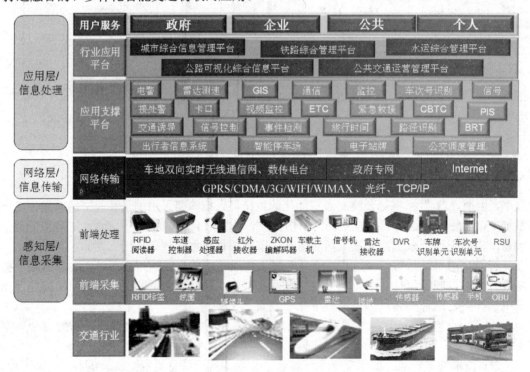

图 13-6 智能交通系统平台架构

13.3.3 城市智能交通管理系统

城市智能交通管理系统的整体框架如图 13-7 所示，目标是建成"高效、安全、环保、舒适、文明"的智能交通与运输体系，大幅度提高城市交通运输系统的管理水平和运行效率。为出行者提供全方位的交通信息服务和便利、高效、快捷、舒适、经济、安全、人性、智能、生态的交通运输服务；为交通管理部门和相关企业提供及时、准确、全面和充分的信息支持和信息化决策支持。智能交通整体框架主要包括感知数据层、整合集成平台和分析预测及优化管理的应用。感知数据层主要是对交通状况及流量的感知采集；整合集成平台是将各感知终端的信息进行整合、转换处理，以支撑分析预警与优化管理的应用系统建设；分析预测及优化管理应用主要包括交通规划、交通监控、智能诱导、智能停车等应用系统。城市智能交通系统主要包括：智能停车与诱导系统、电子收费系统、智能交通监控与管理系统、智能公交系统和综合信息平台与服务系统等内容。

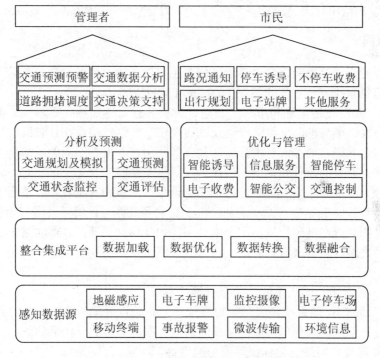

图 13-7 城市智能交通管理系统的整体框架

(1) 智能停车与诱导系统。智能停车与诱导系统可提高驾驶员停车的效率，减少因停车难而导致的交通拥堵、能源消耗的问题，包括两方面内容：一是对出行市民发布相关停车场、停车位、停车路线指引的信息，引导驾驶员抵达指定的停车区域；二是停车的电子化管理，实现停车位的预定、识别、自动计时收费等。

(2) 电子不停车收费系统。电子不停车收费系统的特点是不停车、无人操作和无现金交易，主要包括两部分内容：一是车辆的电子车牌系统，它是车辆的唯一识别，存储了车辆的相关信息，实时与收费站的控制设备进行通信；另一部分是后台计费系统，由管理中心与银行组成,包括收费专营公司、结算中心和客户服务中心等,后台根据收到的数据文件在公路收费专营公司和用户之间进行交易和结算。

(3) 监控与管理系统。利用地磁感应与多媒体技术将各道路的车流量情况进行实时采集与整理,实时地监控各交通路段的车辆信息与数据,同时自动检测车辆的车重、轴距轴重等信息,对违规车辆通过自动拍照与录制视频的方式辅助执法。

(4) 智能公交系统。智能公交系统通过对域内公交车进行统一组织和调度,提供公交车辆的定位、线路跟踪、到站预测、电子站牌信息发布、油耗管理等功能,以及公交线路的调配和服务能力,实现区域人员集中管理、车辆集中停放、计划统一编制、调度统一指挥,人力、运力资源在更大的范围内的动态优化和配置,降低公交运营成本,提高调度应变能力和乘客服务水平。

(5) 综合信息平台与服务系统。综合信息平台与服务系统是智能交通系统的重要支撑,是连接其他系统的枢纽,将交通感知数据进行全面的采集、梳理、存储、处理、分析,为管理和决策提供必要的支撑依据,同时将综合处理的信息以多种渠道(大屏、网站、手机、电视等)及时发布给出行市民。

13.3.4 车联网

未来,智能交通的发展将向以热点区域为主、以车为对象的管理模式转变。即建立以车为节点的信息系统——"车联网"(Internet of Vehicle,IOV)。

"车联网"是指使用车辆和道路上的电子传感装置,感知和收集车辆、道路和环境信息,通过车与人、车与车、车与路协同互联实现信息共享,实现在信息网络平台上对所有车辆的属性信息和静、动态信息进行提取和有效利用,并根据不同的功能需求对所有车辆的运行状态进行有效的监管和提供综合服务,确保车辆移动状态下的安全、畅通。车联网信息网络平台上对多源采集的信息进行加工、计算、共享和安全发布,根据不同的功能需求对车辆进行有效的引导与监管,以及提供专业的多媒体与移动互联网应用服务。

车联网是物联网在汽车领域的一个细分应用,是移动互联网、物联网向业务实质和纵深发展的必经之路,是未来信息通信、环保、节能、安全等发展的融合性技术,技术框架如图13-8所示。

从图13-8可看出,IOV系统是一个三层体系。

第一层(端系统):端系统是汽车的智能传感器,负责采集与获取车辆的智能信息,感知行车状态与环境;是具有车内通信、车间通信、车网通信的泛在通信终端;同时还是让汽车具备IOV寻址和网络可信标识等能力的设备。

第二层(管系统):解决车与车(V2V)、车与路(V2R)、车与网(V2I)、车与人(V2H)等的互联互通,实现车辆自组网及多种异构网络之间的通信与漫游,在功能和性能上保障实时性、可服务性与网络泛在性,同时它是公网与专网的统一体。

第三层(云系统):车联网是一个云架构的车辆运行信息平台,它的生态链包含了ITS、物流、客货运、危特车辆、汽修汽配、汽车租赁、企事业车辆管理、汽车制造商、4S店、车管、保险、紧急救援、移动互联网等,是多源海量信息的汇聚,因此需要虚拟化、安全认证、实时交互、海量存储等云计算功能,其应用系统也是围绕车辆的数据汇聚、计算、调度、监控、管理与应用的复合体系。

第13章 物联网应用案例——智慧城市

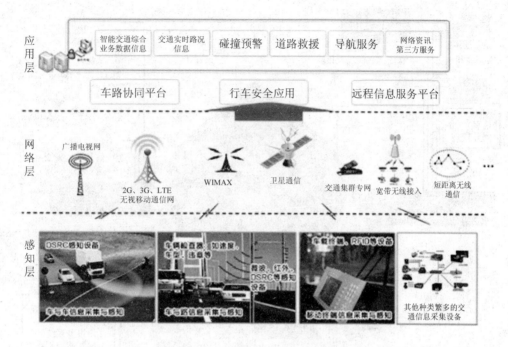

图 13-8 "车联网"的技术框架示意图

13.4 智能化住宅小区

13.4.1 智能化住宅小区概述

智能化住宅小区(简称智能小区)是指利用现代通信网络技术、计算机技术、自动控制技术、IC 卡技术,通过有效的传输网络,建立一个由住宅小区综合物业管理系统、信息服务系统、楼宇自控系统以及家居智能化组成的"三位一体"住宅小区服务和管理集成系统(图 13-9、图 13-10),使小区与每个家庭能达到一个安全、舒适、便捷、节能、高效的居住和生活环境。

综合物业管理系统实现具有集成性、交互性、动态性的智能化物业管理模式,为住宅小区的业主和使用人提供高效率同时完善而多样化的服务,包括各种智能化设备系统的自动监控和集中远程管理;保安、消防、停车管理的高度自动化;三表自动计量,各种收费一卡通。

楼宇自动化系统(BAS)是由环境设备监控系统、能源设备监控系统、消防系统以及保安监控系统等组成的以集中监视、控制和管理为目的而构成的综合系统。通常检测和显示其运行参数,监视和控制其运行状态,并根据外界条件、环境因素、负载变化情况自动调节各种设备,使其始终运行于最佳状态,以提供一个既安全可靠,又节约能源,而且舒适宜人的工作或居住环境。

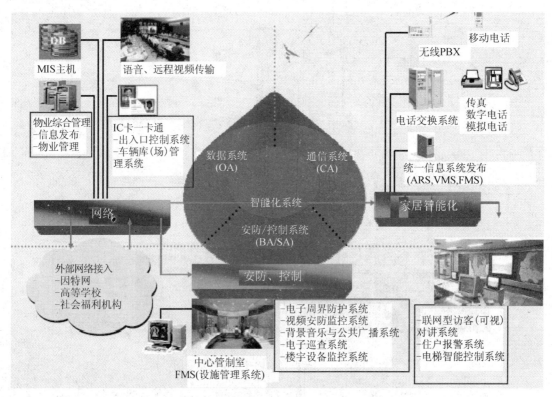

图 13-9　智能小区系统结构示意图

图 13-10　智能小区功能

第13章 物联网应用案例——智慧城市

信息服务系统及时地接转处理各种语言、文字、图像信息,扩大和延伸个人的社会界面,使个人在家中工作、学习、娱乐成为可能。使远距离监视和指导家中的儿童、老人和病人,接待来客来访,电话电视购物、就医等各种家庭生活的需要都可得到极大的满足。

家居智能化(也称智能家居)通过物联网技术将家中的各种设备(如音视频设备、照明系统、窗帘控制、空调控制、安防系统、数字影院系统、网络家电以及三表抄送等)连接到一起,提供家电控制、照明控制、窗帘控制、电话远程控制、室内外遥控、防盗报警、以及可编程定时控制等多种功能和手段,构建高效的住宅设施与家庭日程事务的管理系统,提升家居安全性、便利性、舒适性、艺术性,并实现环保节能的居住环境。

13.4.2 综合安防系统

综合安防系统如图13-11所示,主要包括防盗报警与监听监控系统、出/入口监控系统、闭路电视监视系统、紧急报警系统、巡更管理系统和电子周界防卫系统等。

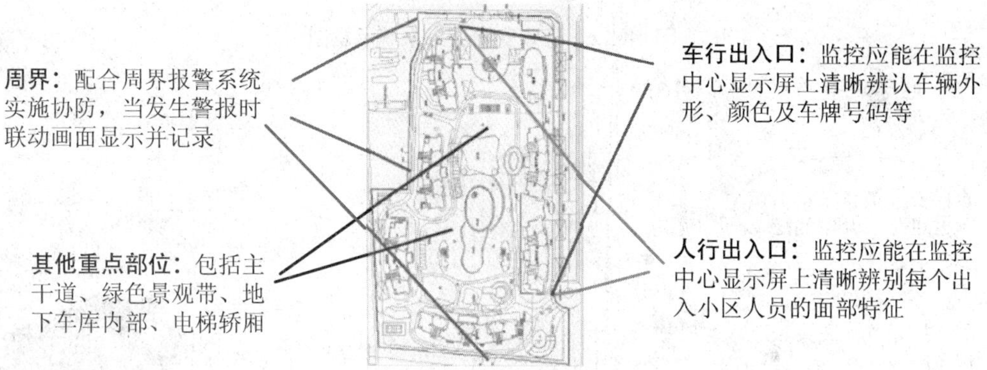

周界:配合周界报警系统实施协防,当发生警报时联动画面显示并记录

车行出入口:监控应能在监控中心显示屏上清晰辨认车辆外形、颜色及车牌号码等

其他重点部位:包括主干道、绿色景观带、地下车库内部、电梯轿厢

人行出入口:监控应能在监控中心显示屏上清晰辨别每个出入小区人员的面部特征

图13-11 综合安防系统示意图

1. 视频安防监控系统

视频安防监控系统(图13-12)对小区内公共区域实时监控,通过建立闭路电视监控系统,充分了解社区内的安全状况,为违法违规事件提供实效的审查记录。

中心管理:监控中心主要完成对视频信号的控制、录制、存储及显示,中心设备包括:视频分配、矩阵控制、数字硬盘录像主机及监视墙等。

系统控制:采用视频矩阵控制系统,控制画面的输出显示(单画面、分割画面或切换画面),并实现对前端云台(上、下、左、右)摄像机的控制。

图像录制:采用数字化实时嵌入式硬盘录像主机,对各路视频图像进行录制,可设置为单路图像录制或报警触发录像等,录像质量可根据需要进行设置,硬盘录像机配置大容量硬盘,存储容量可达15天以上。

图像显示:中心配置大屏幕监视墙进行画面显示。

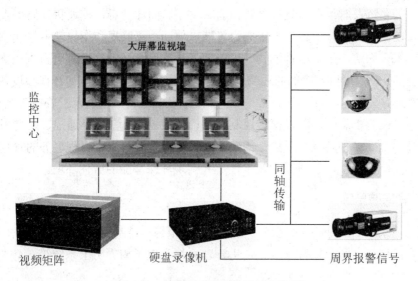

图 13-12 视频安防监控系统示意图

2. 电子巡查系统(图 13-13)

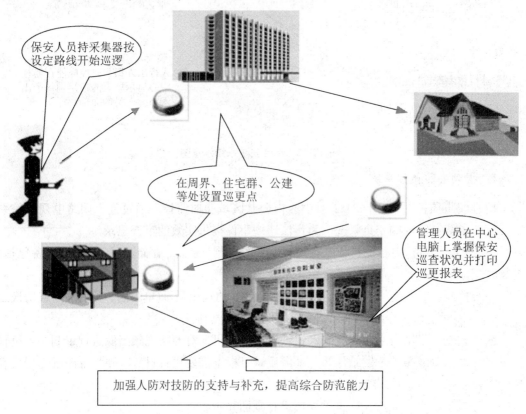

图 13-13 电子巡查系统示意图

3. 电子周界防护系统

根据项目周界设定，着重于封闭式社区的建设，加大外围防范，通过对围墙的防越报警及加强出入口的综合管理，结合保安门卫的值班，对小区周边进行防范，有效地将不安全因素排除在小区之外(图 13-14)。

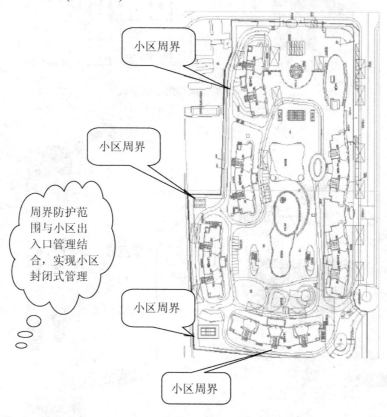

图 13-14　电子周界防护系统

防护措施：在小区的围墙上方设置红外对射探测器进行防范，当发生非法翻越行为时，即触发报警，报警信号通过总线传输至智能化控制中心，在智能化控制中心配置以计算机为主的报警管理体系。此外在前端设置预警装置，在发生报警时联动现场声光报警器，在非法翻越行为之初进行震慑，起到吓阻非法翻越人员的作用。

配合周界的报警防线：在周界设置视频监控摄像机，实现与报警系统的联动，在发送报警时中心自动弹出报警区域现场画面，并通过数字化硬盘录像机录像(图 13-15)。

电子周界防护系统的组成结构如图 13-16 所示，主要包括以下几方面内容。

(1) 前端设置红外探测器进行防护，并配置警灯联动。

(2) 中心配置大型多防区报警主机和报警管理计算机及软件进行管理。

(3) 采用总线制传输技术，方便扩展；总线传输距离达 1.2km，通过增加中继器可达 3km，满足项目传输距离要求。

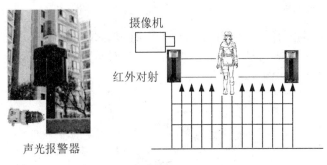

图 13-15　配合周界的报警防线

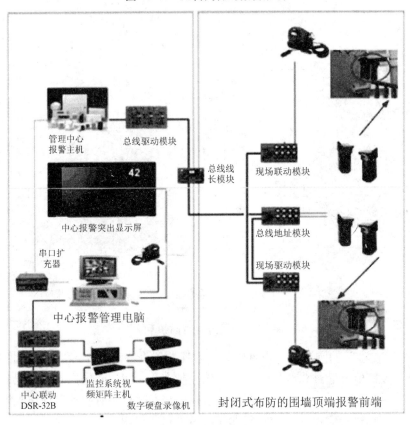

图 13-16　电子周界防护系统的组成结构示意图

4. 联网型访客可视对讲系统

小区实施封闭管理的一个主要组成部分就是建立小区内部住户与住户、住户与管理中心、小区出入口与住户、出入口与管理中心等的内部语音通信系统，通过可视化的访客对讲装置，实现由小区出入口开始至住宅单元门口、住家门口与管理中心等对来访人员的多重身份确认体系。一般情况是：小区人行入口设置围墙机、小区车行入口设置副管理员机，各单元入口设置对讲主机、各住户内设置对讲分机，访客通过值班保安呼叫组团内的住户通话识别，征得住户同意后对访客放行(图 13-17)。

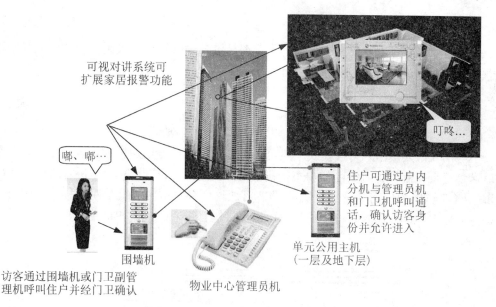

图 13-17　联网型访客可视对讲系统

5. 住户报警系统

对小区进行封闭式管理，虽然可以阻止大部分外来入侵，但利用合法途径进入小区，甚至小区内部可能存在的不安全因素，对广大业主也是一种非常大的威胁，因此有必要根据居民的家居安全需求，设置必要的家庭防盗系统，针对不同的楼层和防范难点设计基本的家庭防盗体系，进一步提高社区安居环境效果(图 13-18)。

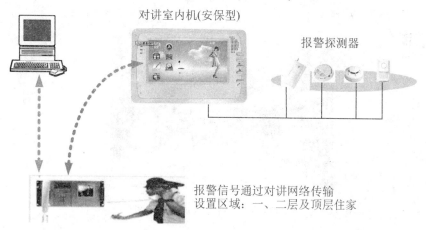

图 13-18　住户报警系统

13.4.3　物业管理与服务系统

物业管理与服务系统包括：出入口控制系统、停车库(场)管理系统、电梯智能控制系统、楼宇设备监控系统、背景音乐与紧急广播系统、公共信息发表系统、物业运营管理系统等内容。

1. 出入口控制系统

通过设置可视对讲及门禁、车辆出入管理等设备进行管理。采用身份核实放行原则，对进入小区的所有人员及车辆进行身份确认。

人行出入管理包括以下几方面。

(1) 住户刷卡确认身份后自由通行。

(2) 访客通过围墙机或门卫室机呼叫住户核实身份后放行。

小区出入口人员出入管理模式一般可考虑划分为业主专用通道和访客通道，业主专业通道设置门禁控制设备，小区住户直接刷卡进入(访客不得从此进入)；访客通道设置可视对讲围墙门主机(内嵌门禁刷卡模块)，访客可通过可视对讲围墙机呼叫欲拜访的住户，经身份确认后准许进入，同时小区住户也可以直接刷卡进入(图 13-19)。

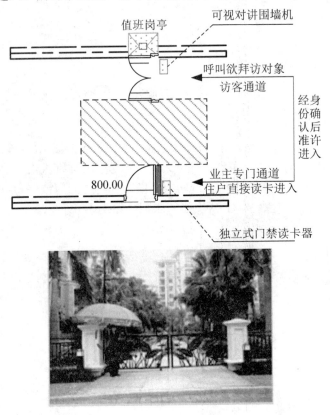

图 13-19 人行出入管理示意图

车辆出入管理(具体车辆管理系统)包括以下内容。

(1) 住户通过刷卡进出小区。

(2) 外来临时访客确认身份后由出入口管理人员发放临时卡后进入小区。

车辆出入口管理一般在小区车行出入口处设置 1 个人员进出专用通道，小区住户直接刷卡进入；访客可由值班室保安通过门卫室副管理员机呼叫欲拜访的住户，经身份确认后，由保安人员放行进入(图 13-20)。

第 13 章 物联网应用案例——智慧城市

图 13-20 车辆出入口管理示意图

2. 停车库(场)管理系统

在小区车辆出入口设置智能停车场管理系统，具有缩短停、取车的时间，防止盗车事件的发生等特点。解决人管理方式所带来的诸多问题，使停车场系统实现智能化、科学化管理效果(图 13-21)。车辆出入与停车管理设计包括以下内容。

(1) 住户车辆采用远距离读卡进出小区。
(2) 住户车辆与出入口门禁实现"一卡通"。
(3) 小区内临时车辆人工发卡、收费管理。
(4) 地下车库功能分区划分——车库停放业主车辆，临时车辆允许进入地下车库，也可停放在地面停车位。

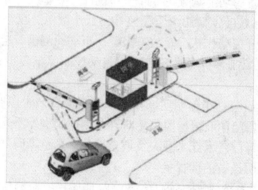

图 13-21 停车库(场)管理系统

3. 公共信息发布系统

中心通过计算机编辑信息，通过系统网络进行信息发布，根据信息内容的不同，可制定发布到：单个住户、每幢楼或整个小区，住户通过相应方式获取相应信息。

信息发布的主要方式：在小区室外南区主出入口、东区主出入口各设置一块大屏幕LED电子显示屏实现公共信息的发布(图13-22)。

图13-22 公共信息发布系统示意图

13.4.4 楼宇设备监控系统

楼宇设备监控系统的功能是调节、控制建筑内的各种设施，包括变配电、照明、通风、空调、电梯、给排水、消防、安保、能源管理等，检测、显示其运行参数，监视、控制其运行状态，根据外界条件、环境因素、负载变化情况自动调节各种设备，使其始终运行于最佳状态；自动监测并处理诸如停电、火灾、地震等意外事件；自动实现对电力、供热、供水等能源的使用、调节与管理，从而保证工作或居住环境既安全可靠，又节约能源，而且舒适宜人。按楼宇设备的功能划分为6个子系统。

(1) 变配电控制子系统(包括高压配电、变电、低压配电、应急发电等)主要功能有：监视变电设备各高低压主开关动作状况及故障报警；自动检测供配电设备运行状态及参数；监视各机房供电状态；控制各机房设备供电；自动控制停电复电；控制应急电源供电顺序等。

(2) 照明控制子系统(包括工作照明、事故照明、舞台艺术照明、障碍灯等特殊照明)主要功能有：控制各楼层门厅及楼梯照明定时开关；控制室外泛光灯定时开关；控制停车场照明定时开关；控制舞台艺术灯光开关及调光设备；显示障碍灯状态及故障警报；控制事故应急照明；监测照明设备的运行状态等。

(3) 通风空调控制子系统(包括空调及冷热源、通风环境监测与控制等)主要功能有：监测空调机组状态；测量空调机组运行参数；控制空调机组的最佳开/停时间；控制空调机组预定程序；监测新风机组状态；控制新风机组的最佳开/停时间；控制新风机组预定顺序；监测和控制排风机组；控制能源系统工作的最佳状态等。

(4) 交通运输控制子系统(包括客用电梯、货用电梯、电动扶梯等)主要功能有：监测电梯运行状态；处置停电及紧急情况；语音报名服务系统等。

(5) 给排水设备控制子系统，主要功能有：监测给排水设备的状态；测量用水量及排水量；检测污物、污水池水位及异常警报；检测水箱水位；过滤公共饮水、控制杀菌设备、监测给水水质；控制给排水设备的启停；监测和控制卫生、污水处置设备运转及水质等。

(6) 消防自动化子系统，主要功能有：火灾监测及报警；各种消防设备的状态检测与故障警报；自动喷淋、泡沫灭火、卤代烷灭火设备的控制；火灾时供配电及空调系统的联动；火灾时紧急电梯控制；火灾时的防排烟控制；火灾时的避难引导控制；火灾时的紧急广播的操作控制；消防系统有关管道水压测量等。

13.4.5 智能家居系统

智能家居是以住宅为平台，兼备建筑、网络通信、信息家电、设备自动化，集系统、结构、服务、管理为一体的高效、舒适、安全、便利、环保的居住环境。智能家居通过物联网技术将家中的各种设备(如音视频设备、照明系统、窗帘控制、空调控制、安防系统、数字影院系统、网络家电以及三表抄送等)连接到一起，提供家电控制、照明控制、窗帘控制、电话远程控制、室内外遥控、防盗报警、以及可编程定时控制等多种功能和手段。

智能家居系统(图13-23)包含的主要子系统有：家居布线系统、家庭网络系统、智能家居(中央)控制管理系统、家居照明控制系统、家庭安防系统、背景音乐系统(如 TVC 平板音响)、家庭影院与多媒体系统、家庭环境控制系统等八大系统。其中，智能家居(中央)控制管理系统、家居照明控制系统、家庭安防系统是必备系统，家居布线系统、家庭网络系统、背景音乐系统、家庭影院与多媒体系统、家庭环境控制系统为可选系统。

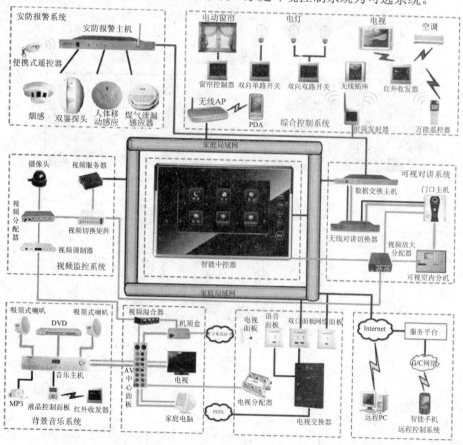

图 13-23 智能家居系统结构示意图

本书作者所在团队院研发的智能家居系统如图 13-24 所示,由综合安防、舒适控制、电器控制、健康监测、能耗管控等子系统组成,可通过手机、平板、台式计算机或室内控制终端随时随地对智能家居进行实时监测和控制(图 13-25)。

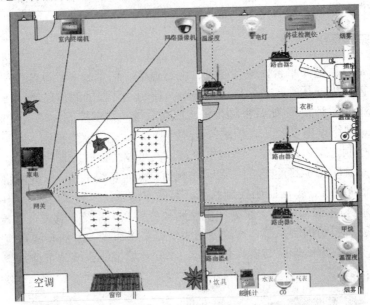

图 13-24　重庆邮电大学智能家居系统结构示意图

室内控制终端

基于计算机的远程控制网页

基于不同操作系统的手机终端

图 13-25　重庆邮电大学智能家居系统的各种控制终端

(1) 综合安防:包括视频、红外、门磁、窗磁等防入侵安防及对火灾、煤气、一氧化碳等消防类安防,确保居家环境和人身的安全。

智能家居综合安防包括防入侵安防和消防类安防,其中防入侵安防通过安防设备实现对家庭环境安全进行实时监控,并可以采取报警措施,实现对非法闯入的盗窃、抢劫行为

第 13 章 物联网应用案例——智慧城市

和突发事件进行及时报警、抢救和保护的功能。主要设备包括：网络摄像头、红外报警、门窗磁报警等(图 13-26)。

　　(a) 网络摄像头　　　　　(b) 红外报警器　　　　(c) 门、窗磁

图 13-26　重庆邮电大学智能家居系统防入侵安防设备示意图

消防类安防通过各种传感器对家庭环境进行监测，当某种易燃、易爆、有毒性气体含量达到危害家庭成员健康的时候，主动触发消防类安防，实现居家环境的消防安全。主要设备包括：烟雾传感器、甲烷传感器、温湿度传感器、火灾报警器等(图 13-27)。

　　(a) 烟雾传感器　　　　　(b) 甲烷传感器　　　　(c) 火灾报警器

图 13-27　重庆邮电大学智能家居系统消防类安防设备示意图

(2) 舒适控制：包括灯光、窗帘、风机等设备(图 13-28)，通过对温湿度、光线、声音等进行自适应控制，提供舒适惬意的居家生活环境。

舒适控制主要是对光照强度的控制，其中光照强度传感器布置于室内和窗户，室内灯光和窗帘会根据光照强度的变化，通过调节灯光、窗帘实现室内光照强度的舒适性调节。此外，布置于室内的空气质量传感器会实时监测空气环境质量，在室内环境质量下降到一定程度时，主动触动风机，进行室内外空气的流通，净化室内空气。

　　(a) 空气质量传感器　　　(b) 太阳辐射传感器

图 13-28　重庆邮电大学智能家居系统舒适控制设备示意图

273

(3) 红外家电控制：包括电视、空调、风扇等红外家电，通过红外家电控制器，实现所有红外家电的远程、本地控制(图 13-29)。

红外家电控制器可以学习彩电、空调、DVD 等家电的红外控制信号，通过触摸屏可以方便家庭用户学习家中电器的红外信号，并将与家电配套遥控板的红外信号存储在红外家电控制器中。通过 WSN 模块收发智能家居无线传感器网络的家电控制信息，处理后控制相应的家电。

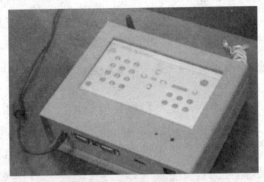

图 13-29　重庆邮电大学智能家居系统红外家电控制器

(4) 健康监测：包括跌倒检测仪和体征检测仪(图 13-30)，针对居家老年人特殊群体，实现对老人户外活动和心电、体温、脉搏体征参数的实时监测。

健康监测用于监护独处的老人跌倒事故发生和监测人体的脉搏值、体温值和心率值，此外，该产品还依托智能家居物联网，实现小区医务人员和家庭成员对该系统使用者进行远程访问、监测、定位，实时关注老人的健康状况，以便在最短时间内提供救援和帮助。

(a) 跌倒检测仪　　　　　　　　　　　(b) 体征检测仪

图 13-30　重庆邮电大学智能家居系统健康监测设备示意图

(5) 能耗管控：包括水电气三表集抄和智能插座、能耗检测仪等装置(图 13-31)，通过三表集抄可以实现对水电气三表数据的监测，通过智能插座和能耗检测仪可及时了解家里大型家电的能耗情况，并可实现远程控制通断。

能耗管控一是家庭电器能耗的监控，二是对家庭水、电、气三表能耗数据的集中采集。通过从整体到局部的方式让用户更加清楚家中的各个设备的用电情况，更好地实现能耗的管控。

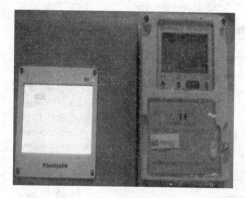 

(a) 三表采集　　　　　　　　(b) 能耗计

图 13-31　重庆邮电大学智能家居系统能耗管控设备示意图

13.4.6　智能医疗

物联网技术在医疗领域的应用潜力巨大，能够帮助医院实现对人的智能化医疗和对物的智能化管理工作，实现患者与医务人员、医疗机构、医疗设备之间的互动，为群众提供安全、有效、方便、价廉的医疗卫生服务。智能医疗由智慧医院系统、区域卫生系统以及家庭健康系统组成。

智慧医院系统支持医院内部医疗信息、设备信息、药品信息、人员信息、管理信息的数字化采集、处理、存储、传输、共享等，实现物资管理可视化、医疗信息数字化、医疗过程数字化、医疗流程科学化、服务沟通人性化，能够满足医疗健康信息、医疗设备与用品、公共卫生安全的智能化管理与监控等方面的需求，从而解决医疗平台支撑薄弱、医疗服务水平整体较低、医疗安全生产隐患等问题。

区域卫生系统由区域卫生平台和公共卫生系统两部分组成。区域卫生平台收集、处理、传输社区、医院、医疗科研机构、卫生监管部门记录的所有信息，以个人为基础制定危险因素干预计划、预防和控制疾病发生和发展的电子健康档案，医疗卫生科院机构的病理研究、药品与设备开发、临床试验等信息的综合管理。公共卫生系统由卫生监督管理系统和疫情发布控制系统组成。

基于物联网的家庭健康系统(图 13-32)是最贴近市民的健康保障，包括针对行动不便无法送往医院进行救治病患的视讯医疗，对慢性病以及老幼病患远程照护，对智障、残疾、传染病等特殊人群的健康监测，还包括自动提示用药时间、服用禁忌、剩余药量等的智能服药系统。

体域网作为一种可长期监视和记录人体健康信号的基本技术，用来连续监视和记录人体的健康参数，提供某种方式的自动疗法控制，是智慧医疗系统获取人体健康参数的核心手段。

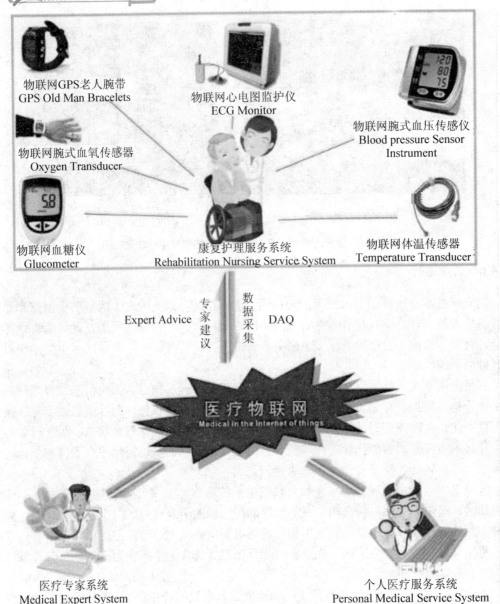

图 13-32　基于物联网的家庭健康系统结构示意图

体域网，英文为 Body Area Network(BAN)，是附着在人体身上的一种网络，由一套小巧可移动、具有通信功能的传感器和一个体域网智能终端(或称 BAN 协调器)组成。每一个传感器既可佩戴在身上，也可植入体内(图 13-33)。协调器(或体域网智能终端)是网络的管理器，也是 BAN 和外部网络(如 3G、WiMAX、WiFi 等)之间的网关，将病患的生理信号传送至医院伺服器并存储。让医护人员能即时监控与分析病患的生理信号，达到降低医疗资源使用的目的。

体域网系统提供高 QoS、高可靠性、具有高效网络管理功能的通信服务。根据用户的不同需求，体域网协议应保证网内节点获取不同的时隙分配和优先级进行数据上传，有效降低医疗事件的突发性引起的网络时延；体域网系统管理应保证在低功耗、网络间互操作性、数据安全性等方面满足医用服务要求；体域网智能终端(或 BAN 协调器)应保证其作为一个网络管理者对体域网网络的管理功能，同时作为一个手持终端保证其有效的人机交互管理。

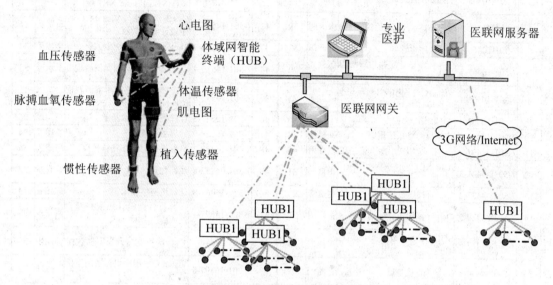

图 13-33　人体医疗监控网络示意图

北京大学出版社本科计算机系列实用规划教材

序号	标准书号	书名	主编	定价	序号	标准书号	书名	主编	定价
1	7-301-10511-5	离散数学	段禅伦	28	38	7-301-13684-3	单片机原理及应用	王新颖	25
2	7-301-10457-X	线性代数	陈付贵	20	39	7-301-14505-0	Visual C++程序设计案例教程	张荣梅	30
3	7-301-10510-X	概率论与数理统计	陈荣江	26	40	7-301-14259-2	多媒体技术应用案例教程	李建	30
4	7-301-10503-0	Visual Basic 程序设计	闫联营	22	41	7-301-14503-6	ASP .NET 动态网页设计案例教程(Visual Basic .NET 版)	江红	35
5	7-301-21752-8	多媒体技术及其应用(第2版)	张明	39	42	7-301-14504-3	C++面向对象与Visual C++程序设计案例教程	黄贤英	35
6	7-301-10466-8	C++程序设计	刘天印	33	43	7-301-14506-7	Photoshop CS3 案例教程	李建芳	34
7	7-301-10467-5	C++程序设计实验指导与习题解答	李兰	20	44	7-301-14510-4	C++程序设计基础案例教程	于永彦	33
8	7-301-10505-4	Visual C++程序设计教程与上机指导	高志伟	25	45	7-301-14942-3	ASP .NET 网络应用案例教程(C# .NET 版)	张登辉	33
9	7-301-10462-0	XML 实用教程	丁跃潮	26	46	7-301-12377-5	计算机硬件技术基础	石磊	26
10	7-301-10463-7	计算机网络系统集成	斯桃枝	22	47	7-301-15208-9	计算机组成原理	娄国焕	24
11	7-301-22437-3	单片机原理及应用教程(第2版)	范立南	43	48	7-301-15463-2	网页设计与制作案例教程	房爱莲	36
12	7-5038-4421-3	ASP .NET 网络编程实用教程(C#版)	崔良海	31	49	7-301-04852-8	线性代数	姚喜妍	22
13	7-5038-4427-2	C 语言程序设计	赵建锋	25	50	7-301-15461-8	计算机网络技术	陈代武	33
14	7-5038-4420-5	Delphi 程序设计基础教程	张世明	37	51	7-301-15697-1	计算机辅助设计二次开发案例教程	谢安俊	26
15	7-5038-4417-5	SQL Server 数据库设计与管理	姜力	31	52	7-301-15740-4	Visual C# 程序开发案例教程	韩朝阳	30
16	7-5038-4424-9	大学计算机基础	贾丽娟	34	53	7-301-16597-3	Visual C++程序设计实用案例教程	于永彦	32
17	7-5038-4430-0	计算机科学与技术导论	王昆仑	30	54	7-301-16850-9	Java 程序设计案例教程	胡巧多	32
18	7-5038-4418-3	计算机网络应用实例教程	魏峥	25	55	7-301-16842-4	数据库原理与应用(SQL Server 版)	毛一梅	36
19	7-5038-4415-9	面向对象程序设计	冷英男	28	56	7-301-16910-0	计算机网络技术基础与应用	马秀峰	33
20	7-5038-4429-4	软件工程	赵春刚	22	57	7-301-15063-4	计算机网络基础与应用	刘远生	32
21	7-5038-4431-0	数据结构(C++版)	秦锋	28	58	7-301-15250-8	汇编语言程序设计	张光长	28
22	7-5038-4423-2	微机应用基础	吕晓燕	33	59	7-301-15064-1	网络安全技术	骆耀祖	30
23	7-5038-4426-4	微型计算机原理与接口技术	刘彦文	26	60	7-301-15584-4	数据结构与算法	佟伟光	32
24	7-5038-4425-6	办公自动化教程	钱俊	30	61	7-301-17087-8	操作系统实用教程	范立南	36
25	7-5038-4419-1	Java 语言程序设计实用教程	董迎红	33	62	7-301-16631-4	Visual Basic 2008 程序设计教程	隋晓红	34
26	7-5038-4428-0	计算机图形技术	龚声蓉	28	63	7-301-17537-8	C 语言基础案例教程	汪新民	31
27	7-301-11501-5	计算机软件技术基础	高巍	25	64	7-301-17397-8	C++程序设计基础教程	郗亚辉	30
28	7-301-11500-8	计算机组装与维护实用教程	崔明远	33	65	7-301-17578-1	图论算法理论、实现及应用	王桂平	54
29	7-301-12174-0	Visual FoxPro 实用教程	马秀峰	29	66	7-301-17964-2	PHP 动态网页设计与制作案例教程	房爱莲	42
30	7-301-11500-8	管理信息系统实用教程	杨月江	27	67	7-301-18514-8	多媒体开发与编程	于永彦	35
31	7-301-11445-2	Photoshop CS 实用教程	张瑾	28	68	7-301-18538-4	实用计算方法	徐亚平	24
32	7-301-12378-2	ASP .NET 课程设计指导	潘志红	35	69	7-301-18539-1	Visual FoxPro 数据库设计案例教程	谭红杨	35
33	7-301-12394-2	C# .NET 课程设计指导	龚自霞	32	70	7-301-19313-6	Java 程序设计案例教程与实训	董迎红	45
34	7-301-13259-3	VisualBasic .NET 课程设计指导	潘志红	30	71	7-301-19389-1	Visual FoxPro 实用教程与上机指导（第2版）	马秀峰	40
35	7-301-12371-3	网络工程实用教程	汪新民	34	72	7-301-19435-5	计算方法	尹景本	28
36	7-301-14132-8	J2EE 课程设计指导	王立丰	32	73	7-301-19388-4	Java 程序设计教程	张剑飞	35
37	7-301-21088-8	计算机专业英语(第2版)	张勇	42	74	7-301-19386-0	计算机图形技术(第2版)	许承东	44

序号	标准书号	书 名	主 编	定价	序号	标准书号	书 名	主 编	定价
75	7-301-15689-6	Photoshop CS5 案例教程(第2版)	李建芳	39	85	7-301-20328-6	ASP.NET 动态网页案例教程(C#.NET 版)	江 红	45
76	7-301-18395-3	概率论与数理统计	姚喜妍	29	86	7-301-16528-7	C#程序设计	胡艳菊	40
77	7-301-19980-0	3ds Max 2011 案例教程	李建芳	44	87	7-301-21271-4	C#面向对象程序设计及实践教程	唐 燕	45
78	7-301-20052-0	数据结构与算法应用实践教程	李文书	36	88	7-301-21295-0	计算机专业英语	吴丽君	34
79	7-301-12375-1	汇编语言程序设计	张宝剑	36	89	7-301-21341-4	计算机组成与结构教程	姚玉霞	42
80	7-301-20523-5	Visual C++程序设计教程与上机指导(第2版)	牛江川	40	90	7-301-21367-4	计算机组成与结构实验实训教程	姚玉霞	22
81	7-301-20630-0	C#程序开发案例教程	李挥剑	39	91	7-301-22119-8	UML 实用基础教程	赵春刚	36
82	7-301-20898-4	SQL Server 2008 数据库应用案例教程	钱哨	38	92	7-301-22965-1	数据结构(C 语言版)	陈超祥	32
83	7-301-21052-9	ASP.NET 程序设计与开发	张绍兵	39	93	7-301-23122-7	算法分析与设计教程	秦 明	29
84	7-301-16824-0	软件测试案例教程	丁宋涛	28					

北京大学出版社电气信息类教材书目(已出版)
欢迎选订

序号	标准书号	书 名	主编	定价	序号	标准书号	书 名	主编	定价
1	7-301-10759-1	DSP 技术及应用	吴冬梅	26	38	7-5038-4400-3	工厂供配电	王玉华	34
2	7-301-10760-7	单片机原理与应用技术	魏立峰	25	39	7-5038-4410-2	控制系统仿真	郑恩让	26
3	7-301-10765-2	电工学	蒋 中	29	40	7-5038-4398-3	数字电子技术	李 元	27
4	7-301-19183-5	电工与电子技术(上册)(第2版)	吴舒辞	30	41	7-5038-4412-6	现代控制理论	刘永信	22
5	7-301-19229-0	电工与电子技术(下册)(第2版)	徐卓农	32	42	7-5038-4401-0	自动化仪表	齐志才	27
6	7-301-10699-0	电子工艺实习	周春阳	19	43	7-5038-4408-9	自动化专业英语	李国厚	32
7	7-301-10744-7	电子工艺学教程	张立毅	32	44	7-301-23081-7	集散控制系统(第2版)	刘翠玲	36
8	7-301-10915-6	电子线路 CAD	吕建平	34	45	7-301-19174-3	传感器基础(第2版)	赵玉刚	32
9	7-301-10764-1	数据通信技术教程	吴延海	29	46	7-5038-4396-9	自动控制原理	潘 丰	32
10	7-301-18784-5	数字信号处理(第2版)	阎 毅	32	47	7-301-10512-2	现代控制理论基础(国家级十一五规划教材)	侯媛彬	20
11	7-301-18889-7	现代交换技术(第2版)	姚 军	36	48	7-301-11151-2	电路基础学习指导与典型题解	公茂法	32
12	7-301-10761-4	信号与系统	华 容	33	49	7-301-12326-3	过程控制与自动化仪表	张井岗	36
13	7-301-19318-1	信息与通信工程专业英语(第2版)	韩定定	32	50	7-301-23271-2	计算机控制系统(第2版)	徐文尚	48
14	7-301-10757-7	自动控制原理	袁德成	29	51	7-5038-4414-0	微机原理及接口技术	赵志诚	38
15	7-301-16520-1	高频电子线路(第2版)	宋树祥	35	52	7-301-10465-1	单片机原理及应用教程	范立南	30
16	7-301-11507-7	微机原理与接口技术	陈光军	34	53	7-5038-4426-4	微型计算机原理与接口技术	刘彦文	26
17	7-301-11442-1	MATLAB 基础及其应用教程	周开利	24	54	7-301-12562-5	嵌入式基础实践教程	杨 刚	30
18	7-301-11508-4	计算机网络	郭银景	31	55	7-301-12530-4	嵌入式 ARM 系统原理与实例开发	杨宗德	25
19	7-301-12178-8	通信原理	隋晓红	32	56	7-301-13676-8	单片机原理与应用及 C51 程序设计	唐 颖	30
20	7-301-12175-7	电子系统综合设计	郭 勇	25	57	7-301-13577-8	电力电子技术及应用	张润和	38
21	7-301-11503-9	EDA 技术基础	赵明富	22	58	7-301-20508-2	电磁场与电磁波(第2版)	邹春明	30
22	7-301-12176-4	数字图像处理	曹茂永	23	59	7-301-12179-5	电路分析	王艳红	38
23	7-301-12177-1	现代通信系统	李白萍	27	60	7-301-12380-5	电子测量与传感技术	杨 雷	35
24	7-301-12340-9	模拟电子技术	陆秀令	28	61	7-301-14461-9	高电压技术	马永翔	28
25	7-301-13121-3	模拟电子技术实验教程	谭海曙	24	62	7-301-14472-5	生物医学数据分析及其 MATLAB 实现	尚志刚	25
26	7-301-11502-2	移动通信	郭俊强	22	63	7-301-14460-2	电力系统分析	曹 娜	35
27	7-301-11504-6	数字电子技术	梅开乡	30	64	7-301-14459-6	DSP 技术与应用基础	俞一彪	34
28	7-301-18860-6	运筹学(第2版)	吴亚丽	28	65	7-301-14994-2	综合布线系统基础教程	吴达金	24
29	7-5038-4407-2	传感器与检测技术	祝诗平	30	66	7-301-15168-6	信号处理 MATLAB 实验教程	李 杰	20
30	7-5038-4413-3	单片机原理及应用	刘 刚	24	67	7-301-15440-3	电工电子实验教程	魏 伟	26
31	7-5038-4409-6	电机与拖动	杨天明	27	68	7-301-15445-8	检测与控制实验教程	魏 伟	24
32	7-5038-4411-9	电力电子技术	樊立萍	25	69	7-301-04595-4	电路与模拟电子技术	张绪光	35
33	7-5038-4399-0	电力市场原理与实践	邹 斌	24	70	7-301-15458-8	信号、系统与控制理论(上、下册)	邱德润	70
34	7-5038-4405-8	电力系统继电保护	马永翔	27	71	7-301-15786-2	通信网的信令系统	张云麟	24
35	7-5038-4397-6	电力系统自动化	孟祥忠	25	72	7-301-16493-8	发电厂变电所电气部分	马永翔	35
36	7-5038-4404-1	电气控制技术	韩顺杰	22	73	7-301-16076-3	数字信号处理	王震宇	32
37	7-5038-4403-4	电器与PLC控制技术	陈志新	38	74	7-301-16931-5	微机原理及接口技术	肖洪兵	32

序号	标准书号	书 名	主编	定价	序号	标准书号	书 名	主编	定价
75	7-301-16932-2	数字电子技术	刘金华	30	114	7-301-20327-9	电工学实验教程	王士军	34
76	7-301-16933-9	自动控制原理	丁 红	32	115	7-301-16367-2	供配电技术	王玉华	49
77	7-301-17540-8	单片机原理及应用教程	周广兴	40	116	7-301-20351-4	电路与模拟电子技术实验指导书	唐 颖	26
78	7-301-17614-6	微机原理及接口技术实验指导书	李千林	22	117	7-301-21247-9	MATLAB 基础与应用教程	王月明	32
79	7-301-12379-9	光纤通信	卢志茂	28	118	7-301-21235-6	集成电路版图设计	陆学斌	36
80	7-301-17382-4	离散信息论基础	范九伦	25	119	7-301-21304-9	数字电子技术	秦长海	49
81	7-301-17677-1	新能源与分布式发电技术	朱永强	32	120	7-301-21366-7	电力系统继电保护(第 2 版)	马永翔	42
82	7-301-17683-2	光纤通信	李丽君	26	121	7-301-21450-3	模拟电子与数字逻辑	邬春明	39
83	7-301-17700-6	模拟电子技术	张绪光	36	122	7-301-21439-8	物联网概论	王金甫	42
84	7-301-17318-3	ARM 嵌入式系统基础与开发教程	丁文龙	36	123	7-301-21849-5	微波技术基础及其应用	李泽民	49
85	7-301-17797-6	PLC 原理及应用	缪志农	26	124	7-301-21688-0	电子信息与通信工程专业英语	孙桂芝	36
86	7-301-17986-4	数字信号处理	王玉德	32	125	7-301-22110-5	传感器技术及应用电路项目化教程	钱裕禄	30
87	7-301-18131-7	集散控制系统	周荣富	36	126	7-301-21672-9	单片机系统设计与实例开发（MSP430）	顾 涛	44
88	7-301-18285-7	电子线路 CAD	周荣富	41	127	7-301-22112-9	自动控制原理	许丽佳	30
89	7-301-16739-7	MATLAB 基础及应用	李国朝	39	128	7-301-22109-9	DSP 技术及应用	董 胜	39
90	7-301-18352-6	信息论与编码	隋晓红	24	129	7-301-21607-1	数字图像处理算法及应用	李文书	48
91	7-301-18260-4	控制电机与特种电机及其控制系统	孙冠群	42	130	7-301-22111-2	平板显示技术基础	王丽娟	52
92	7-301-18493-6	电工技术	张 莉	26	131	7-301-22448-9	自动控制原理	谭功全	44
93	7-301-18496-7	现代电子系统设计教程	宋晓梅	36	132	7-301-22474-8	电子电路基础实验与课程设计	武 林	36
94	7-301-18672-5	太阳能电池原理与应用	靳瑞敏	25	133	7-301-22484-7	电文化——电气信息学科概论	高 心	30
95	7-301-18314-4	通信电子线路及仿真设计	王鲜芳	29	134	7-301-22436-6	物联网技术案例教程	崔逊学	40
96	7-301-19175-0	单片机原理与接口技术	李 升	46	135	7-301-22598-1	实用数字电子技术	钱裕禄	30
97	7-301-19320-4	移动通信	刘维超	39	136	7-301-22529-5	PLC 技术与应用(西门子版)	丁金婷	32
98	7-301-19447-8	电气信息类专业英语	缪志农	40	137	7-301-22386-4	自动控制原理	佟 威	30
99	7-301-19451-5	嵌入式系统设计及应用	邢吉生	44	138	7-301-22528-8	通信原理实验与课程设计	邬春明	34
100	7-301-19452-2	电子信息类专业 MATLAB 实验教程	李明明	42	139	7-301-22582-0	信号与系统	许丽佳	38
101	7-301-16914-8	物理光学理论与应用	宋贵才	32	140	7-301-22447-2	嵌入式系统基础实践教程	韩 磊	35
102	7-301-16598-0	综合布线系统管理教程	吴达金	39	141	7-301-22776-3	信号与线性系统	朱明旱	33
103	7-301-20394-1	物联网基础与应用	李蔚田	44	142	7-301-22872-2	电机、拖动与控制	万芳瑛	34
104	7-301-20339-2	数字图像处理	李云红	36	143	7-301-22882-1	MCS-51 单片机原理及应用	黄翠翠	34
105	7-301-20340-8	信号与系统	李云红	29	144	7-301-22936-1	自动控制原理	邢春芳	39
106	7-301-20505-1	电路分析基础	吴舒辞	38	145	7-301-22920-0	电气信息工程专业英语	余兴波	26
107	7-301-22447-2	嵌入式系统基础实践教程	韩 磊	35	146	7-301-22919-4	信号分析与处理	李会容	39
108	7-301-20506-8	编码调制技术	黄 平	26	147	7-301-22385-7	家居物联网技术开发与实践	付 蔚	39
109	7-301-20763-5	网络工程与管理	谢 慧	39	148	7-301-23124-1	模拟电子技术学习指导及习题精选	姚娅川	30
110	7-301-20845-8	单片机原理与接口技术实验与课程设计	徐懂理	26	149	7-301-23022-0	MATLAB 基础及实验教程	杨成慧	36
111	301-20725-3	模拟电子线路	宋树祥	38	150	7-301-23221-7	电工电子基础实验及综合设计指导	盛桂珍	32
112	7-301-21058-1	单片机原理与应用及其实验指导书	邵发森	44	151	7-301-23473-0	物联网概论	王 平	38
113	7-301-20918-9	Mathcad 在信号与系统中的应用	郭仁春	30					

相关教学资源如电子课件、电子教材、习题答案等可以登录 www.pup6.com 下载或在线阅读。

扑六知识网(www.pup6.com)有海量的相关教学资源和电子教材供阅读及下载(包括北京大学出版社第六事业部的相关资源)，同时欢迎您将教学课件、视频、教案、素材、习题、试卷、辅导材料、课改成果、设计作品、论文等教学资源上传到 pup6.com，与全国高校师生分享您的教学成就与经验，并可自由设定价格，知识也能创造财富。具体情况请登录网站查询。

如您需要免费纸质样书用于教学，欢迎登陆第六事业部门户网(www.pup6.com)填表申请，并欢迎在线登记选题以到北京大学出版社来出版您的大作，也可下载相关表格填写后发到我们的邮箱，我们将及时与您取得联系并做好全方位的服务。

扑六知识网将打造成全国最大的教育资源共享平台，欢迎您的加入——让知识有价值，让教学无界限，让学习更轻松。

联系方式：010-62750667，pup6_czq@163.com，szheng_pup6@163.com，linzhangbo@126.com，欢迎来电来信咨询。